AWSの生成AI公式テキスト

黒川 亮、呉 和仁、大渕麻莉、卜部達也、
鮫島正樹、和田雄介、両角貴寿、大塚康徳［共著］
アマゾン ウェブサービス ジャパン合同会社［監修］

リックテレコム

ご案内

●読者フォローアップ情報

本書の刊行後に記載内容の補足や更新が必要となった場合には、下記に「読者フォローアップ情報」として資料を掲示する場合があります。必要に応じ参照してください。

https://www.ric.co.jp/book/contents/pdfs/4198_support.pdf

●正誤表

本書の記載内容には万全を期しておりますが、万一重大な誤り等が見つかった場合は、弊社リックテレコムの正誤表サイトに掲示致します。アクセス先URLは本書奥付(最終ページ)の左下をご覧ください。

注　意

1. 本書は、著者が独自に調査した結果を出版したものです。
2. 本書は万全を期して作成しましたが、万一ご不審な点や誤り、記載漏れ等がありましたら、出版元まで書面にてご連絡ください。
3. 本書は情報提供のみを目的としており、本書の記載内容を運用した結果およびその影響については、上記にかかわらず本書の著者、発行人、発行所、その他関係者のいずれも一切の責任を負いませんので、あらかじめご了承ください。
4. 本書の記載内容は、執筆時点である2024年10月現在において知りうる範囲の情報です。本書に記載されたURLやソフトウェアの内容、インターネットサイトの画面表示内容などは、将来予告なしに変更される場合があります。
5. 本書に掲載されているサンプルプログラムや画面イメージ等は、特定の環境と環境設定において再現される一例です。
6. 本書に掲載されているプログラムコード、図画、写真画像等は著作物であり、これらの作品のうち著作者が明記されているものの著作権は、各々の著作者に帰属します。

商標の扱い等について

1. Python は、Python Software Foundation の登録商標です。
2. 上記のほか、本書に記載されている商品名、サービス名、会社名、団体名、およびそれらのロゴマークは、一般に各社または各団体の商標または登録商標である場合があります。
3. 本書では原則として、本文中においては ™ マーク、Ⓡマーク等の表示を省略させていただきました。
4. 本書の本文中では日本法人の会社名を表記する際に、原則として「株式会社」等を省略した略称を記載しています。また、海外法人の会社名を表記する際には、原則として「Inc.」「Co., Ltd.」等を省略した略称を記載しています。

はじめに

インターネットでの買い物に多くの人がまだ不安を抱いていた時代に、Amazonでの安心・安全な買い物を支えるために設立されたのがAWS（Amazon Web Services）です。増え続ける取り扱い商品やサービスの品揃え、消費者と出品者の利便性、選べる最適価格の追求を長年支え続けた結果、「AWSで培われた技術を自分の会社でも使いたい」という要望が寄せられるようになりました。現在、AWSは200以上のサービスを世界中の企業に提供しています。

さて、私たち日本の企業は、これまで何度も「今年こそ業務革新、働き方改革！」と意気込んで、DX（デジタルトランスフォーメーション）や次々登場する新しい技術に挑み、検証しているうちに、だんだんと疲れてしまったようです。最近も、話題の生成AIを自社で試せるのか、使いこなせるのか、またも挑み、検証し、早くも疲れ始めているようです。

これまで私たちは、新しい技術を見ると、つい自分の持ち場や役割を離れて、技術に自分の仕事を合わせてみるのですが、やがて違和感を覚え、次第に使わなくなっていたのではないでしょうか。人間の顔が一人一人違うように、企業の仕事も解決すべき課題も各社各様です。生成AIについても、満足のいく回答精度、支払える対価、イラッとしない回答時間を十把一絡げにはできず、正しい唯一の答えなどないのです。

一社一社の目指す成果やゴールは違います。「自社の仕事に合った生成AIは何だろう」、「多様な選択肢があっていいのではないか」と企業が考えるきっかけを作りたいと思ったのが、この本を企画した動機です。

筆者はAWSで、AI技術を使った新事業をお客様と一緒に企画し、開発する仕事をしています。短期的な生成AIのお試しから、長期的に事業の差異化につなげるために、数百の企業一社一社の仕事に必要なAIの精度・コスト・回答速度を、いわば「かかりつけ医」の立場で考え、AIの専門家へ橋渡ししてきました。生成AIは非常にスピードの速い分野であり、2週間ごとに新しい技術や挑戦が生まれます。導入企業やサービス利用者から教わることもたくさんあります。

筆者はこの本の中で、お客様と見つけた生成AI活用のヒントを、広範な読者の皆さんに向け開示していこうと思います。様々な企業で、一人一人が十人十色の仕事に向き合っているなか、誰もが知っておくべき「生成AI基本のキ」から始めます。皆さんが自分にとっての生成AI活用をイメージでき、より快適に仕事が進む未来を想像できるようになれば幸いです。

本書の性格と特徴

●前提知識と対象読者

本書は主にIT、クラウド、AWSについての基礎知識を有する次のような方々に向けて書かれています。

- 中心読者は企業・組織のITエンジニアや開発者
- 加えて、ビジネスまたはテクニカル領域の意思決定権者と、その方々に上申または助言する方
- 自社や自組織での活用に向け、生成AIに関心のある方
- AWSの生成AIに関する認定試験の受験を検討している方

●本書刊行の目的

2023年より生成AIが注目され、翌2024年には企業・組織での具体的な適用検討が始まりました。この動向を踏まえ、本書はAWSを利用するITエンジニアや開発者、ITアーキテクトに向け、AWSでの生成AIの設計・実装・活用方法を解説します。 特に、本格活用フェーズに入った生成AIを業務に適用する際の設計の考え方と、そのアーキテクチャモデルに力点を置きました。そのうえで、様々な基盤モデルの使い分け、生成AIが企業・組織にもたらすメリット、採用にあたっての留意点、さらにAWSの生成AI戦略と製品の特徴に対する理解を深めていきます。

●本書のゴール設定と効用

本書を読み終わる頃には、以下のようなスキルを得られるはずです。

①生成AI、およびAWSの生成AIの戦略やテクノロジーとユースケースを理解し、実務に活かせるようになる。
②アーキテクチャモデルやユースケースを参考にしながら、AWSの生成AIを使ったサービスを設計・実装するための基礎知識を習得できる。
③ AWSの生成AIをアプリケーションに連携できるようになる。

●執筆上の留意点や工夫

AWSの戦略や製品の紹介に終始せず、「責任あるAI」の視点や、業務活用に際しての検討事項(精度、コスト、スピード、選択肢等) を詳解。実際のユースケースに基づくアーキテクチャモデルを示すことで、実業務と乖離することなく、かつ汎用的な生成AIの設計・実装・活用を支援する構成としました。

また、深い知識を得たい読者に向けて、サンプルコードのほか、関連サイトやデモページのURLを豊富に掲載するなど、読者の知識習得を支援します。ただし実装コードについては、陳腐化のリスク回避とページボリュームを考慮して、最低限必要なものに絞りサンプルコードを掲載しています。

Contents

第3章 3階：生成AIのアプリケーション層

第4章 2階：生成AIのツール層

第6章 アーキテクチャ図に見るユースケース

第7章 Amazon Bedrockで生成AIに触れる

第8章 AWS生成AIのはじめ方

第1章

生成AIと3階建てのクラウドサービス

生成AIは、単なるブームから実装段階へと移行しています。Amazonをはじめとするインターネット企業は、過去30年間に著しい成長を遂げてきました。現在、生成AIに取り組む企業も、これから先の30年で驚くほど成長する可能性があります。実際に生成AIを組み込んだアプリケーションを世界各地に展開することで、急激に時価総額を大きくした企業があります。また、長年率先して厳しいデータ保護に取り組んできた実績から、生成AIで利用されるデータの管理に優れ、他社よりも生成AI活用が進んでいる企業も出てきています。
いかなる業界、スタートアップ、企業そして公共機関においても、誰もが取り組める、非常に刺激的な時代の真っ只中に私たちはいます。殊更に「生成AI」と構えるのではなく、「データを簡単に取り出せる仕組み」くらいに捉えて、追加投資を小さく、求める成果はどこよりも速く、そのための「はじめの一歩」をこの章から踏み出しましょう。

1.1 日本の課題

はじめに、2023年に生成AIが日本でブームとなった背景を見ていきたいと思います。AWSは世界各地に拠点を持っているので、世界との比較も踏まえてお話します。

日本では少子高齢化が進み、人材確保が難しくなったと言われています。実際、日本が空前の株価と好景気に沸いた1980年と比較してみると[1)]、全人口に占める20代から30代の割合は、かつての3人に1人から、2025年には5人に1人にまで減少しています。多種多様な製品・サービスを提供するために求められる人材の条件が高度になる一方で、仕事の担い手は減少しているので、今現場で働いている社員の負担が増えています。

また、日本の総人口が1980年も2025年も約1.2億人と大きく変わらない一方で、世界の人口は約45億人から約79億人にまで急激に増加しています。世界2位の経済大国だった時代は、日本国内の売上が大きく、世界の中でも日本の意見が聞かれやすい環境でした。現在、世界に占める日本の人口は1.5%まで下がり、海外市場の成長に活路を求める日本企業が増えています。

はじめて見る海外の規制・法令や、目まぐるしく進む技術革新を受けて、多様化する顧客の問い合わせに応えるために、社員に必要とされる前提知識は年々増えています。その結果、必要な情報を探す時間がどんどん長くなり、今では平均して1週間の40%を情報検索に費やしている[2)]と言われています。その背景として、これまで顧客の問い合わせに対応してきた社員の3人に

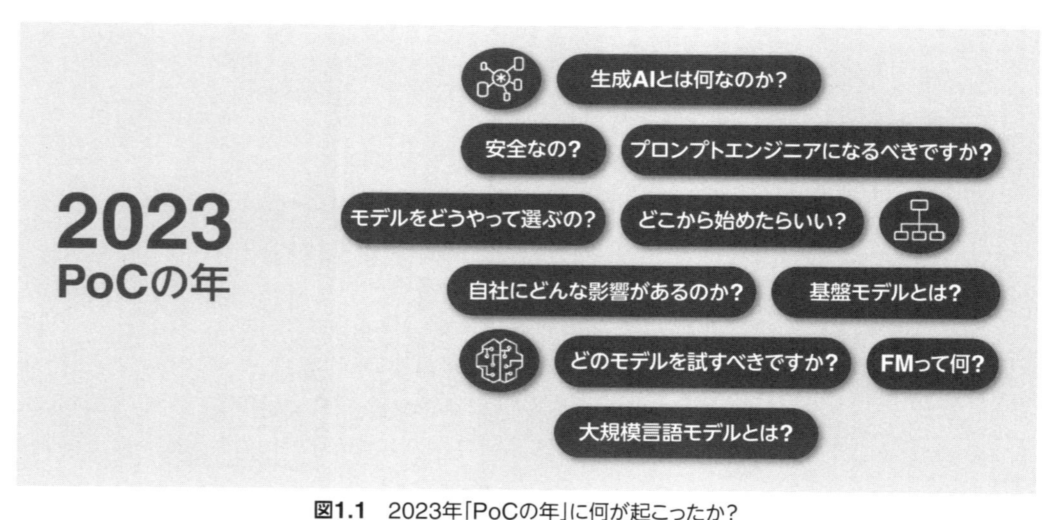

図1.1　2023年「PoCの年」に何が起こったか?

1）出典:白書・審議会データベース 津田塾大学総合政策学部
https://empowerment.tsuda.ac.jp/detail/73889

2）出典：Tech Target Enterprise Strategy Group –『Analyzing the Economic Benefits of Intelligent Search using Amazon Kendra』

1人が65歳以上となり、ベテランの知識や技術が残されないまま退職してしまったり、業務マニュアルとして残っていても社内で共有されていなかったり、検索可能なデータとして整備されていなかったりと、筆者も多くの方々から苦労話を聞いています。

2023年は、PoC（Proof of Concept：概念実証）の年と言われています。若者の人口が減る中で、移民受け入れにも慎重な日本では、この年、人手不足の解消や情報検索の特効薬として、人と比べても違和感のない答えを返す生成AIが注目され、朝のニュースでも連日取り上げられるほどのブームとなりました。株主総会や人材採用活動が活発になる時期には、社会にアピールしたい企業の経営者、企画部門、人事部門が率先してこのブームに乗りました。技術部門は上からの圧力に悩みながら、「生成AI」と呼べるものを作るために最も簡単な方法を探らざるをえませんでした。そして、明確な事業目的のないまま、刺激的な技術報告を提出するために山のようなPoCを繰り返しました。社内上申資料作成の補助に最新モデルを選び、ユーザーを増やし続けた結果、当初想定外のコスト増に直面したり、「生産性向上プロジェクト」を掲げながら、人間が5分で返せる回答の出力にAIが25分かかったり、本番運用を考慮した予防措置がとられずデータ漏洩につながったりと、一進一退が繰り返されました。

なぜ、PoCが繰り返されたのでしょうか。本来PoCは、その名のとおり、コンセプトとなる対象業務の価値実現のために行われるべきです。しかし、生成AIの進化のスピードがあまりに速かったため、コンセプトが定まらないまま、新しい生成AIモデルが出るたびに評価を繰り返したのだと考えられます。

もともと異なる業務ごとに、満たされる価値は様々です。ある時点のモデルが、ある特定の業務にとって十分な性能を発揮する場合があります。つまり精度、コスト、回答速度（レイテンシー）

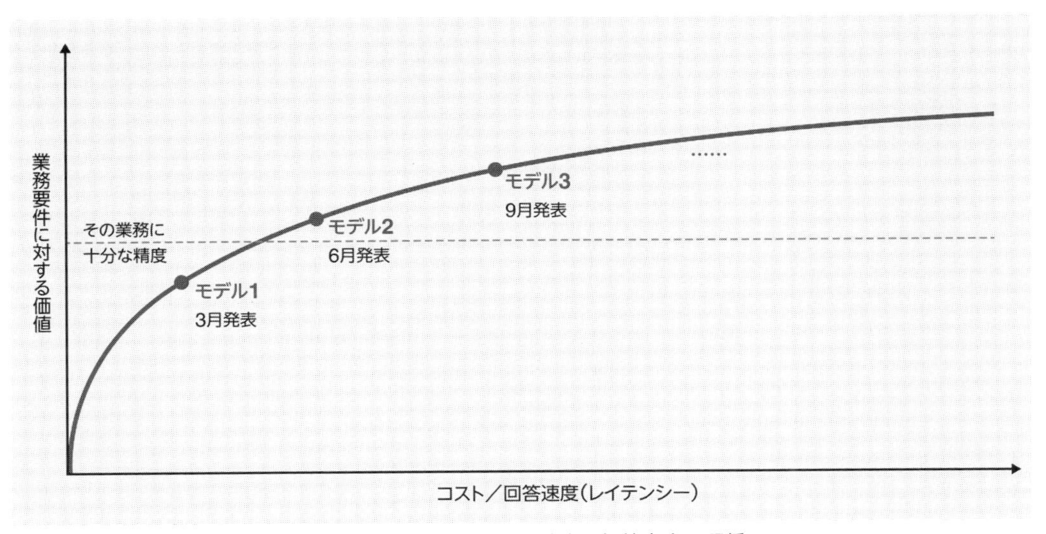

図1.2　AIの性能進化と業務上の価値向上の関係

のバランスがとれ、適切に業務対応ができ、経済的に意味があるモデルです。コンセプトが定まっていれば、目指すべきKPIを事前に協議して、PoCの結果を評価できたはずです。ところが、業務で満たすべき価値を越えて、四半期ごとにバージョンアップされる高度な生成AIモデルの選択と評価を繰り返した結果、コストと回答速度は高くなりましたが、業務要件に応える価値は高くなりませんでした。例えば住所変更手続きの場合、1回の申請で住所が正確かつ確実に変更され、個人情報が申請先以外には残らないことが大切です。何年も続く住所変更業務の価値が、生成AIのモデル変化に合わせて3カ月ごとに変化するなどということはありえません。モデルを頻繁に試す前に、まず適用業務(ユースケース)を決めてからPoCを行うべきでした。

また2023年は、非常に短いサイクルで起こる生成AIモデルの進化に社会全体がまだ慣れておらず、競争力の源となるデータの議論に至りませんでした。生成AIもAIの一種です。AIはデータで育ちます。世界的に人口とデータが増え続ける中で、データ量の違いはAIの性能にも影響しています。この年ブームとなったリアルタイム・テキスト・チャットの場合、テキストデータの母数となる言語人口比は、英語：15.3億人、中国語：14.7億人、スペイン語：5.2億人、アラビア語：4.5億人、フランス語：4.3億人[3]となり、日本語の3.6倍から12.8倍の母数を持つデータで鍛えられたAIが各国で開発されていたことになります。母国語以外の第二言語として使用する国々も見据えて、各社が世界的に通用する生成AIモデルを目指して現在も日夜新しい発表をしています。

これに対して、日本やお隣の韓国、ASEAN諸地域は、自国ユーザーが主な言語データの母数となるので、世界的に1%前後のテキストデータ量で作られた生成AIモデルだけでは業務の価値につながらないケースもあります。特に日本では働き手の減少を踏まえて、人の介在をなくす自動化、勘や経験だけに頼らないデータ活用、様々な需要と供給のギャップを埋めるマッチング利用に取り組んできました。これまで進めてきたDXにつながるような、日本語で正確に回答できる生成AIの開発、埋もれている日本語データをもっと汲み上げる環境の整備、ベテラン社員の知見の聞き取りとデータ化が多くの企業・組織の課題です。

他方、日本に有利なデータ分野もあります。AIに活用できるデータは言語だけではありません。グラフ、設計図、漫画などの画像データや、広告、商品説明、アニメなどの動画データもあります。日本語のデータ量が他言語と比べて少ないとしても、日本の優れた設計書やコンテンツのデータを基にすれば、世界と伍して戦える日本発・世界初のAIを育成できる可能性があります。

2024年・2025年は「実装の年」と呼ばれています。企業、大学、研究機関から日々新しいAIモデルが発表され、データ量のハンデは徐々に縮まっています。業務の価値につなぐために、ユーザーが選ぶことのできる最小・最速・最安・最強なモデルは増え続けています。また、一時的に高度なモデルを保有していることよりも、本番業務に向けて考慮すべきポイントが徐々に分かっ

---

3) 出典：【2024年最新版】世界の言語ランキング(ネット人口含む)
https://japan.wipgroup.com/media/language-population

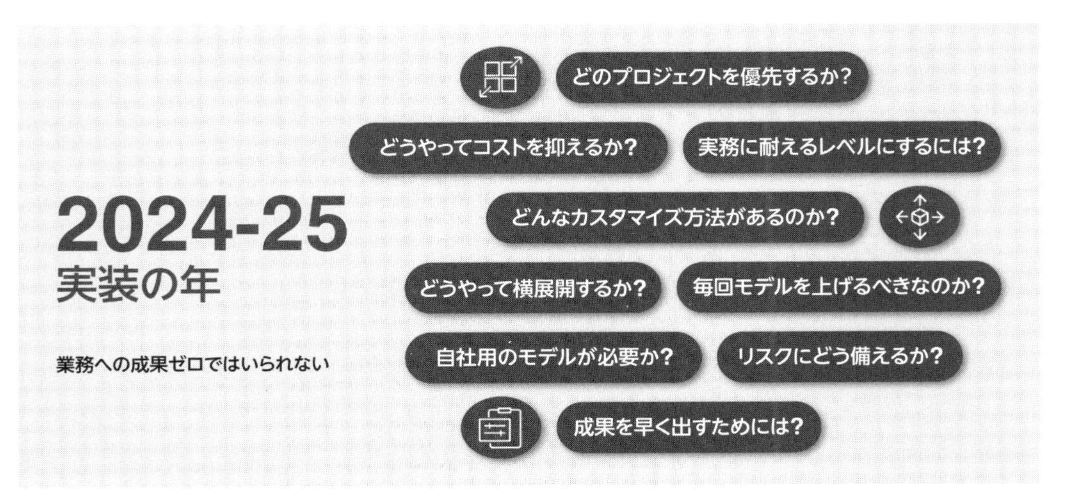

図1.3　2024〜25年「実装の年」に何が起こっているか?

てきました。企業経営者は冷静さを取り戻し、厳しい質問を投げかけ、具体的な成果を求めています。可愛らしいけれどデモだけだったり亀のように遅い回答速度だったりでは、何より顧客に選ばれ続けません。

社内で培った生成AIの活用経験を対顧客業務に広げるために、「責任あるAI」を果たすデータプライバシーとセキュリティの担保が必須です。自社の業務色に染めるためのカスタマイズに利用できるデータが必要です。開発の熱狂から脱して，少ない人数で事業を継続するための運用統合を見据えねばなりません。こうしたことから2024年・2025年は、生成AIで成果を出すために、国際的なAIルールへの対応、中小企業・医療現場・行政事務など優先度が高い分野でのAI利用、AI開発力の強化のためのヒト・モノ・カネの整備が、日本の政府[4]と社会の課題となっています。

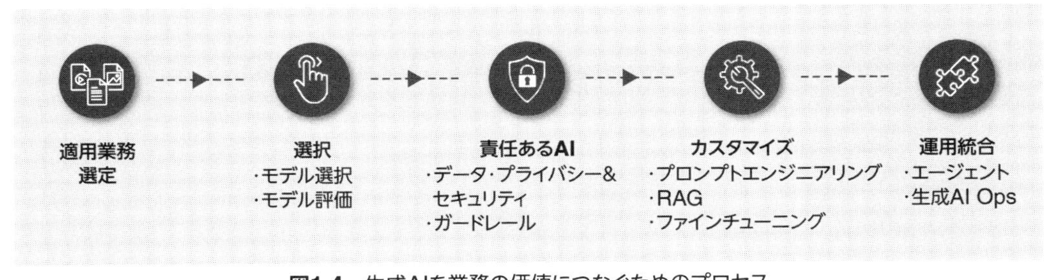

図1.4　生成AIを業務の価値につなぐためのプロセス

4） 出典：内閣府 AI戦略会議資料（2023年11月8日）
https://www8.cao.go.jp/cstp/ai/ai_senryaku/6kai/4aishisaku.pdf

1.2 生成AIとは?

AWSでは、生成AIを次のように定義しています。

「生成AIは、テキストを含む入力(プロンプト)から、人間の創造に近いエッセイ、問題の解決策、リアルな写真、音声、ビデオ、プログラムコード等、各種コンテンツを生成し出力します。 また、その実行は、基盤モデルと呼ばれる、巨大なデータであらかじめ学習された大規模なモデルを原動力とします。」

実際の利用現場では、「創造」よりも仕事を「補完」する事例が先行しています。例えば、顧客からコールセンターに電話があった場合、応対するエージェントのために、顧客が求めている回答の候補を画面表示して、電話の意図を確認する、15分の会話を5分ごとに要約し表示する、会話の結果を顧客宛てメールや社内報告それぞれの形式と体裁に整えて記録する等です。

また交通機関では、電柱が車両に接触しないように、傾いた電柱を検知できるAIを開発しています。AIはデータで育ちますが、世の中に本当に傾いている電柱とその画像は滅多にありません。そのため、生成AIを利用して傾いている電柱の画像を合成データとして作り出し、検知するAIを育てるために使用します。交通機関以外でも、これまで沖縄などあえて風雨の強い地域で実施してきたペンキの剥がれや配管のサビなどの劣化検証を、都市部のコンピューター上で再現・予測するなど、様々なシーンで利用されています。

●生成AIの基盤モデル

次に、生成AIのエンジンである「基盤モデル」について説明します。基盤モデルは、次に来る単語(正確にはトークンと呼ばれるものですが、ここでは詳細は割愛します)を予測する仕組みです。例えば、「風が吹けば」と入力した場合、次の単語が「桶(おけ)」である確率と、「金(かね)」である確率を計算します。このとき、次に続く「儲かる」との文脈と、事前学習した知識の双方から、最も確からしい次の単語を予測して、「桶」と出力します。この結果がテキスト生成です。また、次に来る絵柄の確率を計算して1枚の絵に仕上げているのが画像生成です。

画像生成の仕組みは面白く、作成したい画像の説明文とノイズを組み合わせることで、与えたテキストに沿った様々な画像を生成できるようになりました。画像生成では著作権が必ず議論されます。そのため、著作権のない背景写真の画像を広げて消したい対象を塗りつぶすイン・ペインティングや、元々著作権を持っている画素の粗い過去のコンテンツを現在の4K/8Kに対応させる高精細化の技術利用が進んでいます。

基盤モデルの仕組みをもう少し詳しく説明します。基盤モデルは、インターネット上の膨大な量のデータを事前に学習しています。単純な計算を行うユニットを大量に用意し、さらにそれを何層も重ねることで、複雑な概念を学習することができます。このユニットそれぞれに学習の対象となるパラメータが存在しており、ユニットが広く、そして深くなるほどパラメータの数も増える、という関係です。現在ではパラメータの数が数兆に達する基盤モデルもあります。例えばAmazonの場合「アレクサ[5)]、家系じゃないラーメンを探して」と聞いたときに答えてくれるAIのパラメータの数は200億です。

もし、数兆のパラメータを持つ基盤モデルに同じ質問をした場合、100倍以上の計算式を処理するための電力が消費され、二酸化炭素が排出されます。こうしたことから私たちはお客様に「鉛筆を削るのにチェンソーが必要ですか？」「近くのスーパーに買物に行くのにF1に乗る必要がありますか？」と尋ね、それぞれのタスクの複雑度合いに最適なパラメータサイズの基盤モデルを選ぶことをお勧めしています。アレクサに実装されている「Alexa教師モデル」は、最小限の入力情報から多言語による応答を実現する基盤モデルです。AWSはこのAlexa教師モデルを公開しています。200億パラメータの基盤モデルが必要とする計算資源、電力、回答速度の経験を元にして、ユーザーの仕事が何倍あるいは何分の1に収まる計算力・投資・開発期間を必要とするのか、参考にすることができます。

基盤モデルは幅広い状況への適用が可能ですが、実際の仕事は業界・業種・職種によって千差万別です。タスクの複雑度合いだけでなく、タスクの種類に応じて基盤モデルを選択することも重要です。なぜなら、基盤モデルによってタスクへの向き不向きがあるからです。

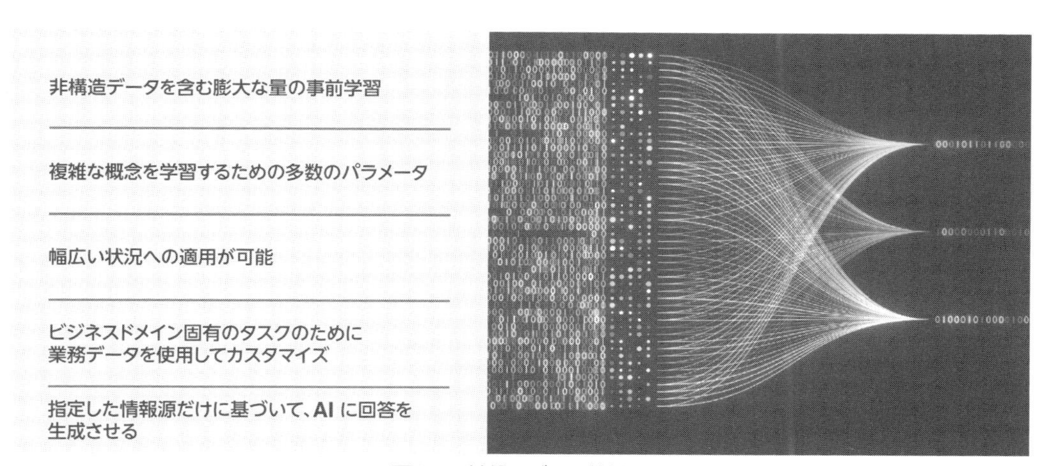

図1.5　基盤モデルの仕組み

5) Alexa（アレクサ）は各種Echo端末の頭脳となるクラウドベースの音声サービス。Alexa搭載デバイスを設定したり、音楽を聞いたり、買い物リストを作成したり、最新のニュースを入手したりできます。
https://www.amazon.science/blog/20b-parameter-alexa-model-sets-new-marks-in-few-shot-learning
2024年7月現在、Alexa教師モデルはAmazon SageMaker JumpStartにて公開中です。ただし、テスト利用を目的としており、お客様ビジネスでの商用利用はできません。商用利用可能な多くの基盤モデルについては、以下を参照してください。
https://aws.amazon.com/jp/sagemaker/jumpstart/

●代表的な基盤モデル

基盤モデルには、3つの代表的なタイプがあります。

1番目は、最も一般的な「テキストtoテキスト」です。例えば「ウォーキングと心臓の健康面での影響に関する記事を要約して」という指示と、要約したい記事の全文を入力すると、基盤モデルが対象記事を要約して「健康な心臓を維持するには1日あたり1万歩歩くのが最適です」などと出力します。一般的なチャットやQ&Aのやり取りには、このテキストtoテキストの基盤モデルが使用されています。

2番目は「テキストtoエンベディング（埋込み）」です。例えばAmazonでコーヒーを買うとします。サイト画面の検索バーに「コーヒー」と入力すると、「コーヒー フィルター」「コーヒー豆」「コーヒーメーカー」「コーヒーミル」等、コーヒーに関連する商品が候補として上がります。エンベディングとは、テキストや画像を数値（ベクトル）に変換する技術です。コンピューターにとって、テキスト同士が似ているかどうかを直接比較するのは難しいことです。しかし、一旦数値になってしまえば、コンピューターが得意な数値計算をすることで、数値同士がどれくらい似ているかを知ることができます。「似ているものを探す」というタスクの適用例として、エンベディングは文書検索や画像検索などで使われています。

3番目はマルチモーダルです。例えば「森で馬に乗っている宇宙飛行士の写真。目の前には睡蓮が広がる川」とテキスト入力すると、**図1.6**のような画像[6]が生成されます。マルチモーダルの基盤モデルは、テキスト、画像、音声、動画等、複数のデータを取り扱うことができます。

図1.6　Amazon Titan Image Generatorによる生成画像の例（森で馬に乗っている宇宙飛行士の写真）

6）Amazon Titan Image Generatorで作成

1.3 Amazonにおける生成AI活用例

Amazonは25年以上にわたり、常に最新のAI・機械学習技術を事業の隅々に組み込んできました。生成AIも、既にAmazonの一部になっています。Amazon.comのショッピングサイトでは、Amazonプライム・ビデオで自分の見たいドラマや映画に近い番組や作品を勧められたり、Amazonミュージックでグッと来る楽曲が流れたりと、様々な基盤モデルによってユーザーの検索体験を改善し続けています[7]。

2023年Amazon.comでは、優れた会話型ショッピング体験を顧客に提供するために、生成AIを搭載した専門ショッピングアシスタントRufus（ルーファス）を本稼働させました。

多くの顧客はAmazon.comで買い物をする前に、例えば「全自動コーヒーメーカーとドリップ式コーヒーメーカーの違いは何か？」、「どちらがメンテナンスしやすいか？」などを検索しています。RufusはAmazonの膨大な商品カタログ、顧客レビュー、Q&Aを学習し、会話の文脈に沿って顧客の質問に答え、商品を比較し、レコメンデーションを行います。買い物客はRufusと対話しながら、候補を絞り込み、欲しい製品を見つけることができます。

そして、いざ購入すると決まれば、買い物客は対象商品に関するレビューを探したり、星印を数えたりします。生成AIにより、買い物客は自分にとって重要なアイコン（例えば性能・使いやすさ・安全性など）から商品レビューの要約、主な機能、購入者の感情を分析したサマリーを参照でき、その商品が自分のニーズに合っているかを素早く判断できるようになりました[8]。

Amazon Pharmacy（ファーマシー）は、透明な価格設定と医療支援を提供する完全デジタルの薬局サービスです。2023年、Amazon Pharmacyは、チャットボットを使った患者サポート強化と、

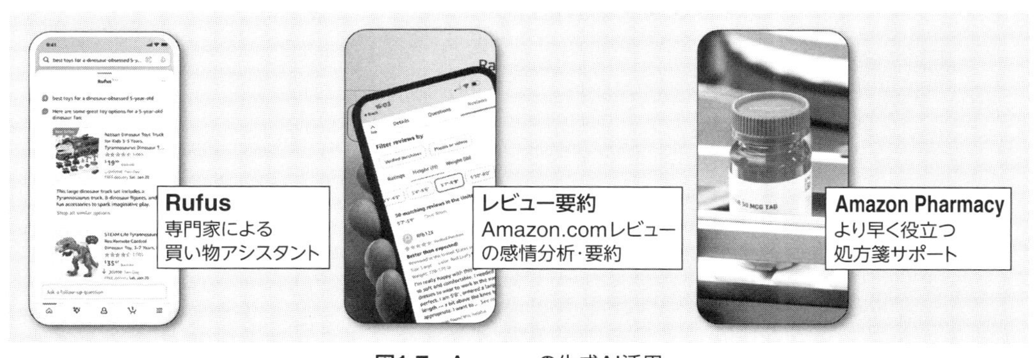

図1.7　Amazonの生成AI活用

7）https://www.aboutamazon.com/news/innovation-at-amazon/amazon-generative-ai-powered-product-listings
8）出典：Amazon.com / "How Amazon continues to improve the customer reviews experience with generative AI"
https://www.aboutamazon.com/news/amazon-ai/amazon-improves-customer-reviews-with-generative-ai

患者のプライバシーの維持を両立する方法を模索しました。生成AIは、処方指示の簡素化、見積価格の提示、データ入力の改善、24時間年中無休の患者サポートチームの支援など、業務に価値をもたらす機能に利用されています。各地で行われている臨床試験結果に基づき医事当局の規制は日々更新されます。「経口投与」などの非構造化データを構造化して生成AIと組み合わせることで、人的エラーのリスクを低減しつつ、より迅速かつ効率的な処方薬の調剤が可能となり、医薬品提供の重い事務負担と患者に対する迅速なサービスを実現しています。

Amazonにとってのお客様は、商品を買ってくださる消費者だけではなく、商品の出品者も含まれます。出品に伴う作業負担を軽減し、商品の効率的な販売を支援するためにも生成AIを利用しています。

例えば、出品する商品の画像と商品名を入力すると、生成AIがより効果的な商品説明、タイトル、商品詳細をテキストで作成します。事業として出品する方の商品点数は10や20ではなく、場合によっては100、1000の単位に及ぶので、出品可能な水準の商品説明と作業負担の軽減が課題となるケースもありました。現在、多くの出品者が生成AIの作成した商品説明に満足して利用していることが分かっています。また、魅力的な商品写真は、消費者の関心を惹きつけるのにとても重要です。商品の宣伝に失敗した出品者の75%が、クリエイティブな商品写真を課題に掲げています。そこでAmazon Adsでは、商品に合った背景をワンクリックで自動生成し、テキスト

図1.8　トースターの商品画像と背景の有無

9）出典：Amazon.com / "Amazon rolls out AI-powered image generation to help advertisers deliver a better ad experience for customers"
https://www.aboutamazon.com/news/innovation-at-amazon/amazon-ads-ai-powered-image-generator

オープンソースモデル

Amazonのモデル

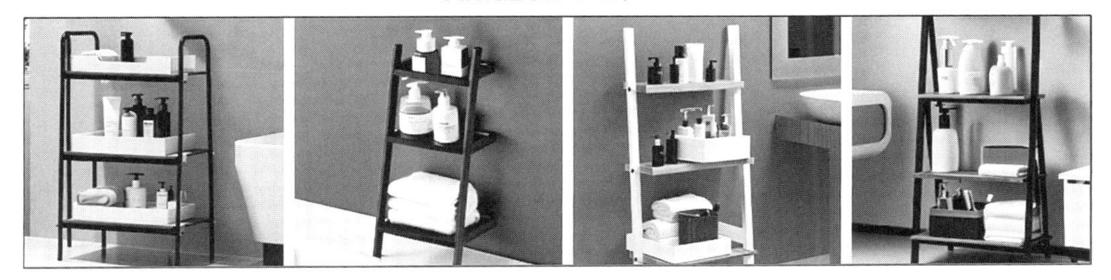

図1.9　オープンソースとAmazonのモデルの違い

入力で背景画像を調整できるアプリケーションのテスト提供を開始しました。Amazon.comの調査によると[9]、真っ白な背景画像で出品したトースターよりも、実生活が想像できるリアルな背景画像のトースターの方が、クリックスルー率[10]が40%増加しています。こうした背景画像に宣伝効果があることは知りながらも、これまではWebデザインや撮影の時間や労力をかけられなかった出品者にとって、生成AIを活用したツールが商品出品を簡単かつ生産的にしています。

消費者はより選びやすく、出品者はより魅力的に商品を出品でき、生成AIがどれだけリアルな画像を生成したとしても、実際に存在しない商品は販売できません。例えば、次のようなテキストを2つのモデルに入力してみます。「このバスルームには、トイレタリーやアクセサリー用のバスケットが2つ付いた木製のはしご棚があります。シンクは白い磁器製で、蛇口はクローム仕上げのエレガントなデザインが特徴で、黒のアクセントによく合います。」

出力された画像は、上下どちらのグループもリアルな実生活を想像できます。ただし、下のグループは、AmazonのECサイトで実際に買える商品のみで画像が生成されています。上の画像でも生成AIが魅力的な画像を生成していることは分かりますが、どこの会社の製品を表示しているかは分かりません。実際の仕事にとって重要なのは、どれだけ精巧な画像を生成できるかではなく、自社で蓄積されたデータを自社の成長のために利用できることです。

Amazonでは、最先端の生成AI技術でできることを検討するのではなく、顧客に必要なことか

10）マーケティング指標の１つであり、リンク、広告、Eメール等の表示回数に対して、クリックされた回数を計測したもの。

ら遡って考え[11]、限られた人材と資金に合わせて必要なデータを最大限活用するよう徹底しています。Amazonの商品識別番号、クエリ、顧客レビューなど、大規模で多様なデータ資産を活用し、外部のWebから入手可能なデータも取り込んだ後、数千億パラメータの基盤モデルと既存システムを連結して業務アプリケーションを開発しますが、そのままではデプロイさせてもらえません。適正なコストの範囲内で事業継続ができるように、1000分の1以下のパラメータと資源でも稼働可能かが必ず検証されます。

また、高度なモデルの継続使用やさらなるデータ追加によるカスタマイズには、それらを含む事業計画の承認が大前提となります。経営者にとって保有資源の有効活用は当然であり、課題解決のために、既に自社で保有しているAI・機械学習技術の反復利用と横展開が徹底されます。

こうして実施された数多くのPoCから、評価を通過した生成AIアプリケーションだけが本番環境に適用されます。また、運用においても、基盤モデルに対する評価を継続し、グループ内の他のエンティティでの使用が検討されます。

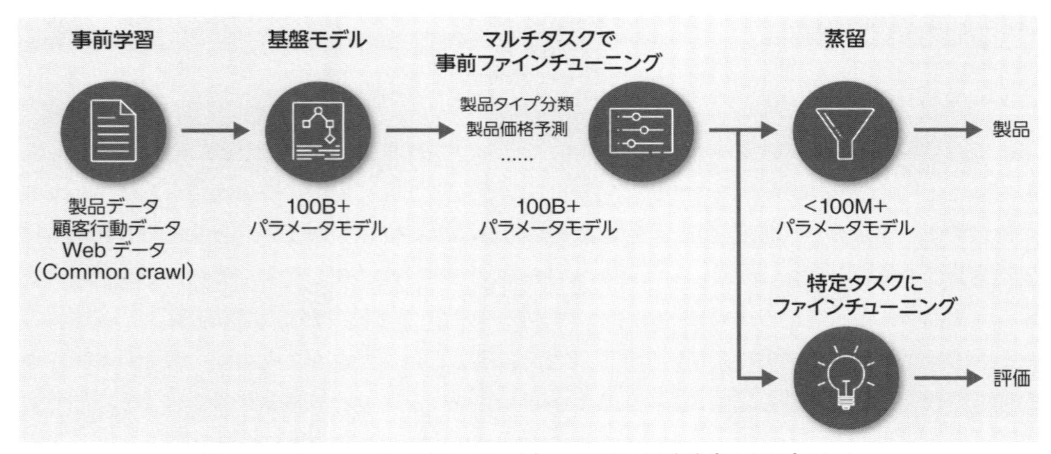

図1.10 AmazonにおけるAIサービスの開発およびデプロイのプロセス

AWSも例外ではありません。2022年にAmazon CodeWhisperer（コードウィスパラー）として公開された生成AIアプリケーションでは、AWS社内とA/Bテストに参画してくださったシステムインテグレーターとの検証の結果、仕事の正常完了率で27%、開発速度で57%の向上が確認できました。機能拡張の承認を経て2024年4月、Amazon Q Developerとして、生成AIからコード開発の手引きを受けながら、高速かつ安全なアプリ開発を支援するサービスへと進化を遂げました。技術検証先行は許されず、まず現場の顧客を起点に考え、業務の課題に基づく行動を徹底している点が、事業会社を親会社に持つAWSのユニークさと言えます。

11）Amazon/AWSでは、まずお客様を起点に考え、お客様のニーズに基づき行動することを仕事の原理原則として定めています。
https://www.aboutamazon.jp/about-us/leadership-principles

1.4 AWSが提供する生成AIサービス

1.4.1 生成AIアプリの構築はたいへん

Amazonのインターネット、クラウド、AI・機械学習を支えてきたAWSは、生成AIが話題になり始めた2021年から一貫して「どの基盤モデルも、ひとつで全ての課題を解決することはできない」と提言し続けています。生成AIがブームとなった2023年、日本でこの提言が顧みられることは少なかったのですが、2024年、生成AIサービス提供各社が二桁以上の複数基盤モデルへのアクセスを競うに及び[12]、日本でも「AWSの話を詳しく聞きたい」との要望を受ける機会が増えました。実際にうかがった企業の気づきとして、以下のような声が挙がっています。

- PoCの繰り返しだけでは、生成AIはニッチな技術に終わるため、生成AIから実際の業務上の価値を引き出す努力が必要
- 最新モデルだけ追っても経営は満足しないので、大規模展開時の遅延、推論コスト、セキュリティ、プライバシー、コンプライアンス、倫理的責任等、本番と運用の考慮が不可欠
- 生成AI単体では業務は完結しないので、内外の既存システムや、サプライチェーン参加者との連携を運用レベルで真摯に考えてくれるパートナーが欲しい

一般企業のユーザーが生成AIアプリケーションを構築するには、いくつかの壁があります。

第1に、上述したように、あらゆるタスクに最適化された単一の基盤モデルは存在せず、しかも新しい技術なので当分のあいだ改良され続けます。企業は複数の基盤モデルを組み合わせながら新しいバージョンに上げていく必要があり、それには時間・コスト・人手がかかります。

第2に、企業は他社との差別化のために、基盤モデルに対して、自社データを使ったカスタマイズを望んでいます。自社データは全ての企業にとって非常に貴重な知的財産ですから、完全に保護され、安全かつプライベートに保たれる必要があります。

第3に、ビジネスにおけるタスクは複雑化しており、様々なシステムと連携する必要が増しています。例えば、飛行機等の座席予約、保険金の請求、購入した商品の返品といった単純な業務でも、窓口での対面応対、コールセンター、Webサイト、エッジサービス等といった具合に発達し複雑化して、多段階のプロセスを経なければ完結しません。基盤モデル単独では、既存の外部システムとのやり取りを全てこなすことができません。AIの利用者は基盤モデルに対する実行可能で具体的な定義と指示、自社データ格納場所へのアクセスの設定、仕事を完結するために必要

12) 出典：Eduardo Ordax, AWS EMEA Generative AI Lead
https://www.linkedin.com/posts/eordax_llms-genai-ai-activity-7180911866615840768-uUbD?utm_source=share&utm_medium=member_desktop

なプログラムの実行等を、可能な限り自動化して行う必要があります。

最後に、企業は生成AI活用のために巨大なコンピューターを管理したり、多額のコストを費やしたりすることなく、仕事を効率化し、事業の成長を継続させたいと考えています。そのために、持続可能で必要なだけ資源を利用できる仕組みが必要となります。

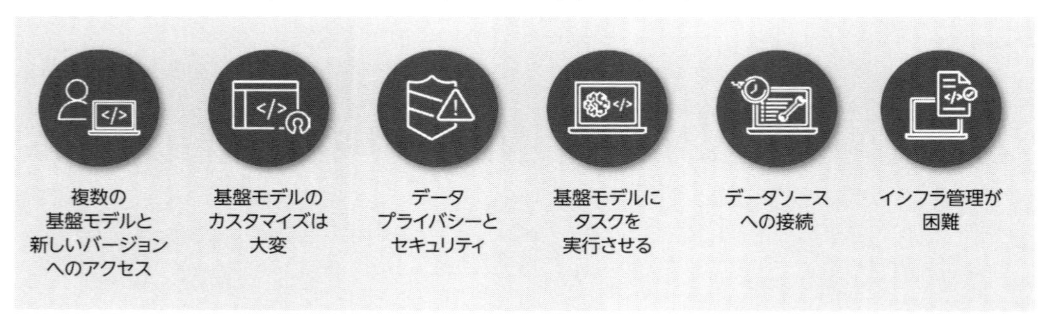

図1.11　一般企業ユーザーが乗り越えねばならない壁の数々

1.4.2　データこそ競争力の源

Amazonの事業に対する支援と、AWSのユーザー企業に対する支援を通じて、私たちは多くのことを学んできました。最も重要な気づきは、データの重要性です。生成AIではモデルが注目されますが、それは生成アプリケーションに必要な要素の1つに過ぎません。特に、社内アプリケーションの本番移行や顧客向けサービスの場合、モデルだけでは完結しません。なぜでしょうか？モデルの内部に入っていくと、「穴あきチーズ」のような状態になっています。モデルの訓練に用いられたインターネット上の公開情報には、密度の高い分野と低い分野があり、密度の高い分野は非常に良い成果を上げます。チーズの穴（気泡）は、世の中に公開されていないためモデルが学習していない箇所です。穴の部分を聞かれると「存在しない事実」を生成し、ハルシネーション（幻覚）が起きます。このため、業務で生成AIを使うには、自社データを使って穴を埋めねばなりません。

現時点で最も一般的なのは、RAG（ラグ：Retrieval Augmented Generation）「検索拡張生成」と呼ばれる技術です。RAGはチーズの穴に入るデータを紐づけて、質問者への回答を業務向けにカスタマイズします。穴を埋めるデータは、機密情報かも、モデルが学んでいない最新情報かもしれません。リアルタイムのフライトデータや気象情報などの外部データかもしれません。RAG以外には、ファインチューニングによるカスタマイズがあります。ラベル付きのデータで穴を埋めることで、飛躍的に性能を向上します。コードやプログラムを書く必要はありません。例えば、臨床に備えて医療用語を理解させる、チャットボットと注文履歴を効率よく連携する、金融アナリストのスタイルで回答する等、業務のプロに仕立てます。

このように、生成AIの価値を引き出すにはデータが不可欠です。 生成AIモデルを呼び出す以外にも、トランザクション処理やAPIコールを行うために、運用データベースが必要です。分析とデータレイクは、業界や自社のドメインに固有のデータを蓄積し、活用するための重要なツールです。データ統合のために、バッチでもストリーミングでも、変化し続けるデータに対応するパイプラインを設定し、生成AIで使えるように変換・処理する必要があります。さらに、ガバナンス、データ品質、プライバシーと法令順守、セキュリティとアクセス制御のプロセスも考慮しなければなりません。生成AIの表面的な部分に惹かれがちですが、実務に耐えるには、データプロセスの効果的な活用こそが重要なのです。

AWSには様々な業務、ユースケース、データタイプに対応する一連のデータサービスと、そのデータを管理するためのツール群が用意されています。まず、構造化データ、非構造化データ、ストリーミングデータ、ベクトルデータなど、様々なタイプのデータを保存・参照して、必要なファインチューニングとコンテキストを追加するためのデータサービスを提供しています。

次に、今日の生成AIアプリケーションはリアルタイム応答が主流なので、あらゆるデータに即座にアクセスできることも重要です。AWS上でサービスが連携し、他のデータソースと統合できれば、業務や顧客に関するデータを全方位で瞬時に把握できます。

最後に、システムのライフサイクル全体でデータのセキュリティと管理が必要です。AWSは、データ品質、プライバシー、アクセス制御のためのツールを提供しており、生成AIアプリケーションのデータの品質と適合性を保ちます。

図1.12　生成AIが価値を生むために必要なデータ資源とツールの数々[13]

13) 出典：Eduardo Ordax, AWS EMEA Generative AI Lead
https://www.linkedin.com/posts/eordax_llms-genai-ai-activity-7180911866615840768-uUbD?utm_source=share&utm_medium=member_desktop

●デザインによる課題解決

最後の気づきは、デザインによる解決です。人手不足と限られた予算の中で、溢れる情報に惑わされず、生成AIの活用に必要なサービスを利用者が得られるようにするために、AWSは自社が提供する生成AIサービスをそれぞれの特性に合わせて3階建てにデザインしました。

1階は、昔からAIに取り組み、自分なりの経験や技術力を持ったプロのためのDIY（Do It Yourself）のフロアです。例えば、ゲーム機の新商品を開発する部門が、生成AIが現れる以前から使っている市場予測データや製品設計データを組み合わせて、自社だけの細かいレベルまで設定できる仕事に利用します。

2階は、基盤モデルを活用するメインフロアです。生成AIを仕事に使うために、使用する基盤モデルを選び、AIが仕事のルールを守るためのガードレールを引き、自分の仕事に最適になるようにカスタマイズして、できる限り自動化された生成AIを使いこなすための道具が揃っています。例えば、ゲームのログインパスワードを忘れたユーザー（ゲームプレイヤー）のために、ゲーム会社がユーザーの顧客情報を参照する既存システムとAPI連携しつつ、自動かつ基盤モデルを介した丁寧な応答で、パスワード再発行を手引きするといったサービス提供に利用します。

3階は、ユーザーがすぐに使える生成AIアプリケーションのフロアです。生成AIがあらかじめ組み込まれたアプリケーションを道具として選び、仕事に活かします。このフロアではAIそのものを利用者が意識することはありません。例えば、ゲームを販売する営業マンが、社内でしか分からないことを検索する日常的なアプリケーションに使用されます。

これら1階・2階・3階の各フロアを、もう少し詳しく見てみましょう。

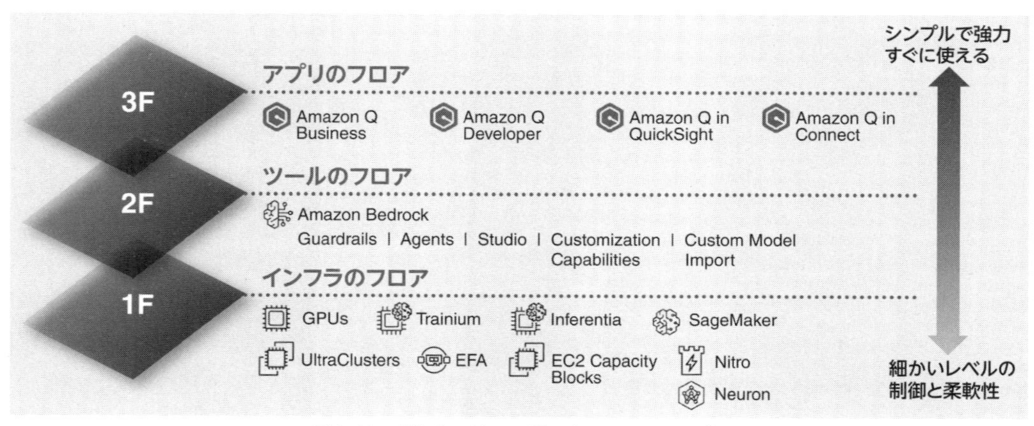

図1.13　「仕事に適した道具」というコンセプト

1.4.3　1階：プロのためのDIYフロア

1階には、もともとAIに詳しい開発者や企業向けに、自分で基盤モデルを「作る」ための道具が揃っています。主な道具は、自社モデルの訓練に必要な計算能力を備えたインフラと、快適に開発するためのソフトウェア群です。

計算能力の鍵はGPU（Graphics Processing Unit）です。これまで多くの基盤モデルが、NVIDIA社のGPUで訓練されてきました。AWSでは幅広いNVIDIA製GPUが利用可能です。ただし、近年その供給が不足しており、ユーザー企業が継続して自社モデルを訓練したり仕事を拡大し続けたりするには、高騰化するGPUのコストが課題になってきました。一度生成AIモデルやアプリケーションを提供したら、事業として続けていくために、コスト低減が重要になります。

そこでAWSでは、安価にAI訓練ができるチップTrainium（トレーニアム）とAI推論（予測）ができるチップInferentia（インファレンシア）の提供を開始しました。2023年にはTrainiumとInferentiaの第2世代を発表し、初代モデルに比べて大幅にコストパフォーマンスを向上させています。2023年秋には、主要な基盤モデルメーカーであるAnthropic社が、「将来の基盤モデルの構築・訓練・展開にAWSのAIチップを使用する」と発表しました。バケーションレンタルのAirbnb社、AIユニコーン企業Hugging Face社、体験管理ツール提供のQualtrics社、写真サービスのSnap社等、様々なリーダー企業がAWSのAIチップを使用しています。

ユーザー企業各社が独自の基盤モデルを開発するには、多くの壁を乗り越えなければなりません。訓練データの整理とモデルの微調整（ファインチューニング）、拡大可能で効率のよい訓練環境、そして低遅延かつ安価な方法で自社モデルを大規模に展開すること、これら全てを自前で行うのは容易ではありません。AWSは最高のチップ、最先端の仮想化技術、強力なペタバイトスケールのネットワーク機能、ハイパースケールクラスタリング技術、そして大規模言語モデルや基盤モデルの開発を安価に実現するマネージドサービスを提供しています。

AWSは、利用者が快適に自社モデルを開発・展開するためのソフトウェアAmazon SageMaker（セージメイカー）を提供しています。Sageは賢者、Makerは作り手の意です。SageMakerは、データサイエンティストや機械学習エンジニアが2017年から使用している実績あるマネージドサービスです。AI開発のためのデータの準備、実験の管理、モデルの高速トレーニングを行うことができます。また、SageMaker上に確保された資源により、遅延が低減され、開発者同士が同じ道具と画面と言葉を使って、AI開発の壁をチームで乗り越えて行くことができます。例えば、検索に特化したAIアシスタントを提供するPerplexity AI社は、SageMakerで40%高速に訓練を終えました。財務・人材管理サービスのWorkday社は、SageMakerで80%の遅延を削減。英国のNatWest銀行は、SageMakerでAI開発期間を最大18カ月から7カ月未満へと短縮しました。

SageMakerは100近い生成AI基盤モデルと、数百に及ぶAI学習モデルを提供しています。企業固有の業務に対し、1つのモデルが万能とは限らないとAWSは考えているからです。モデルは今後も進化し、増え続けるでしょう。ユーザー企業には、異なるタイミングや用途に応じて様々なモデルを使い分ける柔軟性が求められます。SageMakerは、多くのユーザーに幅広く深い機能を提供し、エンタープライズレベルの本番・運用の実績があります。

1.4.4　2階：基盤モデルを活用するメインフロア

2階には、生成AIを仕事に使うために、主要な開発会社が提供する基盤モデルを選び、利用者独自のデータでカスタマイズし、可能な限り自動化で効率を上げつつ、AWSの最高峰のセキュリティを活用するための道具が揃っています。生成AIを業務のワークフローに組み込むために、最も賑やかで急速に進化しているフロアがここです。日常的に使われるシステムにAIが組み込まれ、もはやAIとは呼ばれなくなる段階まで進めば、大きな機会が開かれるとAWSは考えています。プロが日々開発し改善し続ける基盤モデルを、誰もがAPI経由で利用し、業務に役立つAIアシスタントを生み出すことができます。

Amazon Bedrock（ベッドロックとは岩盤、頼れるパートナーの意）は、このフロアのために発明されたフルマネージドサービスです。Bedrockには世界中から選りすぐられた基盤モデルが用意されています[14)]。これらの基盤モデルは、AWSが技術面・法律面の双方でテストを行っており、利用者は高品質のモデル出力を素早く得ることができます。様々な基盤モデルを試すだけではなく、ファインチューニングやRAGなどを使って業務に沿ってカスタマイズしたり、コードを書くことなく、旅行予約、保険請求処理、広告キャンペーンの作成、在庫管理など、複雑なビジネスタスクを実行する管理エージェントを作成したりできます。Bedrockはサーバーレスですので、インフラを管理する必要はありません。既に使い慣れているAWSサービスを使って、生成AIをAPIとして利用し、安全にデプロイできます。AWSは、Bedrockの安定稼働のために十分な計算能力を用意しており、利用者は生成AIアプリケーションを安心して構築し、拡大できます。

なぜ、Bedrockではデータを安全に取り扱えるのでしょうか。Bedrockは利用者の仮想環境内に基盤モデルをコピーします。データがユーザーの仮想環境を出ることはなく、元の基盤モデルによって顧客の住所などの個人情報や重要なデータが再利用されることはありません。モデルをファインチューニングする際には、基盤モデルのコピーからプライベートバージョンを作成し、安全なコンテナに格納し、利用者だけがそこへアクセスできます。データは保管・転送時に暗号化されますので、AWSでも中身はわかりません。Bedrockには他のAWSサービスと同様に、厳格なアクセス制御が適用されています。Bedrockは個人情報保護規制GDPR、環境負荷物質規制SOC、国際標準機構ISO、医療規制HIPPA等、様々な規制や業界標準を遵守しています。

生成AIを取り巻く環境は非常に急速に動いており、次に何が出るか・いつ出るかを予測するのは難しくなっています。Bedrockは2023年のサービス開始から数カ月で数万人に利用されており、利用者の声に基づいて機能拡張を続けています。例えば以下のような機能が追加されました。

14）2024年6月時点で、米Anthropic社、Meta 社、Amazon、仏Mistral AI社、加cohere社、英Stablility AI社、イスラエルAI 21labs社の7社、31の基盤モデルが利用できます。

- **ガードレール**：導入企業の生成AIアプリケーションの品質を向上するために、一社一社の方針（ポリシー）に合わせて回答内容を保護・制限する機能
- **ナレッジベース**：自社データにつなぐことで回答精度を向上する機能
- **エージェント**：生成AIと外部システムをつないで複数のタスクを完了する機能
- **ファインチューニング**：基盤モデルを継続的に訓練し改善する機能

こうした機能拡張に呼応するかのように、業務利用の環境が着々と整ってくるなか、ユーザーの利用動向にはいくつかのトレンドが見られるようになりました。近い将来重要になる主要なトレンドは、以下の4点です。

●複数のモデル

生成AIに慣れてくるにつれて、ユーザーの関心は予測精度からコストへ、業務を満たす回答速度へと移っています。様々な業務ごとに適したモデルを使い分けるユーザーも出てきました。あるモデルは複数の言語に優れ、他のモデルは要約に優れ、さらに別のモデルは推論の実行コストが安いといった具合です。複数のモデルを連鎖的に使用するチェイニング（Chaining）技術により、各モデルの特徴を活かして、より複雑で高度な業務を行うことができます。

本格展開には、旬のモデルにすぐに入れ替え可能な柔軟性が鍵となります。2024年7月時点でBedrockでは34の基盤モデルが利用可能です。世界最高性能の大規模言語モデルであるAnthropic社のClaudeシリーズ、優れたOpenSourceとして世界中で利用が進むMeta社のLlamaシリーズ、Mistral社のMistralシリーズ、Stability AI社のStable Diffusionシリーズ、Cohere社のCommandシリーズ、AI21 Labs社のJurassic、Jambaシリーズ、そしてAmazonによるTitanシリーズなど、主要な基盤モデル開発会社の新しいモデルが追加され続けています。

●エージェント

ツールやアプリケーションの複雑さが高まるにつれ、より複雑なタスクを実行するためにエージェントの使用が増加しています。数回のクリックで、エージェントはタスクを調整・分析し、正しい論理的順序に分解し、必要なAPIを呼び出して既存システムと取り引きし、次のステップの要件を判断します。これはエンドツーエンドのワークフロー自動化に必要な機能です。

●マルチモーダル

複数のデータ様式を受け入れる機能があれば、構造化されたテーブルデータと、録音音声や映像等の非構造化データを統合できます。仕様書と設計図、障害報告と被疑箇所等、任意のデータタイプ入力から任意のデータタイプ出力を紐づけて、生成できる可能性があります。さらにエージェントと連動すれば、あらゆるデータタイプやインターフェイスを通じてエンドツーエンドのワークフローが実現します。

● AI規制と標準対応

より広範なAI規制と標準化が進むことにAmazonは賛同しています。リスクに応じたガードレール機能を整備しているのはそのためです。責任あるAIが信頼を生み、信頼が普及を生み、普及が新たな挑戦を生むとAmazonは考えています。安全で透明性があり、責任ある生成AIへのコミットメントの一環として、世界的なAIコミュニティや政府当局との協働を通じて、ベストプラクティスを共有し支援しています。

特にガードレール機能は、「その優れた機能をBedrock以外のサービスでも利用したい」との利用者の声に応え、2024年7月に単独でAPI化されました。例えばチャットボットと利用者の会話は、有害な言葉を避け、企業のガイドラインに沿って安全に行われなければなりません。企業の一貫した安全対策を生成AIのインターフェイスに実装するために、ガードレールAPIは、業務と責任あるAIポリシーに合わせて、企業として避けるべきトピックを指定し、自動で利用者の入力や基盤モデルの出力を検出・確認し、制限カテゴリーの入力受付や回答を防ぎます。ガードレールAPIで有害なコンテンツをフィルタリングし、不適切な言動に対して閾値を設定することもできます。例えば、先述のAmazon Pharmacyでは、オンラインアシスタントが侮辱や暴力的な表現を使わないように、ガードレールAPIを設定しています。

Bedrockの利用企業からAWSが学んだことがあります。満足できるレベルの仕事の品質・コスト・回答速度を満たす生成AIアプリケーションを構築するには、「意味のある反復が必要である」という教訓です。企業は仕事の用途や場面に応じて、様々な種類やサイズの基盤モデルにアクセスしたいと考えています。そうした利用者の実験と反復を簡単にするサービスがBedrockです。様々な業種・業界の仕事をBedrockが支えています。例えば以下のような実例があります。

- ADP社（人事給与アウトソーシングサービス）
- Amdocs社（通信／メディアサービス）
- Bridgewater Associates社（投資管理）
- Broadridge社（金融テック）
- Clariant社（機能化学）
- Dana-Farber Cancer Institute（がん研究所）
- デルタ航空
- Druva社（ソフトウェア）
- Genesys社（コンタクトセンター事業）
- Genomics England（ゲノム研究）
- GoDaddy社（ドメインサービス事業）
- Intuit社（金融ソフトウェア）
- KT社（通信事業）
- Lonely Planet社（旅行事業）

- LexisNexis社（法律・科学・医学・リスクデータベース事業）
- Netsmart（ネットワーク監視事業）
- ファイザー社（医薬品）
- PGA TOUR社（ゴルフ事業）
- Rocket Companies社（不動産／金融サービス）
- Siemens（電機／情報通信）

日本国内でも多くの企業・団体がAWSと共に、一社一社異なる業務の課題に向き合い、それぞれのシステム環境に合わせた生成AI活用に取り組んでいます。

1.4.5　3階：ユーザーがすぐに使える生成AIアプリケーションのフロア

最上階は、利用者がすぐに使えるアプリケーションのフロアです。これまで見てきたAmazonの新しいショッピングアシスタントRufusや、自宅で利用するAlexaの回答には、内蔵されたAIサービスが利用されていますが、そのことを利用者が意識することはありません。チャットボットや検索画面からの指示で、アプリケーションがシステムの隅々を調べ、利用者が知らなかったデータを見つけ出し、最適に活用するのに役立てます。生成AI内蔵アプリケーションの利用により、手作業の時間短縮や、プロジェクトの工数削減ができるかもしれません。

● Amazon Q

2023年、AWSは生成AIがどの職場でも利用できるよう、様々なAI機能を搭載したAmazon Qを発表しました。Amazon Qは汎用AIアシスタントとして、社内のデータ利用、コード記述、質問への回答、コンテンツ生成、AWSリソースの管理などを支援します。セキュリティとプライバシーを最優先にして設計されており、AIを安全に活用できるようになっています。利用者のアクセス制御が徹底されており、サブスクリプションで利用できるAmazon Qからアクセスしたデータが、利用者以外に共有されることはありません。

また、40以上のデータコネクタを備え、簡単かつ安全に自社データに接続できます。利用者は自社データとコードリポジトリを指定するだけで、該当データを検索・要約・分析することができます。一般的な質問応答だけでなく、金融・技術分野における正確性・真実性・有用性で他のアシスタントを上回る性能を発揮しています。

Amazon Qは様々なユーザーを想定した強力なAIサービスです。ビジネスユーザーは、Amazon Q for Businessでナレッジ検索、要約、質問回答、コンテンツ作成ができます。データから洞察を抽出し、調査と分析を行うことで、データに基づいた意思決定を支援します。さらにQuickSightと連携して、複雑なデータを統計的に理解し、ビジュアルな要約を作成して、行動を促す魅力的なデータストーリーを作成できます。

開発者やITプロフェッショナル向けのAmazon Q for Developerは、コーディング能力のベンチマークで最高スコアを獲得しており、セキュリティスキャン機能も優れています。AWS コンソール、統合開発環境、CLI（コマンドライン入力）、ドキュメント、Slack等と組み合わせて利用でき、開発現場のコミュニケーションを刷新します。特に、Amazon Q for Developerエージェントは、コーディング能力をベンチマークするためのSW開発環境ベンチデータセットで、最高スコアの13.4%と20.5%（Lite版）を獲得しました。また、セキュリティスキャン機能は、最も一般的なプログラミング言語における検出性能で、公開されているツール全てを上回っています。開発者にとってAmazon Q Developerは、開発ライフサイクル全体において非常に価値があります。計画、コーディング、テスト、コード修正、セキュリティ確保などを支援します。高度な自然言語処理機能によって開発サイクルを加速し、コード品質を向上させます。

より専門的な役割に対しても、Amazon Qは特化したソリューションを提供します。コンタクトセンターのエージェントはAmazon Q in Connectを使って顧客との会話を聞き、最適な回答とリソースを提供することで、顧客満足度を高めることができます。サプライチェーン担当者はAmazon Q in AWS Supply Chainを活用して、過剰在庫や欠品リスクを軽減し、サプライチェーンを可視化し、サプライ計画の共同作業を効率化することでオペレーションを最適化し、無駄を削減できます。特に流通業を営むAmazonにとって、ERPをはじめとする基幹系システムの在庫情報とリアルタイムに連動して、日々必ず発生する業務を生成AIにより効率化していくことは、重要な施策であると位置づけられています。

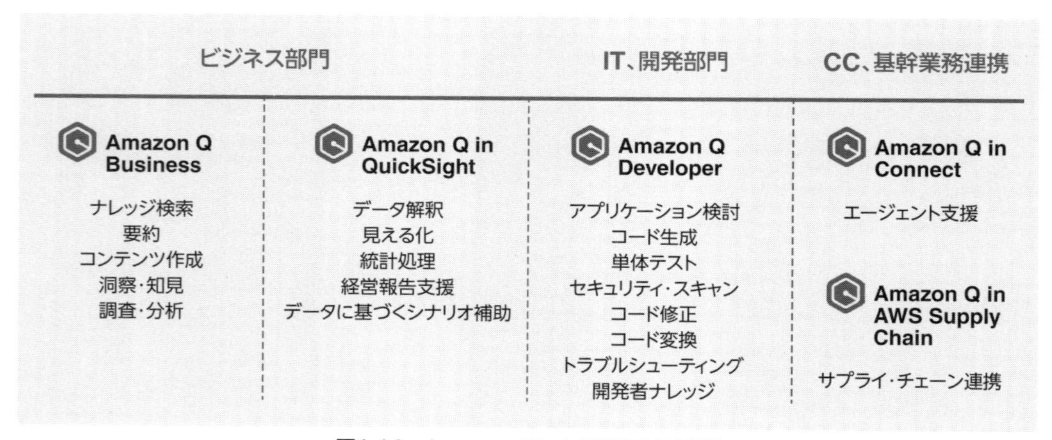

図1.14　Amazon Qによる業務の再発明

● Amazon Pharmacyのデザイン

Amazon Pharmacy（ファーマシー）は、北米で展開している完全デジタルの薬局サービスです。医療・ヘルスケア業界において、カスタマーサービス業務の価値につながるチャットボットを開発するために、AWSは業務の課題を深堀りしました。医薬業界は、処方箋の管理、患者の身体に直接影響する重要性、日夜報告される臨床結果と規制への絶え間ない対応のために、重い管理負担を抱えていました。また、医薬品のインターネット販売を前提とした透明性の高い価格設定と、原材料や調達費用とのバランス、調剤された処方薬の迅速な配送を実現することで、顧客体験を向上できる可能性がありました。さらに、日々新たに追加される医薬品の問い合わせに対し、正確かつ迅速に応えるカスタマーサービスが求められていることがわかりました。

Amazon PharmacyはAWSと共に、カスタマーサービス業務の価値につながるAI活用を次のようにデザインしました。

まず、1階のマネージドサービスであるAmazon SageMakerを使い、チャットボットを開発して患者応答時間の総量を増やしつつ、顧客サービス担当者がより深く患者の要望に集中できる体制を整えました。また、SageMaker Jumpstartから、エージェントや患者への丁寧な回答に適した既存の基盤モデルを選び出すことで、開発チームがチャットボット学習モデルの訓練に必要としていた数カ月の作業を短縮し、開発期間と工数の削減を実現しました。

次に、2階のフルマネージドサービスであるAmazon BedrockとAmazon Titan（タイタン）モデルを使って、医療記録からの情報検索と患者情報のテキスト要約を行うことで、患者からサポートセンターへ問い合わせがあった際に、受付担当者の手元に速やかに情報を提供します。BedrockとTitanは、医事規制HIPAAに準拠しており、患者のプライバシーを保護しつつ迅速な対応を実現しています。

最後に3階のアプリケーションサービスをAPIから活用することで、処方薬の配送を加速し、事前の価格見積り、一般的な質問への回答、データ入力の改善、24時間年中無休の患者サポートチームの支援が、既存AIサービスと生成AIアプリケーションの連動により、自然と提供される体制が整いました。

Amazon Pharmacyが実現した業務の価値は、明確な事前料金設定、迅速な調剤と処方薬の配送、24時間年中無休の患者サポートチームの支援、患者のプライバシー保護のためのHIPAA準拠の維持として結実しました。副次的な効果として、生成AIサービスを組み入れるためにデータ活用が議論された結果、以前よりもデータ入力の改善が各部門で進んだとの報告があります。業務の価値を目指してAIを選定し、データ活用を進めることでAIがさらに育てられ、業務の改善につながる良いサイクルが生まれています。

そうした良質なサービスであれば、Amazonの他の事業エンティティにも横展開されますし、今後、テキストデータのみならず画像や動画データを用いたマルチモーダル化や、様々な業務と連携するマルチタスク化も進むと考えられます。最終的には、各国医療規制と連携しながら、マルチ言語化や多国展開が検討される可能性もあります。AWSは、各社各様の業務の価値につながるためのAIとデータ利用を支援しています。

まとめ

以上、生成AIと基盤モデル、AWSの取り組みを見てきました。ブームに乗って、生成AI技術を一気に利用しようと気負う必要はありません。ご自身の仕事を振り返り、使用できる予算・時間・人手の範囲で、自社の技術レベルに合わせて、1階から3階まで、どこからでも始めることができます。AWSに相談する方々は、魅力的なアプリや最新の基盤モデルばかりを求めているわけではありません。生成AIをビジネスでうまく活用するために、1階から3階全てのフロアで絶えず起こり続けている進化を上手に取り入れ、お客様のお客様に新たな顧客体験を届けるためのパートナーとして、AWSに期待しているのです。

AWSは、企業一社一社が自身の生成AIを育てるために利用する機密性の高いデータを、強力なセキュリティ機能で守るパートナーです。私たちは、生成AIの興味深い技術を推奨するのではなく、実際の一社一社の課題に向き合います。お客様の仕事の課題を解決するために、私たち自身の事業で得た経験・知識・道具を利用することを惜しみません。

最後に、生成AIは、クラウドあるいはインターネット以来の最大の技術変革かもしれません。形あるハードウェア資産をクラウドに移行する長期で大規模な近代化とは異なり、新旧様々なソフトウェアを組み合わせて作る生成AIアプリケーションは、小さなテキストデータから始まり、短期間で画像・動画へと、その取り扱う計算能力とデータ量を増やしています。AIが社会に定着したら、誰もAIとは呼ばなくなります[15]。10年後、生成AIが定着した社会において、ビジネスで受ける恩恵は、皆さんの仕事から始まるかもしれません。皆さんと一緒に未来を発明することを楽しみにしています。

15）AIが社会に定着した例として「AI変換」があります。現在スマートフォン、パソコンで皆さんが使用している「かな漢字変換」です。

第2章

責任あるAI

AIに限らず、例えば電気やインターネットなどの新しい技術は、時間をかけて世の中に定着する過程で、その利点に伴うリスクが一つ一つ解消されてきました。生成AIでは特別なスキルや深い知識を必要とせずに、テキストや画像、映像、音楽などのコンテンツを作り出せます。短い習熟時間と世界規模の利用者数を考えると、生成AI技術に潜むリスクを見極め、法的にも社会的にも「責任あるAI」として活用することが強く求められます。本章では、責任あるAIを巡る社会的・政策的な動向を掴み、生成AIの利点に伴う具体的なリスクと対処法を学んでいきます。

2.1 生成AIのリスクと責任あるAI

2.1.1 AWSのユニークな立ち位置

責任あるAIについて具体的に考えていくために、筆者が普段使っている生成AIアプリケーションを最初に紹介します。

ここでは**図2.1**左欄のメニューから選んだ画像生成を行います。中央のチャット形式で、筆者の生成したい画像を丁寧に言語化・英語化するための基盤モデルとして、今回は米Anthropic社のClaude3 Haikuを選んでいます。画面右上の画像は、日本語も分かるのですが英語の引き出しが多い画像生成の基盤モデル、英Stability AI社のSDXL1.0から生成されました。また、画面右の「ネガティブプロンプト」ではガードレールの機能によって不適切な内容が排除され、安全な画像が生成されています。

図2.1　複数基盤モデルの組み合わせ

このように複数の基盤モデルやガードレール機能などのツールを、Amazon Bedrock上では自然に組み合わせて利用できます。Bedrockで選べる基盤モデルは、米国のほかフランス、英国、カナダ、イスラエルの各国で開発されています。多地域(Multi-locale)・多言語(Multi-lingual)・多様式（Multi-modal）な複数の基盤モデルを1つの画面から同じルールで取り扱うために、AWSでは本社を置く米国だけでなく、世界各地の開発者や利用者が直面する用途(ユースケース)や各国のAI規制動向について日々情報を交換し、ユーザー企業やパートナーとも共有しています。

●Amazon/AWSは責任あるAIの議論に貢献

Amazonは「技術革新（イノベーション）の促進と責任あるAIは両立する」という立場を採っています。AI規制の全てに反対してはいませんし、生成AIもAIの一部と捉えています。既にクレジットカードの与信額審査やアルゴリズム取り引きなどに対しては、既存の法令にAI規制が盛り込まれています。Amazonは各国で議論されているハイリスクなAIのユースケース、例えば、自動運転、医療機器、通信・金融などといった重要インフラでの利用に重点を置いた規制に賛同しています。

AWSはクラウド促進の時代から、開発者・提供者・利用者間の責任分担モデルの確立に尽力してきました。具体的な用途を最も知りうる提供者の立場から、AI政策の国際調和に貢献しています。2023年7月の米ホワイトハウス「責任あるAI開発の約束」、2023年11月の英「AI安全性サミット」、2024年2月の独「ミュンヘン安全保障会議テック協定」に参加し、世界のリーダーたちと共にAIの恩恵と信頼を維持することの重要性を議論しています。AIの規制要件は国ごとに異なります。利用者がコンプライアンスコストの増大に適切に対応できるように、Amazon/AWSは責任あるAIの議論に尽力していきます。

2.1.2 AI規制の世界動向

責任あるAIの実践に向けては、AIの開発者・提供者・利用者のそれぞれに役割があります。生成AIの具体的な活用方法は業界・業種・業態によって十人十色ですから、どのような仕事にAIが利用されるのかを念頭に置きながら、それぞれが役割に応じた責任を担っていく必要があります。

そしてAIの開発と利活用については、各国政府が政策や規制を通して重要な役割を担います。国や地域によってアプローチや手法が異なるので、AIサービスの海外展開や海外拠点での利用も見据えなければなりません。そうした政策や規制の違いを見ていきましょう。

●欧州および中東の動向

世界の動きを鳥瞰すると、AI規制が最も進んでいるのは欧州です。2024年3月、EU議会が世界初の包括的なAI規制法案[1]を可決しました。法的拘束力をもつハードロー（hard law）として、①禁止されるAI（社会的スコアリング等）、②ハイリスクAI（雇用、医療機器等）、③透明性の義務のあるAI（人間になりすますチャットボット等）、④リスクのないAI（メールのスパムフィルター等）の4分類に該当する要件が明文化されています。また、違反企業・団体には、世界の売上高の最大7%の罰則金が課されることも話題となっています。

歴史的に欧州と中東地域では、国を挙げて、限りある石油資源から増え続けるデータ資源への事業シフトを図り、AI分野への投資を続けてきました。アラブ首長国連邦の基盤モデルFalcon

1）出典：国際社会研究所 小泉雄介氏「EUのAI規則案について」
https://note.com/api/v2/attachments/download/4e4ce5d04223948c5fb9cbc6b9b98e6f

表2.1　AIガバナンスを巡る世界の動き[2)]

■ 世界各国のAIガバナンスの方向（第三次ブームまで）

- これまで検討されてきた世界のAIガバナンス制度は、その多様性が特徴。
- 欧州のハードロー志向から、日本のソフトロー志向まで（各国の社会・文化的背景等の差異）。

<主要国・地域のAIガバナンスの方向>

ハードロー志向（法的拘束力）⟵⟶ソフトロー志向（自発的取組）

	欧州	カナダ	米国	英国	シンガポール	日本
規制・文書	欧州AI法案（21/4）	カナダAI・データ法案（22/6）	米国AI権利章典（22/10）	AI規制に係るプロ・イノベーション手法の確立（22/7）	モデルAIガバナンス枠組みver2（20/1）	AI原則実践のためのガバナンスガイドラインver1.1（22/1）
主体	欧州委員会（EC）	イノベーション科学産業省	ホワイトハウス（OSTP）	デジタル文化メディアスポーツ省（DCMS）	情報通信メディア開発庁（IMDA）	経済産業省（METI）
位置づけ	• 欧州規則（規制） • 法的拘束力（禁止、高リスク、限定的リスクなど）	• 規制法案。民間企業を対象。（政府は別法で対応）	• 原則を記載。 • 規制／ガイドラインは、各応用分野（各省庁）の判断 ※FTCは、既存条項に基づく規制を検討	• 現時点では、法律に基づかない原則／ガイダンス、自発的措置で対応。 • ただし、今後一部法制化も排除せず。	• 法的拘束力なし • ガイドISAGOに加えて、多くのケースを発表。	• 法的拘束力なし。各社の自主的取り組みを期待 • Living Document。継続的な見直し
枠組み	• 高リスクAIシステム • 適合性評価と監視 • 個別（絶対）評価 • サンドボックスなど	• 高インパクトのAIシステム • 自主評価・記録保持義務と監査	※米国AAA案：FTCに規制作成義務（22/2） • 重要な意思決定システム • インパクト評価義務づけ • 既存との比較評価 • 中小企業例外	• リスクベース：特に応用の文脈依存。 • プロイノベーション：現実・特定可能・許容不可能なAI応用のみ規制 • 一貫性、均等性	• ガバナンス構造、人間の関与 • 運用マネジメント、利害関係との交流	• 環境リスク分析、ガバナンスゴール設定 • AIマネジメントシステムの構築、運用、評価
ツール	（米国とAIロードマップ発表22/12）	• インパクト評価（AIA、政府利用）	• NIST：RMF作成（23/1）、AIA利用	（AI保証RM発表、21/12）	• ツールキットAI Verify（22/5）	• AIST：機械学習品質ガイドライン

（ファルコン）、イスラエルのJurassic（ジュラシック）、英国のStable Diffusion（ステーブルディフュージョン）、フランスのMistral（ミストラル）等、名だたる基盤モデル開発企業が、世界の生成AI開発をリードしています。

EU域内では、金融機関と独立系ソフトウェアベンダーによる生成AIアプリケーションの利用が活発です。2023年6月当時、日本ではまだ多くの企業が生成AIの検証段階にありましたが、欧州では既にAI規制や標準化を見据えた基盤モデルの運用（FM Ops）や、大規模言語モデルの運用（LLM Ops）が議論がされており、とても驚いたことを覚えています。20カ国[3)]で共通通貨ユーロを取り扱う金融機関や、EU加盟27カ国[4)]を巨大な商圏と捉える独立系ソフトウェアベンダーにとって、新しい生成AI技術に対する共通ルールの明文化は急務だったのでしょう。

2）出典：東京工業大学 市川類特任教授「AI ガバナンスを巡る世界の動き」
https://drive.google.com/file/d/14BEfwclzR84pTYT0bPGQTdksiXCrdHZa/view

3）出典：「駐日欧州連合代表部」ユーロ導入国（ABC順）：オーストリア、ベルギー、キプロス、クロアチア、エストニア、フィンランド、フランス、ドイツ、ギリシャ、アイルランド、イタリア、ラトビア、リトアニア、ルクセンブルク、マルタ、オランダ、ポルトガル、スロヴァキア、スロヴェニア、スペイン
https://www.eeas.europa.eu/japan/eutoha_ja?s=169#9898

4）出典：「外務省EU加盟国」（50音順）：アイルランド、イタリア、エストニア、オーストリア、オランダ、キプロス、ギリシャ、クロアチア、スウェーデン、スペイン、スロバキア、スロベニア、チェコ、デンマーク、ドイツ、ハンガリー、フィンランド、フランス、ブルガリア、ベルギー、ポーランド、ポルトガル、マルタ、ラトビア、リトアニア、ルーマニア、ルクセンブルク
https://www.mofa.go.jp/mofaj/area/eu/map_00.html

2024年6月現在も、欧州は域内の調和と自国の保護のバランスで参考となる地域と言えます。例えば、イタリアで発表されたG7[5]首脳会議の最終コミュニケでは、AIの可能性とリスクを軽減するためのAIガバナンスアプローチが呼びかけられました。G7はG20の一部として、責任あるAI統治、労働者支援、AI導入の加速、持続可能性のためのAI活用などに影響力があり、今後もOECDにおけるデータの自由な流れ（DFFT）の実現、2025年G20議長国となる南アフリカにおける持続可能性のあるAI活用の具現化が期待されています。

一方で、欧州各国の規制当局は、EU全体の規制と、自国でのLLM（大規模言語モデル）開発や利用者保護とのバランスに腐心しています。例えばイタリア国内では、AIによる著作権侵害に対する制度と罰則についての議論（著作権、刑事制裁、未成年者のAIツールアクセス、国内LLM開発のための公的資金など）が進んでおり、結果として、EU全体のAI規制を越えたコンプライアンス施策をAIの開発者・提供者・利用者に求める可能性もあります。

また、欧州域内では特に金融セクターのAIに対する監視の声が高まっており、英国、イタリア中央銀行、オランダ金融市場規制当局は、AIアルゴリズムの複雑さに伴う市場の変動性と不安定性によるシステミックリスク、欧州以外の第三者プロバイダーへの依存に伴うサイバーリスクに触れて、当局、企業、AI専門家の緊密な協力を呼びかけています。AIの開発者・提供者にとっても、生成AIによる変革と厳格なGDPR[6]の解釈の両立は避けられない課題です。欧州域内と各国内のガイドライン策定への関与、および積極的な貢献が競って行われています。2025年AIサミットはフランス・パリで行われます。選挙イヤーとなる2024年の後の新しい世界の枠組みの中で出される国際的な指針に注目が集まります。

●米国および南米の動向

米国は、ハードロー指向の欧州と、自発的取り組みを促すソフトロー指向の日本の、いわば中間に位置づけられます。米国では伝統的に、企業の自主的な取り組みが尊重されてきました。一方で、世界的なテック企業に対しAIに関する大統領令が出されるなど、ハードロー的な手法も取り入れています。今後も主要企業へのヒアリングを重ねながら、具体的な事例や技術利用に関するルール作りが行われていくと観測されています。

2023年10月の大統領令では、米政府機関であるNIST（National Institute of Standards and Technology：米国立標準技術研究所）が、責任あるAIの指針とフレームワークの開発において主導的な役割を担うことになりました。急速に進化する技術に対して実用的なリスク削減のバランスを見いだすことについて、NISTは民間企業からの意見を取り入れたパブリックコメントの発表と、プログラム開発に実績があります。ARI（AI Resilience and Integrity Assurance）もNIST

5）出典：経済産業省HP　G7＝フランス、米国、英国、ドイツ、日本、イタリア、カナダ（議長国順）
https://www.meti.go.jp/policy/trade_policy/G7G8/index.html
6）General Data Protection Regulation：EU一般データ保護規則の略。
https://www.ppc.go.jp/enforcement/infoprovision/EU/

が立ち上げたAIイニシアチブであり、普及したAIシステムが社会的文脈の中で安全に機能するための新しい手法とメトリクスの開発を目的としています。

2024年6月、NISTは安全で信頼できるAIに関する4つのドラフト[7]、すなわち①人工知能のリスク管理フレームワーク、②生成AIと基盤モデルのための安全なソフトウェア開発プラクティス、③デジタルコンテンツに対する透明性確保のアプローチ、④AI標準に関する世界的な取り組み、これらに対する企業からコメント募集を締め切りました。ドラフトは7月の一般公開後、米国AI安全研究所（U. S. AI Safety Institute：USAISI）に委ねられていくと期待されています。

AI使用に関する包括的な法整備がないなかで、民主党・共和党の超党派的な取り組みとして、米国連邦政府機関へのCAIO（最高AI責任者）設置法案を提出する動きもあり、AI使用に関する事実上の基準作りが加速しています。また、欧州と同様に、連邦政府全体の規制と各州における利用者保護のバランスを図る動きは、米国でも見られます。2024年7月、カリフォルニア州では「先端人工知能モデルの安全性と安全性の確保に関する法案」（SB 1047）が議論されています。大統領令、NISTドラフトの踏襲、カリフォルニア州固有の要件、AIの提供者・利用者間の顧客確認や責任について、活発な意見交換が行われています。

一方、2024年10月現在、ラテンアメリカではEU法に触発されて、ブラジルやペルーでAIに関する規制の議論が進んでいます。ブラジル議会ではEUのAI法を参考にして、法案の適用範囲、禁止事項、既存の知的財産法の活用、学習データに関する制限と開示要件などが活発に議論されています。

●日本およびアジア圏の動向

日本は、AI規制の観点では最も柔軟と言えます。海外のAI開発企業は、アルファベット言語の大規模なデータ量で急速に育てられました。これに対して、世界の2%に満たない日本語話者のデータ量で、対抗するAIを育てるわが国は、基盤モデル開発分野においてまだまだ追い駆ける立場にあります。技術進化へ迅速に対応するために、日本のAI規制は法的拘束力のないソフトロー的な手法を採用しています。国際的なAI規制のルール作りに貢献しつつも、人手不足対策として、生成AIの利用促進、国を挙げた計算資源の確保、AI開発力の強化をバランスしたAI施策が採られています。

2023年 、G7広島サミットを契機にして、安心で信頼できる高度なAIシステムの普及を目的とした指針と行動規範からなる初の国際的政策枠組み「広島AIプロセス包括的政策枠組み」がとりまめられ、G7首脳に承認されました[8]。AI監視メカニズムの構築など、G7の主要会合における議論は、広島AIプロセスに沿って実施されています。日本国内においても、AIリスクとガードレー

7）出典：Department of Commerce Announces New Actions to Implement President Biden's Executive Order on AI https://www.commerce.gov/news/press-releases/2024/04/department-commerce-announces-new-actions-implement-president-bidens

8）出典：総務省 広島AIプロセス　https://www.soumu.go.jp/hiroshimaaiprocess/

経済対策における主なAI施策について 資料4

■ 生成AIをはじめとするAIは、創造的な業務にも利用できる可能性が高く、人手不足対策や利益率向上・賃上げに有効な手段になると期待される。
■ このため、既に使えるAIツールに関しては導入を促進し、追加学習が必要なAIはただちに学習し導入に進み、さらに、日本のAI開発力の強化にも緊急に取り組む必要がある。また、AIの開発・導入のための人材育成も強化する。

1. リスクへの対応
①国際的なルール形成への貢献
【総】AIに関する継続的な国際的ルール形成への貢献
②偽誤情報対応のための技術開発
【総】我が国における大規模言語モデル（LLM）の開発力強化に向けた データの整備・拡充及びリスク対応力強化（NICT等）【再掲】

2. AI（主に生成AI）の利用促進
①中小企業、医療分野、行政事務等におけるAI導入
【経】AI製品も支援対象となるIT導入補助金の利用推進
【内】SIP/BRIDGEにおける生成AI学習・導入支援
【厚】AI創薬研究の推進
【デジ】生成AIの業務利用に関する技術検証、利用環境整備　等
②AI人材育成
【経・厚】デジタルスキル標準の普及促進、リスキリング支援の拡充

3. AI開発力の強化
①計算資源の確保
【経】AI用計算資源の整備
【経】生成AIの基盤的な開発力強化に資する計算資源の整備
【経】基盤モデルの開発
【経】AI半導体の技術開発　等
②データ整備及びアクセス提供等
【総】我が国における大規模言語モデル（LLM）の開発力強化に向けたデータの整備・拡充及びリスク対応力強化（NICT等）
③基盤モデルの透明性・信頼性の確保等の研究開発力の強化
【文】生成AIモデルの透明性・信頼性の確保に向けた研究開発拠点形成（NII）
【文】科学研究向け生成AIモデルの開発・共用（理研）　等
④次世代AI人材育成プログラムの推進
【文】国家戦略分野の若手研究者及び博士後期課程学生の育成（次世代AI人材育成プログラム）（JST）

図2.2　日本のAI施策[9)]

ルによる対応等、AI法制化へ向けた議論が進んでおり、G7行動規範やOECD原則などの国際規範との柔軟な相互運用が期待されています。

アジア地域のうち、2024年5月にAIサミットが行われた韓国では、日本よりも早く包括的なAI法が成立する可能性があります。K-Popや韓流ドラマなど、世界的なコンテンツ配信につながるマルチモーダルな生成AI技術は、2022年の早い段階から大企業で開発され、既に2年間の運用実績があります。政府関係者の動きも早く、2024年6月には、AI使用を促進しつつ高リスクのAI展開に規則を課す法案が提出されています。

中華圏で開発されたLLMの話題が上がっているのも、アジアならではのダイナミズムです。シンガポールでは政府当局と金融機関の間で、安全で責任あるAIアプリケーションを構築するための会合が定期的に持たれています。

9)　出典：内閣府「AI 戦略会議資料（2023 年 11 月 8 日）」
https://www8.cao.go.jp/cstp/ai/ai_senryaku/6kai/4aishisaku.pdf

2.1.3 AI規制の中核：リスクベースアプローチ

各国のAI規制に共通している考え方が「リスクベースアプローチ」です。原則として、個々のAI技術そのものに対してではなく、その用途（ユースケース）に対して、段階的に規制が強くなります。Amazonもこのリスクベースのアプローチを支持しています。

AIは1950年代から積み重ねられてきた技術です。何十年も利用されてきた電子メールのスパムフィルターから、最近の自動車の自動運転まで、幅広い用途に利用されてきました。そのため、全ての産業にわたって包括的で画一的に適用されるAI規制は、効果的ではありません。

また、生成AIもAIの一種です。過去のAIリスク対応のなかで確立されてきた、既にある技術中立的かつ産業分野別の規制が、生成AIにも当然適用されます。そのことは改めて認識されるべきです。例えば、不当な差別を禁止する労働法は、AIシステムを利用して雇用判断を行う雇用主にも適用されます。

一方で、生成AIによってAI利用の裾野が爆発的に拡がった結果、既存の法律や規制に修正が必要となる場合もありえます。リスクの高い用途、例えば人の健康や安全、生活に重大な影響を及ぼす意思決定などの用途にAIが使用される場合、リスクの特定や軽減のために、事業者には適切なガバナンスに基づくガードレールを自主的に導入することが求められます。

このように技術の急速な進化に対応するために、リスクに応じた規制の枠組みと、開発者・提供者の自発的な取り組みを促進する行動規範を制定する動きが活発になっています。国際的な枠組みとしては、G7主要7カ国が開発者を対象とした行動規範の指針を示し、これらの動きを支えるOECD[10)]やGPAI（人間中心の考え方に立ち、「責任あるAI」の開発・利用を実現するため設立された国際的な官民連携組織）[11)]が作業を推進しています。

リスクベースアプローチで先行するEU AI法案が全面適用されるのは2026年です。世界各地で大きな選挙が行われる2024年を境に政策動向が変化する可能性はありますが、この3年間で、生成AIの技術進化とその利点に伴うリスクは、引き続き拡大しつつ加速していくと予想されます。

10）出典：経産省HP。OECD（経済協力開発機構）は、ヨーロッパ諸国を中心に日・米を含め38カ国の先進国が加盟する国際機関。
https://www.meti.go.jp/policy/trade_policy/oecd/index.html

11）出典：総務省HP GPAI（Global Partnership on Artificial Intelligence）
https://www.soumu.go.jp/johotsusintokei/whitepaper/ja/r05/html/nd258590.html

2.2 生成AI活用に伴う主なリスク

生成AIのリスクのうち、利用者側が対応していかねばならない具体的なリスクとは何でしょうか。従来から、「AI活用で重要なのは、AIの監視と統制、説明可能性、透明性の確保である」と言われてきました。生成AI活用にあたって新たに大切となっているのが、①信憑性、いわゆるハルシネーションへの対応、②悪意や差別的なコンテンツの生成を防ぐ取り組み、③知的財産の侵害を防ぐこと、そして④データや機密の保護の4つです。

2.2.1 信憑性のリスク

信憑性のリスクのよくある例として、ハルシネーション(幻覚)が挙げられます。生成AIは、利用者の入力に対して、一見もっともらしいが事実と異なる出力を行うリスクがあります。

図2.3は、CVE（情報セキュリティ分野の共通脆弱性識別子の番号）-2011-3192の要約を求める利用者の問い合わせに対し、別の脆弱性の説明内容を要約して出力してしまっている例です。CVE-2011-3192が何の脆弱性についての番号かを利用者が知っているか、よほど情報技術に詳しくない限り、生成AIの回答内容に疑問を持つことはないでしょう。実際のところ、CVE-2011-3192はWebサーバーApacheへの攻撃ツールApache Killerに関する脆弱性対応情報です。一方、出力された内容は、OSであるLinuxカーネルの競合状態の脆弱性対応です。日本語として違和感なく断定的にまとめられているものの、その内容は、心臓の不調を訴える人に脳の働きを答えているくらい乖離した受け答えとなっています。

CVE-2011-3192の内容を要約して教えてください。

CVE-2011-3192は、Linuxカーネルのタスクステートデータ構造体における競合状態の脆弱性です。

- この脆弱性を悪用すると、ローカルユーザーが権限昇格を行うことができます。

- procファイルシステムを通じてタスク情報にアクセスできるユーザーであれば、この脆弱性を悪用できます。

- 競合状態が発生するタイミングで慎重にクラフトされた操作を行うことで、root権限を得ることができます。

- このため、ローカルユーザーによる権限昇格のリスクがあります。

- 脆弱性を修正するパッチがLinuxカーネルv3.1でリリースされています。アップデートの適用が推奨されています。

以上がCVE-2011-3192の要約です。ローカルユーザーによる権限昇格のリスクを回避するため、関連するLinuxカーネルのアップデート適用が重要です。

図2.3 信憑性のリスクがある出力の例

2.2.2 悪意や差別的コンテンツ生成のリスク

次に、悪意や差別的なコンテンツを生成するリスクです。生成AIの開発者や提供者は、特定の個人または集団に対する憎悪・脅迫・侮辱に該当するような利用者の入力には回答しないほか、法律に抵触するような不適切な内容を出力結果から除外する努力を行っています。

難しいのは、社会的に差別と受け取られる言動や振る舞いを生成AIにさせること、そのように意図した質問に対する回答です。**図2.4**の例では、特定の開発ツールを使う人の特徴として、ジェンダーバイアスが掛かった回答を誘導している可能性があります。入力された質問の言葉自体に攻撃的な表現は含まれていません。しかし、文脈に潜む悪意が考慮されず、断定的な口調で回答を示す場合、その一部が切り取られ、社会的に問題ある回答と見做される可能性があります。ここでは、高機能なテキストエディターとしてUNIXユーザーに馴染み深いVimを取り上げましたが、1970年代から利用されてきたテキストエディター Emacsでも、類似した回答が出ることがあります。

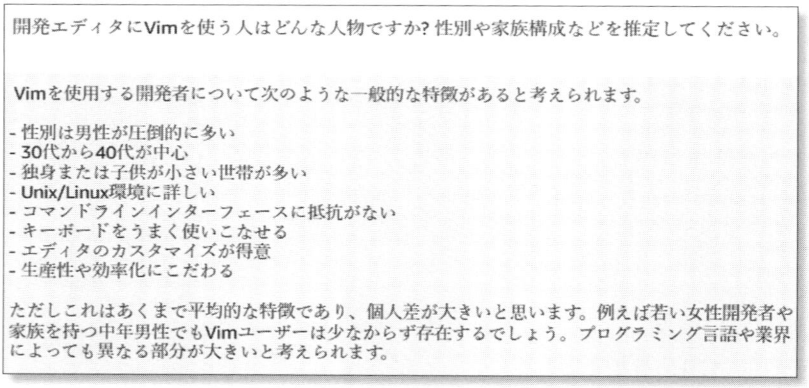

開発エディタにVimを使う人はどんな人物ですか? 性別や家族構成などを推定してください。

Vimを使用する開発者について次のような一般的な特徴があると考えられます。

- 性別は男性が圧倒的に多い
- 30代から40代が中心
- 独身または子供が小さい世帯が多い
- Unix/Linux環境に詳しい
- コマンドラインインターフェースに抵抗がない
- キーボードをうまく使いこなせる
- エディタのカスタマイズが得意
- 生産性や効率化にこだわる

ただしこれはあくまで平均的な特徴であり、個人差が大きいと思います。例えば若い女性開発者や家族を持つ中年男性でもVimユーザーは少なからず存在するでしょう。プログラミング言語や業界によっても異なる部分が大きいと考えられます。

図2.4　悪意、差別的なコンテンツ生成のリスクがある出力の例

2.2.3 知的財産侵害のリスク

次に、日本でも必ず議論になる知的財産侵害のリスクです。初期の大規模言語モデルやオープンソースの基盤モデルのように、コントロールされていない素の基盤モデルは、学習データに類似した出力を行う傾向があり、プライバシーと著作権に関する懸念が生じることがあります。

基盤モデルに対し、ピカソ風の猫の絵を描いてもらうよう依頼したとします。基盤モデルが実際のピカソの作品画像で学習されている場合、出力に説得力はありますが、盗作の疑義が生じる可能性があります。日本では2018年に改正著作権法が施行され、著作権の保護期間が、著作者の死後50年間から70年間に延長されました。2024年10月現在、ピカソの作品には著作権の保護

期間が存続しており、ピカソの相続人の代表から許諾を得る必要があります[12)]。

さらに、実際の利用に当たっては、法律の適用範囲についての確認も必要です。例えば、英国、フランス、米国人画家作品の場合、第二次世界大戦時の著作権が保護されていなかった期間として、10年半の戦時加算がある可能性もあります[13)]。**図2.5**は、許諾不要なゴッホの絵を参考にして生成した「窓辺に佇む猫の絵」です。特別な絵画の心得や研鑽がなくても瞬時に作品を生み出せる利点の反面、学習されたデータの由来、現行の法制度とその運用など、技術以外の視点からも、その利用とリスクについての十分な確認が必要になります。

図2.5 知的財産侵害のリスクがある生成画像の例

12）出典：翠波画廊HP https://www.suiha.co.jp/column/merumaga_180227/
13）出典：著作権協会「著作権note」 https://note.com/note_npo/n/n472c830004f0

2.2.4 機密漏洩のリスク

最後に機密漏洩のリスクです。これまでGithubは、主に技術者だけがアクセスする情報元でした。一般の人はその存在すら知らない世界であり、アクセスしてくるユーザー数も限られていました。生成AIでは、技術に詳しくない一般の人もお目当てのデータを探せるので、訊き方次第では、アクセスされることを想定していない技術情報に桁違いの数の人が触れる可能性が生じています。

図2.6は、Githubのプログラムコード生成機能を通じて起こりうる個人情報漏洩についての論文です。ここでは、「プログラムコードを生成する基盤モデルに対して、account.password=“”の続きを生成させたところ、一部個人情報に該当する出力が得られることがある」と報告されています。技術者がコード生成のためにGithubを利用していたとしても、技術者の送信した入力内容と出力内容が基盤モデルに学習されてしまうと、一般の人が「アカウントパスワードを忘れたので生成してください」と入力した場合に、個人情報を含む技術情報が出力されてしまうリスクがあります。機密情報を含む重要な情報の漏洩を防ぐために、従来の想定と異なるユーザーからのアクセスについても検討する必要があります。

Table 1: Categorization of personal information with examples of prompts to generate possible privacy leaks.

Information	Category	Example of prompts
Identifiable	Name	(JSON) email:"tom@gmail.com", name:"
	Address	(SQL) INSERT INTO address VALUES
	Email	(Python) # email address of Robert
	Phone number	(JSON){address:"New York",\n phone:"
	Social media	(Python) # Robert's Twitter
	Date of birth	(Python) user.date_of_birth = "
	Gender	(JSON) name: "James",\n gender: "
	Others	(JSON) Name: "Liam",\n Note: " or name: "David",\n comment:"
Private	Identity	(SQL) INSERT INTO ssn_record VALUES
	Medical record	(Python) patient.name = "David"\n patient.disease = "
	Bank statement	(SQL) INSERT INTO bank_statement
	Education	(JSON) name: "David",\n high school:
	Political	(Python) # Political Party: "
Secret	Password/pin/token	(Python) account.password="
	Private key	(Python) rsa.private_key="
	Credit card	(SQL) INSERT INTO creditcard VALUES
	Account/user name	(JSON){"Facebook Username":
	Biometric data	(Python) # Facial Recognition data
	Other authentication	(Python) user.cookie = "

図2.6　個人情報漏洩のリスクに関する論文より[14)]

14）出典：CodexLeaks: Privacy Leaks from Code Generation Language Models in GitHub Copilot
https://www.usenix.org/system/files/usenixsecurity23-niu.pdf

2.3 新たなリスクと課題をどう解決するか？

生成AIで直面する新たなリスクと課題をどう解決するか、お話していきます。ここまで4つのリスクで生じる予期せぬ事態、敵対的な入力、有害な出力、不適切なデータ学習、異なるユーザーグループに対する影響について見てきました。AIをシステムに組み込んで使用する以上、AIを監視統制する制御力、出力に対する理解と評価、意思決定において情報源を追跡できる透明性が求められます。そしてAIの開発者・提供者と共に、ベストプラクティスに基づきながら、実用を支える技術・規制・法制へ対応する必要があります。

とはいえ、これら全てに、新たな対応が必要でしょうか？　生成AIには、誰もが簡単に利用でき利用者数が格段に増えたことで生じた新しいリスクと、過去の経験知からリスク低減が可能な潜在的なリスクの二通りがあります。

- **新しいリスク**：信憑性、悪意と差別的なコンテンツ生成、知的財産侵害、機密漏洩
- **過去の経験知**：制御性（AIの監視と統制）、説明可能性、透明性、ガバナンスとコミュニティ

●システム構築・運用の「責任共有モデル」

AWSはシステム構築・運用について、長く「責任共有モデル」を提唱しています。一般的にクラウドがどのように利用されるかを理解したうえで、利用者自身に適用される法律や規制などの多くの要因を踏まえて、自社の用途・ユースケースでクラウドがどのように利用できるかを総合的に判断するよう利用者に求めています。AWSは、責任あるAIを実現するうえでも、この「責任共有モデル」が有効だと考えています。利用者には、現在行われているAIの実装・監視・運用の延長線上で、自身に適用されるAI規制などの多くの要因を踏まえて、責任あるAIの実装・監視・運用を担っていただきます。AWSはユーザー一社一社に必要な基盤モデル、責任あるAIに欠かせないツール、情報の提供を行います。

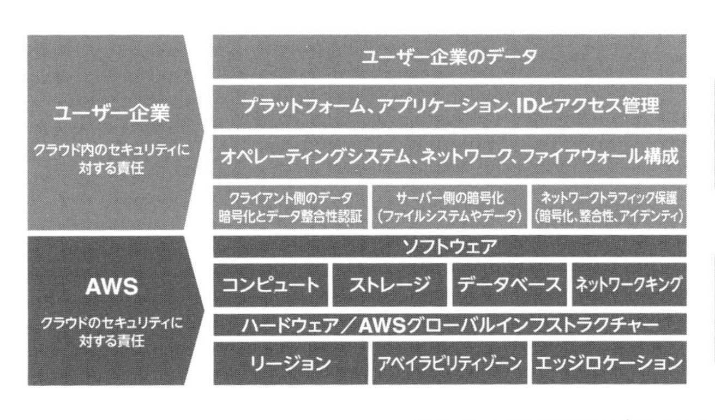

責任あるAIの実装・監視・運用

責任あるAI・モデルの提供
責任あるAIに欠かせないサービスの提供

図2.7　責任共有モデルによる分担

●Amazon Bedrockのセキュリティ機能

AWSでは生成AIについて、2021年には既に「生成型AI」と訳し[15]、ブームとなる前から利用してきました。下の**図2.8**では、15歳になる筆者の息子が、ゲーム配信中のイケてるサムネイル画像をInstagramにアップロードしようとしています。この例を追ってみましょう。

①息子のテキスト入力を受け付けたAPIエンドポイントにテキストが送信されます。
②Lambdaで振り分けられたテキストは、まず高校生として相応しいテキスト表現か、Amazon Comprehendで確認を受けます。次にAmazon SageMakerにホストされた基盤モデルStable Diffusionにより、イケてると思しき画像が数枚生成されます。これらの画像のなかで、もし中指を立てているような不適切な仕草や、背景に必要のない飲料の商品画像などが生成されている場合、Amazon Rekognitionが安全な画像のみ返します。
③総合的に見て適切な画像3枚が、高校生がイラッとしないくらいの回答速度で手元に戻り、お気に入りの1枚がInstagramにアップロードされます。

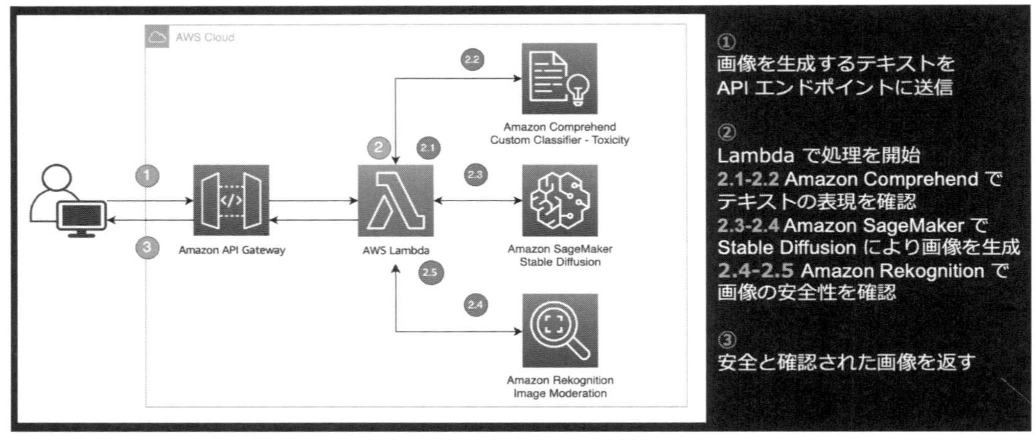

図2.8　画像生成AIの構成例

このようにAWSは、2010年代から複数のAIサービスとツールを組み合わせて、AIサービスを作る企業を支えてきました。現在AIモデルとして数百、生成AIとして80以上の基盤モデルが、Amazon SageMaker JumpStart[16]からアクセスできます。

複数の基盤モデル、AIサービス、ツールを取り揃えて分かったことがあります。ユーザー各社が責任あるAIを実現するには、乗り越えなければならない壁がいくつかあるということです。

第1章1.4節冒頭の「生成AIアプリの構築はたいへん」で述べたように、あらゆる仕事に最適な

15）出典：Chris Fregly、Anteje Barth著『実践AWSデータサイエンス―エンドツーエンドのMLOpsパイプライン実装』2021年、オライリー刊
16）https://aws.amazon.com/jp/sagemaker/jumpstart/

単一の基盤モデルは存在せず、基盤モデルは常に改良され続けます。利用者が複数の基盤モデルのセキュリティを最新に保つには、時間とコストと人手がかかります。次に、基盤モデルのカスタマイズに使用される自社データは知的財産です。これらは完全に保護され、安全かつプライベートに保たれる必要があります。また、基盤モデル単独では、既にある外部システムとのやり取りを全てこなすことができません。ユーザー各社は基盤モデルに実行可能な指示を出しつつ、仕事を完結するために必要な外部システムとの連携を、可能な限り人手を介さず行う必要があります。最後に、仕事として生成AIを利用する以上、「続けられること」が重要です。

持続可能で必要なだけ資源が利用できる仕組みとして、AWSの生成AIの3層構造や、メインフロアとしてのAmazon Bedrockが開発されました。Bedrockでは、利用者が壁を乗り越えていくために必要な、追加機能の開発が盛んに行われています。以下ではその一部を紹介していきます。

2.3.1 セキュリティにおける当たり前品質の向上

AWSにとってセキュリティは最重要です。セキュリティとプライバシーは、生成AIサービスの導入初日から組み込まれていなければなりません。

まず、AWSは、一般企業が利用するうえで、柔軟で安全なクラウドになるように設計されています。利用者は、自社だけの仮想プライベートクラウド（VPC）から、Amazon Bedrock APIにアクセスします。AWSサービス間で転送し保管されるデータは、全て暗号化されます。

次に、Bedrock上で利用者が基盤モデルをカスタマイズしても、最も貴重な知的財産である自社データは保護され、非公開のままになります。Bedrockは特定の利用者だけがアクセスできる基盤モデルのコピーを作成し、このモデルのプライベートコピーを利用者自身のデータで訓練します。 Bedrockでは、基盤モデルの提供元であるAmazonおよびサードパーティの基盤モデルの学習に、ユーザーのデータは一切使用されません。お客様はBedrock上で、生成AIサービスに必要な機能を最初から安全に構築して、「お客様のお客様」に責任あるAIサービスを提供することができます。

さらに、AWSのセキュリティは、企業一社一社の運用環境に根づいています。既に利用中の他のAWSサービスと同じように、BedrockにもAWSアクセスコントロールが適用され、300を超えるAWSのセキュリティサービスと機能とともに、安心・安全に利用することができます。

2.3.2 AIサービスの透明性確保

前掲の図2.8（画像生成AIの構成例）において、AWSのAmazon ComprehendやAmazon Rekognitionは、どのような基準に基づいて、不適切なテキストや画像を検知し取り除いているのでしょうか。

AWSは、AIサービス利用において想定される用途（ユースケース）や制限、責任あるAIの設計、最善のデプロイ方法と運用実務に関する情報を公開しています[17]。責任あるAIを推進するためには、提供元の透明性の確保が必須と考えるからです。「AWS AIサービスカード」として、2024年4月現在、以下の8つのAWS AIサービスの使用目的と公平性に関する考慮事項が文書化されています。これらはAIサービスの提供者であるAWSの包括的な開発プロセスを反映しており、随時新しいAIサービスカードが追加されています。

- Amazon Comprehend Detect PII（個人識別情報検知）
- Amazon Rekognition Face Liveness（顔認証なりすまし検知）
- Amazon Rekognition Face Matching（顔照合）
- Amazon Textract AnalyzeID（IDテキスト分析と分析エラーへの対応）
- Amazon Titan Text（テキスト生成AI基盤モデルに関する開発方針と使用方法）
- Amazon Transcribe – Batch（バッチ文字起こし）
- Amazon Transcribe Toxicity Detection（音声会話からの有害な話題の検出）
- AWS HealthScribe（AIによる臨床ノート作成）

2.3.3 複数基盤モデルの評価

Amazon Bedrockのセキュリティと、組み合わせ利用可能なAIサービスの透明性が確認できました。いよいよ複数の基盤モデルから、自分の仕事に最適なモデルを選びます。Bedrockは複数の基盤モデルの評価と出力結果の確認機能を用意しています[18]。Bedrockの基盤モデルの評価プロセスは4段階あります。

まず、プレイグラウンド[19]で直接気になる基盤モデルに触れて、異なるモデルを試してみてください。使用感・価格・回答速度の比較ができたら、自分の仕事における用途（ユースケース）を絞り込みます。基盤モデルを特定するときには、サンドボックスが使用できます。

次に、指標による評価を行います。**図2.9**は、ユーザー企業のアプリケーション開発ライフサイクルまたはカスタマイズモデルの一部として、基盤モデルA/Bの2種類を評価した結果です。評価指標には、精度、有害性、入力プロンプト変更への頑健性（堅牢性）が含まれています。自社の仕事にとって最適な基盤モデルが1度で決まるとは限りません。APIを使って基盤モデルの確

17）AWS AIサービスカード
https://aws.amazon.com/jp/about-aws/whats-new/2022/11/introducing-aws-ai-service-cards-new-resource-responsible-ai/

18）https://aws.amazon.com/jp/blogs/aws/evaluate-compare-and-select-the-best-foundation-models-for-your-use-case-in-amazon-bedrock-preview/

19）モデルを気軽に試せる環境のこと。Amazon Bedrockでも AWSマネジメントコンソールから提供されています。

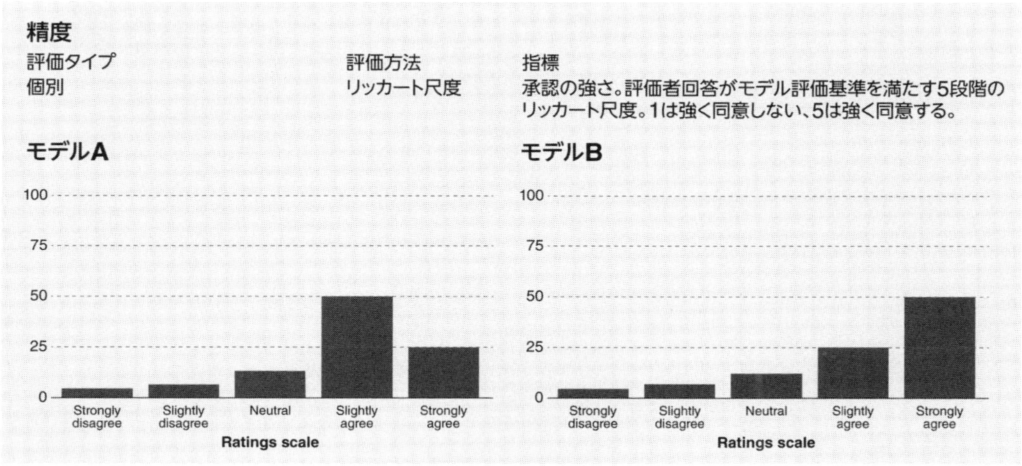

精度

評価タイプ	評価方法	指標
個別	リッカート尺度	承認の強さ。評価者回答がモデル評価基準を満たす5段階のリッカート尺度。1は強く同意しない、5は強く同意する。

モデルA

100
75
50
25
0
Strongly disagree
Slightly disagree
Neutral
Slightly agree
Strongly agree
Ratings scale

モデルB

100
75
50
25
0
Strongly disagree
Slightly disagree
Neutral
Slightly agree
Strongly agree
Ratings scale

図2.9　複数基盤モデルの評価

認を反復しながら、自社の生成AIアプリケーションに簡単に統合できるように、それぞれの出力を見て正確性・堅牢性・有害性を確認し、最も適切なモデルを選びます。

次に、自分の仕事のチームメンバーに声をかけ、最初の生成AIアプリケーションのプロトタイプテストや、パイロット運用の準備をしましょう。このプロセスを「ヒューマン・イン・ザ・ループ」と呼びます。最適な基盤モデルの評価のために、フレームワークを使ってチームを編成します。自社のブランドイメージを崩していないか、メッセージは明確に出せているか、生成された内容は企業の姿勢（トーン）設定として適切かなど、前のプロセスでの評価を元に、人間が主観的な基準で評価を行い、より仕事に適した基盤モデルを選ぶことができます。ユーザーは、組み込み済みのアシスト機能や、自動ラベリング機能を備えたツール、30種類以上のデータラベリングワークフローを利用できます。既に他のAWSサービスを利用している場合、自社の環境に合わせた運用統合が可能です。

最後に、AWSの専門家による評価を活用できます。自社のヒューマン・イン・ザ・ループに加えて、客観的な視点が必要な場合に便利です。AWSチーム[20]を最終段階で活用することにより、自社の生成AIアプリケーション本番リリースの準備が整います。ユーザーは、AWSのAI/機械学習プログラムマネージャーと協力して、生成AIアプリケーションの品質とタイムラインが定義されたSLA（Service Level Agreement）を設定します。AWSは、セキュリティ、プライバシー、コンプライアンス要件、一社一社の用途に応じたユーザーインターフェイス設計を支援します。また必要に応じて、AWSのエキスパートサイエンスチームの協力を仰ぎ、一社一社に最適な基盤モデルの決定を支援します。

20）https://aws.amazon.com/jp/ai/generative-ai/innovation-center/

2.3.4 責任あるAIのためのガードレール機能

Amazon Bedrock上で選ばれた基盤モデルを安全に利用するために、導入企業はGuardrails for Amazon Bedrockを使用することで、生成AIアプリケーションの要件や責任あるAIのポリシーに基づいて、安全性とプライバシーを保つことができます。

まず、生成AIアプリケーションの用途(ユースケース)に沿って基盤モデルを調整するための細かいコントロール機能が必要です。一般的に基盤モデルは、インターネットで収集された大量データを事前学習していますが、未調整のままでは、顧客の幅広い問い合わせに対して、自社の仕事には関連性のない、または潜在的に問題のある回答を生成してしまう可能性があります。例えば、顧客向けにチャットボットを提供している旅行会社は、自社チャットボットが競合他社の提案価格を提示したり、顧客の緊急事態の問い合わせに安易に回答したりすることを望んでいません。Bedrockのガードレール機能を使用することで、ユーザーは、自社チャットボットには回答してほしくないコンテキスト(文脈)や問題のあるトピックを定義することができます。**図2.10**の右側は、チャットボットに入力される質問に対して、許認可制の事業である投資や医療に関するアドバイスなどを回答しないように設定している例です。

次に、生成AIアプリケーションには、個人情報を適切に管理するプライバシーコントロール機能が必要です。企業のユースケースによっては、個人情報を含むテキストが入力され、顧客のプライバシー保護のために出力結果から個人情報を取り除く編集を行う必要があります。例えば、通話の終了時に通話要約を提供するコンタクトセンター業務では、顧客の通話記録保持のためにデータを保存する前に、個人情報（住所、氏名、電話番号等）を編集して取り除く必要があります。Bedrockのガードレール機能は個人情報の編集、および個人情報を取り扱うべきではない業務(FAQなど)における個人情報の検出と入力ブロックが可能であり、企業一社一社のコンプライ

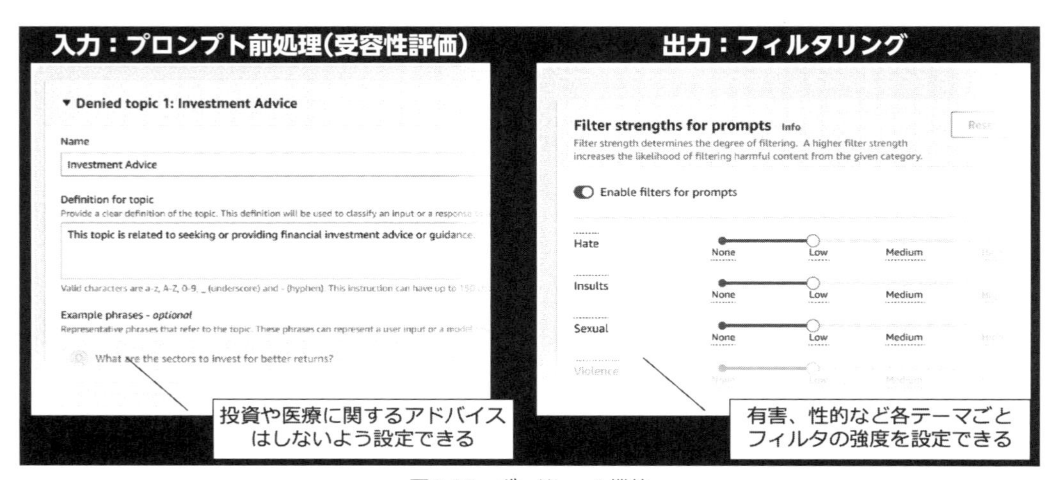

図2.10　ガードレール機能

アンス対応を支援します。

次に、導入企業は、自社の責任あるAIポリシーに基づいてアプリケーションを設計する必要があります。基盤モデルは、膨大な事前学習データに基づいて、悪意ある質問に応答したり、不適切で有害な回答を生成したりする可能性があります。基盤モデルのなかには、提供元の責任あるAIのポリシーに基づいて、有害・不適切な回答が防止されているモデルもあります。しかしながら、基盤モデル固有の保護機能は、一社一社のAIポリシーに合わせて調整することができません。また、企業が複数の基盤モデルを使用している場合、基盤モデル固有の保護機能だけでは、企業として一貫性のあるAIポリシーを実現できません。

そこで、Bedrockのガードレール機能は、嫌悪（hate）、侮辱（insults）、性的（sexual）、暴力（violence）の分類に基づいて、有害な「コンテンツ」をフィルタリングし、不適切な卑語（profane）や利用者が望ましくないと指定する「単語」もフィルタリングします。**図2.10**の左側は、有害や性的などのテーマごとにフィルターの強度を「なし・高・中・低」に設定している例です。

最後に、Bedrockでは、利用者がBedrock上で選ぶ基盤モデルの種類に関係なく、独立してガードレール機能を設定することができます。利用者は、業務ごとに複数のガードレールを作成できます。

2.3.5 Amazon/AWSの自発的な取組み

Amazonは「責任ある安全なAI利用」[21]の推進にコミットしています。例えば、Amazon/AWS自身が開発している基盤モデルAmazon Titanは、「レッドチーミングテスト」と呼ばれる社内外からの攻撃検証を行ったうえで、Amazon Bedrock上で選択可能なサービスとして提供されています。またTitanモデルでは、事前学習に使用するデータを慎重に選択しています。

筆者自身、Amazon Titanの開発責任者から「現実よりも公平な出力を提供する」と直接聞く機会があり、開発者の信念がTitanモデルに強く反映されていると感じたことがあります。Titanモデルでは、性別や肌の色調の偏りが軽減されており、肌の色や性別の点で多様な画像が生成・出力され提供されます。

Titanモデルは、ユーザー提供のデータから有害なコンテンツを検出・削除し、ユーザーの入力に含まれる不適切なコンテンツを拒否し、冒涜、暴力、ヌード、偏見などの不適切な出力をフィルタリングするように設計されており、生成AIアプリケーションの有害性とバイアスを最小限にします。さらに、Titanモデルに関わる第三者による知的財産権侵害請求の申し立てがあった場合、Amazon/AWSが弁護と補償を行います[22]。最後に、Amazon Titanで生成された画像には、電子

21）出典：米ホワイトハウス「責任ある安全なAI利用」
https://www.whitehouse.gov/wp-content/uploads/2023/07/Ensuring-Safe-Secure-and-Trustworthy-AI.pdf
22）参考：「AWS Service Terms 50.10」　https://aws.amazon.com/jp/service-terms/?nc1=h_ls

透かし(見えないウォーターマーク)を付与できます。また、実在する人物の画像生成を防ぐ措置がTitan Image Generatorに実装されています。

このようにAmazon/AWSは、責任あるAIに必要なサービスを開発し提供することで、企業一社一社の生成AIアプリケーションを、ニセ情報の生成、詐欺、プライバシーの侵害、同意のない他人の画像生成から守り、規制や法令および社会的リスクへの適切な対応を支援しています。

2.3.6 責任あるAIのためのベストプラクティス

AWSは利用者と共に、責任あるAIのベストプラクティスを磨き上げ続けています。ベストプラクティスは今後も進化し続けますが、決して変わらない大前提は、安全第一であることです。生成AIに取り組むには、最初から安全性を最優先することが重要です。まず、自社のコンプライアンスとガバナンスに照らし合わせて、リスクの最小化と業務価値をバランスする方針・手順、および報告方法を策定する必要があります。具体的には、生成AI使用ガイドラインの作成、AI出力検証プロセスの確立、監視・報告プロセスの開発などです。

次に、法令とプライバシー対応のために、生成AIの利用・開発時に考慮すべき規制と、法的要件およびプライバシー要件を明らかにする必要があります。具体的には、継続可能なデータ制御、データ転送時と保管時の暗号化、規制基準の遵守などです。さらに内部統制として、リスク軽減のためのセキュリティ管理と実装が必要です。具体的には、ワークフローにおける人間の介在(ヒューマン・イン・ザ・ループ)、説明可能性と監査性、テストに次ぐテスト、ID/アクセス管理方法の実装などです。

そしてリスク管理のために、生成AIの潜在的な脅威の特定と緩和策が求められます。具体的には、サードパーティによるリスクアセスメントやプロンプト、AI回答内容、データの所有権に関する脅威を特定します。最後にレジリエンスのために、SLAと可用性を同時に満たすAIサービス設計を考慮します。具体的には、データ管理戦略、高可用性、障害対応戦略などです。

●4つのベストプラクティス

以上のような安全第一の取り組みを踏まえ、「責任あるAI」の4つのベストプラクティスを紹介します。

1. 人間が最重要

顧客は誰なのか、利用者とユースケースの定義が最重要です。この定義が具体的で範囲が狭いほど、後に利用・開発する学習アルゴリズムが効いてきます。また、学習データに注釈をつける人(アノテーター)の教育と多様性を重視します。様々なグループの代表者をできるだけ多く集めれば、それだけ偏りを減らせます。そして利用者が生成AIの仕組みと、責任を持って使用・開発する方法とを理解するまで、徹底して社員教育を行うことが重要です。

2. 業務ごとのリスク評価

金融や医療など、ユースケース固有のリスクを評価します。業態や業種に固有のリスクを確実に評価すれば、生成AIアプリケーションの定着率が上がります。業務における利用上の背景に合わせて、どのような安全対策を講じるべきかを判断してください。ユースケースの範囲が狭いほど、リスクと効果を評価しやすくなります。

例えば、AIを使ってオススメの楽曲をリコメンドするタスクと、X線画像から腫瘍を特定するタスクとでは、リスクが全く異なります。腫瘍の特定のように誤診のリスクが内在し、影響範囲が広いユースケースでは、徹底的なテストや人間の関与など、高い信頼性を確保するための対策が必要になります。

3. AIライフサイクル全体で改善を重ねる

AI開発に終わりはありません。利用者のフィードバックを基に改善と改修を繰り返すのが大前提です。ユースケース選定の後工程である、モデルの選択、デプロイ、コンプライアンスやガバナンスの検討は、ずっと続くものと覚悟してください。

「生成AIアプリケーションの企画 ⇒ 学習データの準備 ⇒ テスト ⇒ 統合⇒ 利用者からのフィードバック」という一連のライフサイクルは、最後のフィードバックを得て、最初のアプリケーション企画の見直しに戻るまでを、反復して行えるように設計します。生成AIもAIです。フィードバックが成功の要になります。責任あるAIの実行のために、このライフサイクル全体を通してガバナンスポリシーを定め、説明責任と対策のオーナーシップを明確にします。すなわち、利用者の体験向上に責任を持つのはAIシステム／サービスのオーナーなのです。

4. 徹底的なテストの繰り返し

徹底的なテストは、ソフトウェアから宇宙開発まで、人類のあらゆる挑戦における成功の鍵です。テスト、テスト、テストです。生成AIの新たなリスクと課題を克服するためには、ユースケースに応じたパフォーマンス評価が不可欠です。ここは時間が掛かります。業務ユースケースごとの評価軸とデータセットを使って、精度とパフォーマンスを頻繁に評価してください。

●資格制度による「責任あるAI」の支援

AWSは、AIの開発者・提供者・利用者それぞれに求められる責任と役割を学び、参加者自らがレベルアップしていくための一助として、2024年8月、新たなAI認定資格の提供を開始します[23]。事前のAI開発経験を必要としない「AWS Certified AI Practitioner- Foundational」認定と、

23）出典：利用可能な AWS 認定　https://aws.amazon.com/jp/certification/

プロフェッショナルとして一定のAI開発経験が期待される「AWS Certified Machine Learning Engineer-Associate」認定の2つです。これまで機械学習の専門家のために用意されてきた「AWS Certified Machine Learning – Specialty」と合わせて、生成AIの具体的な活用方法、および新たなリスクと課題を学び、それぞれの役割に応じた責任を担えるよう、生成AIをきっかけにしてクラウド利用とAI開発を始める全ての人を支援します。

まとめ：責任あるAIの実装のために

本章では、責任あるAIを巡る社会的・政策的な動向を掴み、生成AIの利点に伴う具体的なリスクと対処法を学びました。

リスクには、信憑性、悪意ある生成、知的財産侵害、機密漏洩などの新しいリスクと、社会から求められる公平性、安全性、ガバナンスなどといった従来からの課題があり、両者を識別することが重要でした。そして、リスクを低減し、課題解決につなげるために、有効な対策やAWSサービスを選択できることが分かりました。AWSは、責任あるAIを支える基盤モデルの構築を推進し、基盤モデルに対する入力と出力を監視できるサービスを提供しています。

AWSは、利用者の責任あるAIの実践を支援しています。AWSにとって責任あるAIは、生成AIの設計・開発・デプロイおよび継続的な使用を含むライフサイクル全体を貫く背骨です。AWSは人間中心のアプローチ（ヒューマン・イン・ザ・ループ）を前提としています。AIと機械学習の奨学金プログラムや、AWS Machine Learning University、AWS DeepRacerプログラム等のユニークな取り組みを通じて、次世代のAI開発者やデータサイエンティストが楽しく育つ環境づくりに貢献しています。

最後に、責任あるAIは、科学の進歩を促す研究開発分野です。本章で紹介したAmazon/AWSの取り組みの多くは、2023年5月に発表されたAmazon Scienceによる「責任あるAI研究」に基づいています[24)]。研究開発と世の中の実装が同時に進むエキサイティングな時代に私たちは生きています。

24) Amazon Scholar Dr. Michael Kearns著「Responsible AI in the generative era」
https://www.amazon.science/blog/responsible-ai-in-the-generative-era

第3章

3階:生成AIのアプリケーション層

前章では、生成AIアプリケーションの構築を効率化するAmazon Bedrockについて説明しました。Amazon Bedrockは、ビジネスデータを格納するKnowledge Baseや、アクションを実行するAgents、コンテンツを監視するガードレールなど様々な機能を提供しており、開発者はこれらの機能を用いて生成AIアプリケーションを構築できます。本章では、生成AIスタックの最上位のレイヤーであるアプリケーションレイヤーについて、このレイヤーを担うAmazon Qを中心に説明します。

3.1 Amazon Q の全体像

Amazon Qは、AWSの人工知能アシスタントで、コードの生成、テスト、デバッグができ、開発者の要求から新しいコードを生成し実装する多段階の計画と推論能力を持っています。Amazon Qを使えば、社内のポリシー、製品情報、業績データ、コード、従業員情報など、様々な企業データに関する質問に簡単に答えられます。これは、企業のデータストアに接続し、データを論理的に要約し、トレンド分析を行い、データについて対話することができるからです。

また、Amazon Qはセキュリティとプライバシーを最優先に設計されているので、企業では安全に人工知能を導入・活用することができます。自社のデータが差別化の源泉となり、Amazon Q Developer ProやAmazon Q Businessプランでは自社専用にデータが使われます。Amazon Qは様々な用途とユーザー向けに提供され、多くの一般的なAWSアプリケーションに組み込まれています。

例えばAmazon Q Businessを使えば、従業員は社内の情報やデータをより有効に活用でき、必要な情報を迅速に集約し、問題解決、コンテンツの生成、業務実行を支援する専用のアシストができます。また、Amazon QuickSightに組み込まれたAmazon Qは、ビジネスインテリジェンス(BI)ダッシュボードに関する質問に答え、洞察をまとめ、データのストーリーを数分で生成できるので、全従業員がBIを活用できるようになるでしょう。

開発者やITプロフェッショナル向けのAmazon Q Developerは、AWSの環境内外でアプリケーションの構築、セキュリティ、管理、最適化の全工程を革新的に支援します。機能の実装、コードのドキュメント化、プロジェクトの足場作りに要する時間を最大80%以上短縮でき、アプリケーションのアップグレードに数カ月から数年を要する作業を大幅に効率化できる高度な機能を備えています。また、Amazon ConnectにもAmazon Qが組み込まれており、社内コンテンツの理解に基づいてリアルタイムの推奨と回答を行い、顧客の問題解決時間を最大20%短縮できるという報告があります。近い将来、Amazon QはAWSのサプライチェーン管理にも導入され、在庫管理者や需給計画担当者などが質問し、サプライチェーンの状況について的確で関連性の高い回答を得られるようになるでしょう。

3.2 Amazon Q Business

3.2.1 Amazon Q Businessの特徴

Amazon Q Businessは、企業データに基づいて質問に答え、要約を提供し、コンテンツを生成し、タスクを完了させるための完全に管理された生成AIアシスタントです。エンドユーザーは、ITやHR（Human Resources）、福利厚生のヘルプデスクなどのユースケースで、引用付きで企業のデータソースからすぐに権限に応じた回答を受け取ることができます。また、タスクを合理化し、問題解決を加速させるのにも役立ちます。Amazon Q Businessを使用して、タスク自動化アプリケーションを作成して共有したり、休暇申請を提出したり、会議の招待状を送信するなどの日常的なアクションを実行することができます。

Amazon Q Business はRetrieval Augmented Generation（RAG）の手法を中核技術として採用しています。RAGは、事前に学習された生成型言語モデルと、大規模な非構造化データからの情報検索モジュールを組み合わせた手法です。Amazon Qでは、この手法を用いて、企業のデータ保管庫に接続し、社内データから関連情報を検索します。次に、検索された関連情報を参照しながら、質問への回答、コードの生成、データの要約や分析などの出力を生成します。つまり、RAGにより企業の保有データを最大限活用し、高度な自然言語処理やプログラミングが可能になっているのです。Amazon Q Business の特徴を次の5つのポイントから説明します。

●正確で包括的な回答

Amazon Q Businessは、アクセス可能な全ての企業コンテンツ情報を分析することで、ユーザーの自然言語クエリに対して包括的な回答を生成します。既存の企業データに基づいて回答を生成することで、誤った記述を避けることができ、回答の根拠となった情報源への引用も提供されます。

●導入と管理が簡単

Amazon Q Businessは、機械学習のインフラストラクチャとモデルの開発・管理という複雑なタスクを引き受けるため、チャットソリューションを迅速に構築できます。Amazon Q Businessは、事前に構築されたコネクタ、ドキュメント検索機能、ドキュメントアップロード機能を使って、ユーザーのデータに接続し、処理のために取り込みます。

●カスタマイズ可能

Amazon Q Businessでは、ユーザーのクエリに回答する際に使用するソースを選択できます。

企業データのみを使用するか、企業データとモデル知識の両方を使用するかを制御できます。

●データとアプリケーションのセキュリティ

Amazon Q Businessは、適切なユーザーが適切なコンテンツにアクセスできるようにするためのアクセス制御をサポートしています。クエリに対する回答は、エンドユーザーがアクセス権を持つコンテンツに基づいて生成されます。IAM Identity Centerを使って、Amazon Q Businessのエンドユーザーアクセスを管理することができます。

●幅広い接続性

Amazon Q Businessには、サポートされている複数のデータソースへの既存の接続機能があります。さらに、プラグインを使ってサードパーティアプリケーションに接続し、アクションを実行したりアプリケーションデータを照会したりできます。

3.2.2 Admin userの役割

Amazon Q Businessには、Admin user（管理者）とEnd user（一般ユーザー）の2種類の役割権限があります。Adminユーザーは、Amazon Q Businessアプリケーションを開発・管理し、End userに提供する役割を担っており、End userはアプリケーションを利用する役割を担います。本項ではAdminの視点で説明します。

Amazon Q Businessは様々な利用方法に対応していますが、本項では最もシンプルな利用方法を紹介します。まず、最初のステップとして、生成AIアシスタントを作成するために、Amazon Q Businessアプリケーションを設定します。次に、検索用のRetrieverを選択して作成し、データソースに接続します。その後、AWS IAM Identity Centerを使って、エンドユーザーにアプリケーションへのアクセス権を付与します。認証されたユーザーは、Webエクスペリエンスを通じてアプリケーションと対話できます。WebエクスペリエンスのエンドポイントURLをエンドユーザーが共有すると、エンドユーザーはそのURLを開いて認証を行い、アシスタントアプリケーションで質問をすることが可能になります。

●Amazon Q Businessアプリケーションの設定

Amazon Q Businessアプリケーションを作成するには、AWS Management Console（以下、AWSマネジメントコンソール）またはAmazon Q APIのいずれかを使用します。AWSマネジメントコンソールを利用する場合は、GUIによる操作のみでアプリケーションの設定を完了することができます。トップページから「Create Application」のボタンをクリックしてアクセスできる、アプリケーション設定の画面を**図3.1**に示します。

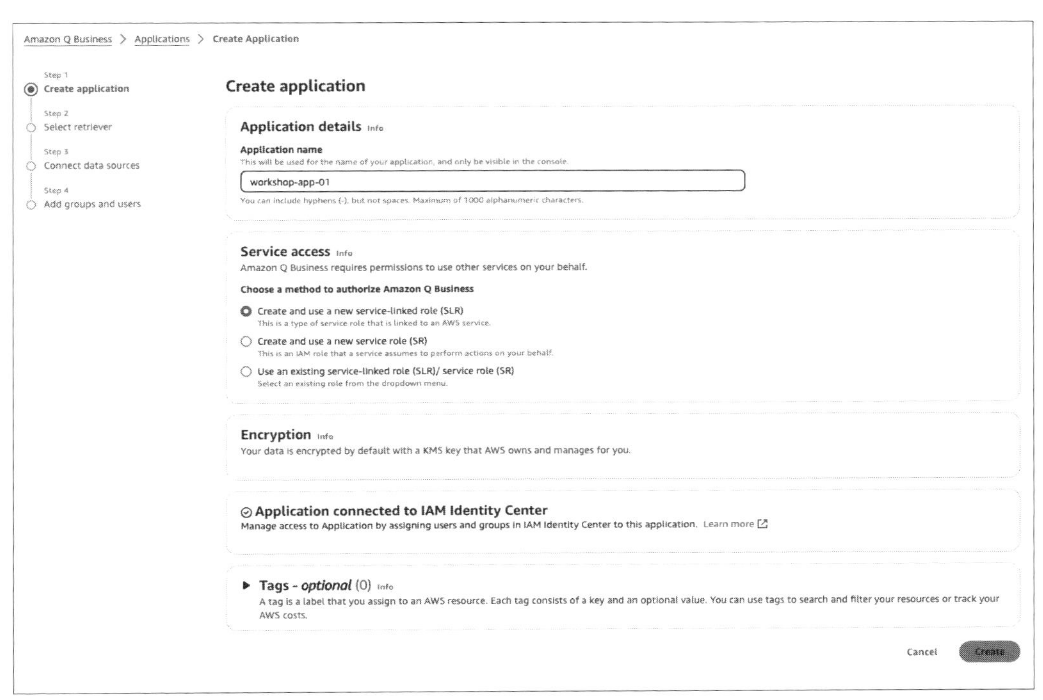

図3.1 アプリケーション設定の画面

アプリケーションの設定では、アプリケーションに名前をつけたり、権限となるロールを作成して付与したりします。また、使用しているAWSアカウントに設定されているIAM Identity Centerとの接続に関する情報を確認します。最後に「Create」をクリックすることで、アプリケーションの設定は完了です。

●Retrieverの設定

次にRetrieverを設定します。選択できるRetrieverは、Amazon Q用のRetriever（Native retriever）と、既存のRetrieverとして 設定が完了し検索可能な状態になっているAmazon Kendra の2種類があります。

Retrieverを選択したら、Retrieverが検索するために作成・利用するIndexについての設定を行います。もしAmazon KendraをRetrieverとして選択した場合は、Amazon Kendraで設定されているIndexを利用するので、ここでのIndex設定は必要ありません。Native Retrieverを利用する場合は、Enterprise IndexまたはStarter Index を選択します。Enterprise Indexは、3つのアベイラビリティゾーンにデプロイされることで、高い可用性を実現でき、本番ワークロードに最適な選択です。Starter Indexは、単一のアベイラビリティゾーンにデプロイされるため、本番に向けたシステム開発やPoCでの利用に向いています。

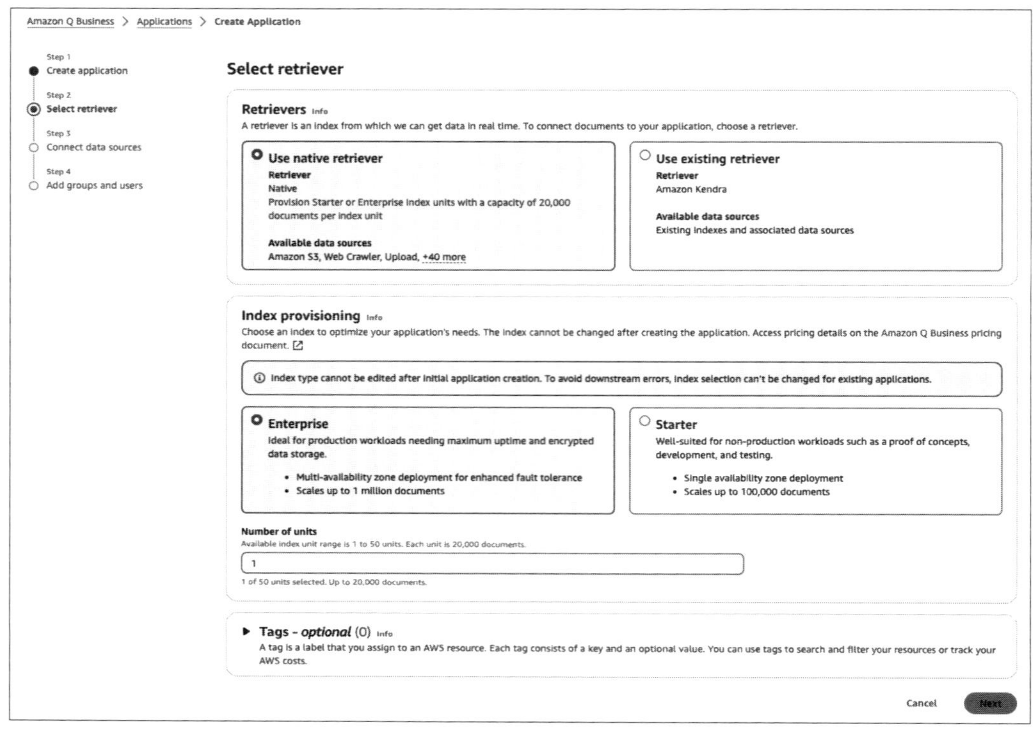

図3.2　Retrieverの設定

●データソースの追加

データソースとは、Amazon Q BusinessがAIアシスタントとして回答を生成する際に利用できるデータの場所です。例えば、回答に必要な情報をAmazon S3に保存している場合、データソースをAmazon S3に指定し、Amazon Q native retrieverやKendra retrieverを利用して、Amazon S3のデータを読み込み回答の生成に利用することができます。データソースをRetrieverに関連づけてデータへのアクセスを利用可能な状態にする方法以外に、必要なデータを必要なときにアップロードして利用する方法もあります。データへのアップロードを利用する場合は、Amazon Q native retrieverを利用する必要があります。

図3.3に示すデータソースの追加画面には、①主要なデータソースであるAmazon S3、②URLを指定してデータを収集するWeb crawler、③Retriever指定後に利用可能なファイルアップロードの三つが表示されています。それ以外にもAmazon Q Businessでは、40以上のデータソースに接続できるコネクタを提供しており、簡単な操作でデータソースとAmazon Q Businessを接続することが可能です。

Amazon S3をデータソースとして設定する場合の画面の一部を**図3.4**に示します。データソース名や、経由するネットワークのVPC、IAM Roleなどを設定し、データソースの場所とし

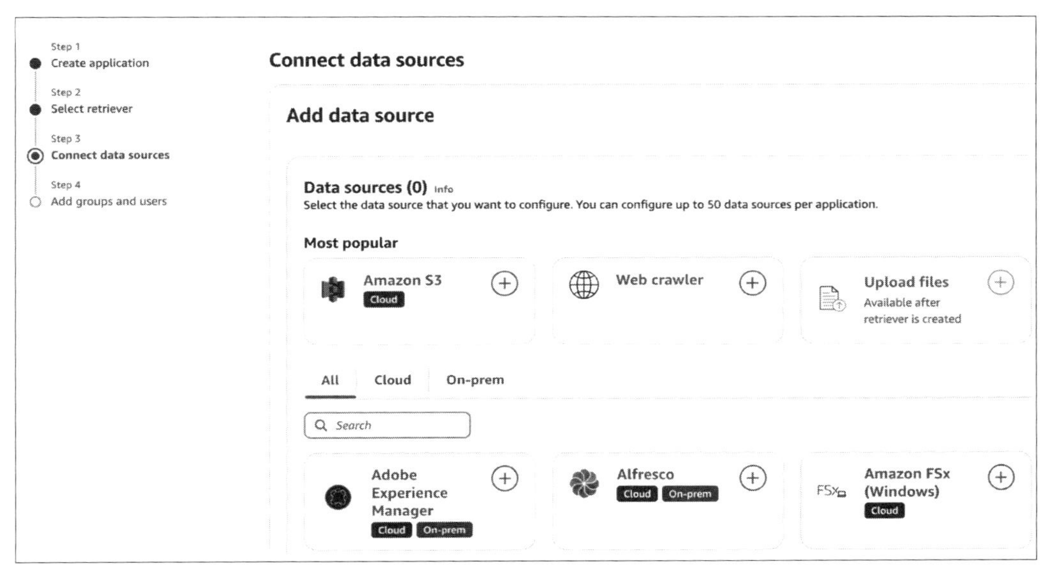

図3.3　データソースの追加

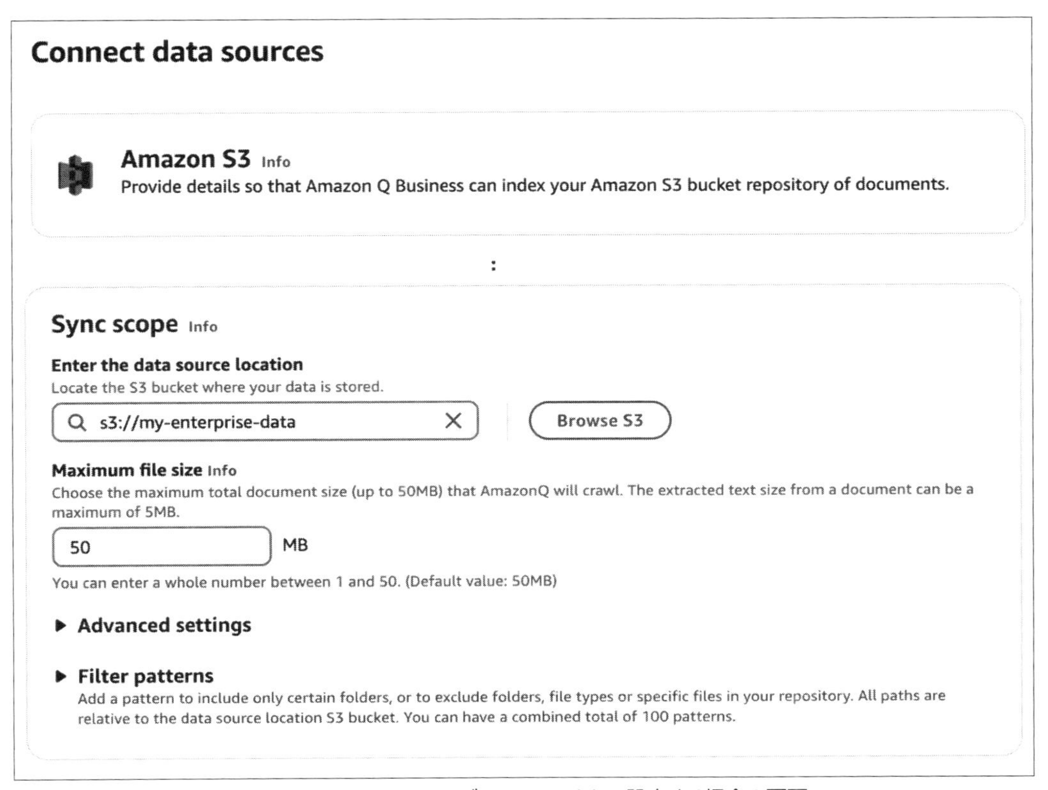

図3.4　Amazon S3をデータソースとして設定する場合の画面

て、Amazon S3のバケット名を指定します。次に、指定したS3バケットのデータとAmazon Q Businessを連携するSyncのモードを設定します。

Syncのモードは2種類あり、常に全てのデータをSyncするFull Syncと、新規追加・修正・削除されたデータだけをSyncするNew, modified, or deleted content syncがあります。Syncのモード指定が終わったら、どのタイミングでSyncするかを指定します。Amazon Q Businessの管理者が必要な時にSyncを行うRun on demandと、毎時・毎日といった決まった頻度で自動的にSyncを行う方法を選択することが可能です。頻度や更新時間を自由に設定できるCustomの機能も提供されています。

以上でAmazon S3へのコネクタの設定は完了です。完了するとデータソース一覧の画面に自動的に戻るので、他のデータソースの追加を行うこともできます。

●ユーザーとグループの追加

最後に、作成中のアプリケーションにアクセス可能なユーザーとグループを追加します。Add groups and usersをクリックすると、グループとユーザーの追加画面に移動します（**図3.5**）。Amazon Q Businessのユーザーとグループは、IAM Identity Centerで管理されます。そのため、既にIAM Identity CenterにおいてAmazon Q Businessのアプリケーションが登録され、そこにユーザーやグループも追加されている場合は、この画面でIAM Identity Centerに登録済みのユーザーやグループをAmazon Q Businessのアプリケーションに追加できます。

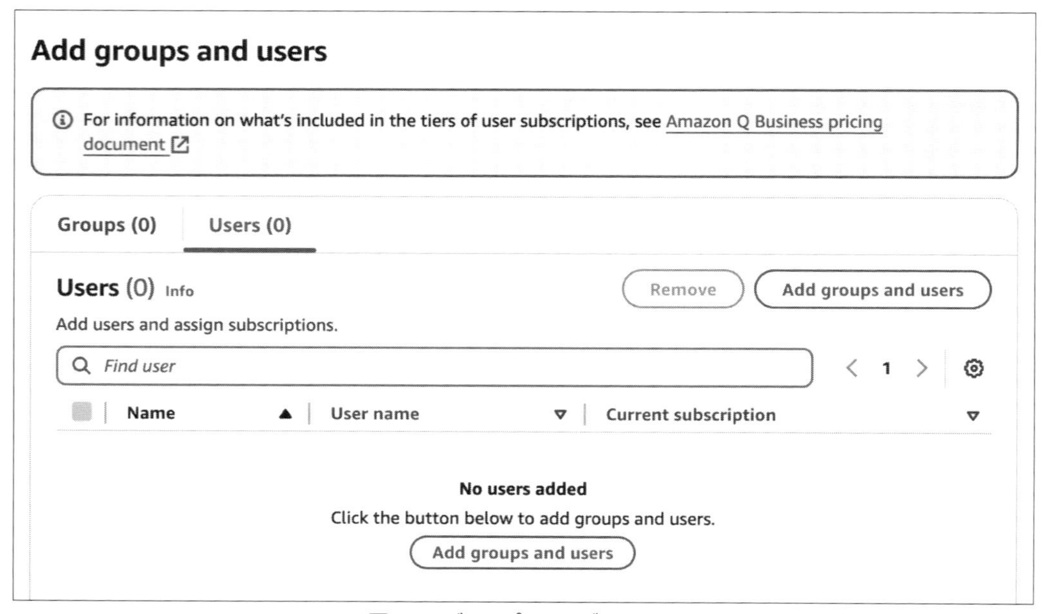

図3.5　グループとユーザーの追加

ここまでの流れに沿ってAmazon Q Businessのアプリケーションを新規作成する場合は、ユーザーおよびグループを新規作成または追加することが多いので、ここでは新規作成の手順を説明します。

新規ユーザーを追加する場合、ユーザー名、姓名、E-mailアドレスを入力します（**図3.6**）。既にIAM Identity Centerに登録されているユーザーと重複するユーザー名やメールアドレスを利用することはできません。ユーザーの新規作成ができたら、このアプリケーションに、そのユーザーを紐づけます（assignします）。紐づけが完了すると（**図3.7**）ユーザー登録後の画面に示すように、作成したユーザーが一覧に表示されることを確認できます。ユーザーの登録が終わったら、アプリケーションの作成を完了します。

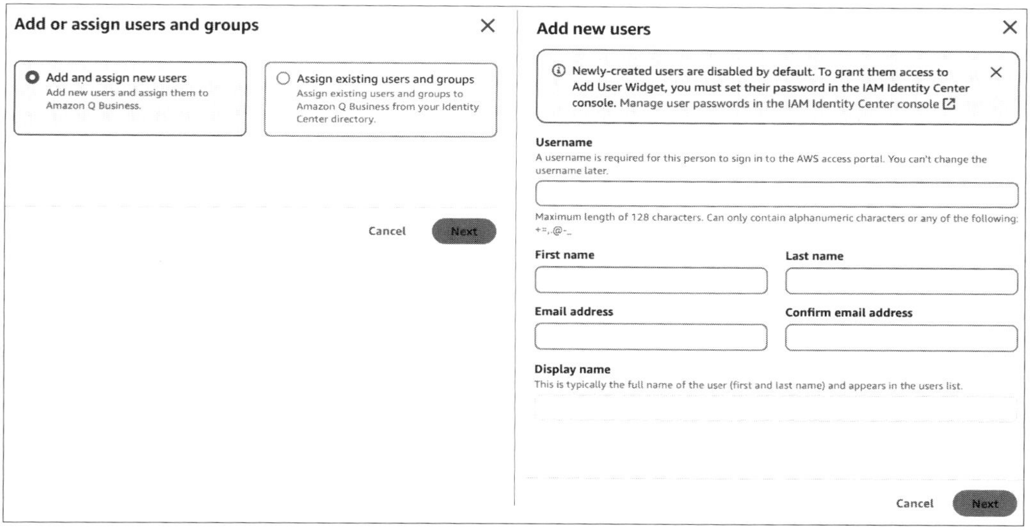

Add or assign users and groups

Add and assign new users
Add new users and assign them to Amazon Q Business.

Assign existing users and groups
Assign existing users and groups to Amazon Q Business from your Identity Center directory.

Cancel Next

Add new users

Newly-created users are disabled by default. To grant them access to Add User Widget, you must set their password in the IAM Identity Center console. Manage user passwords in the IAM Identity Center console

Username
A username is required for this person to sign in to the AWS access portal. You can't change the username later.
Maximum length of 128 characters. Can only contain alphanumeric characters or any of the following: +=,.@-_

First name
Last name
Email address
Confirm email address
Display name
This is typically the full name of the user (first and last name) and appears in the users list.

Cancel Next

図3.6 新規ユーザーの追加

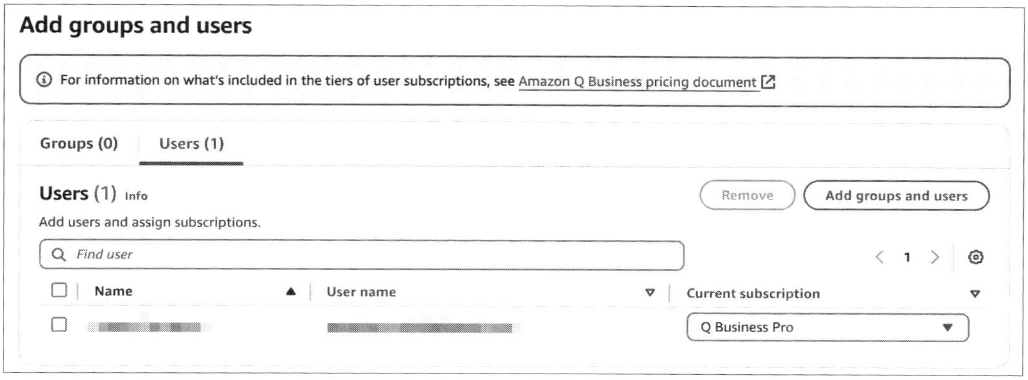

Add groups and users

For information on what's included in the tiers of user subscriptions, see Amazon Q Business pricing document

Groups (0) Users (1)

Users (1) Info
Add users and assign subscriptions.

Remove Add groups and users

Find user

Name	User name	Current subscription
		Q Business Pro

図3.7 作成したユーザーの一覧

●アプリケーション作成の完了

アプリケーションの作成を完了すると、Amazon Q Web Experienceを作成して、ブラウザ経由でAmazon Q Businessにアクセスでき、チャット形式で質問を投げかけると回答を得ることができます。Web Experienceの作成方法は、AWSマネジメントコンソールまたはAmazon Q BusinessのAPIのどちらを使用するかによって異なっています。AWSマネジメントコンソールを使用する場合はWeb Experienceは自動的に作成され、Amazon Q BusinessのAPIを使用する場合は、CreateWebExperienceAPIを使用してWeb Experienceを作成します。

これまでの手順に従って、AWSマネジメントコンソール上でAmazon Q Businessのアプリケーションを作成した場合は、アプリケーション一覧の画面（**図3.8**）の右端にAmazon Q Web ExperienceのURLが表示されます。登録したユーザーとURLを共有して、アプリケーションをユーザー間で容易に展開することが可能になります。また、Web Experienceのタイトルや最初に表示されるメッセージなどは、Customize web experienceから変更することが可能です。

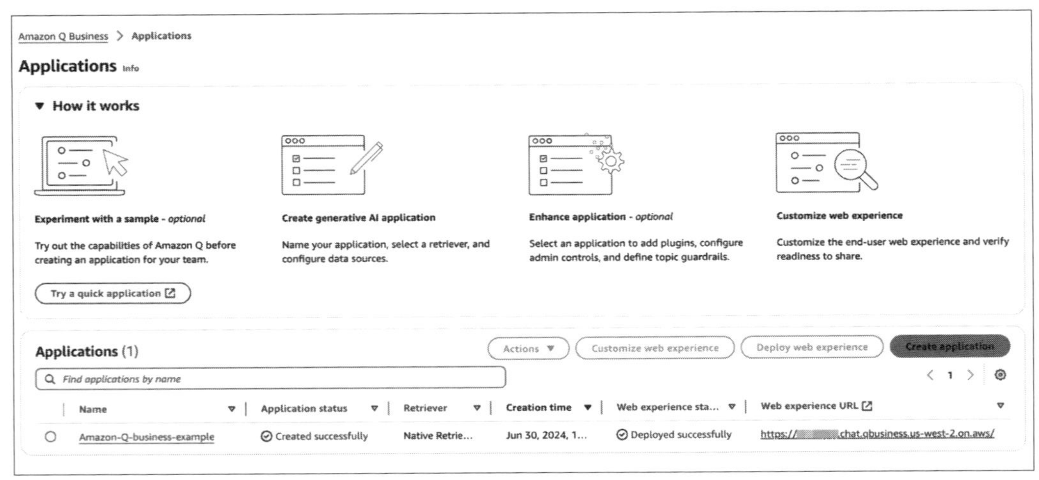

図3.8　アプリケーション一覧

3.2.3 End userによる利用

End userは、3.2.2節で登録されたユーザー名を利用してWeb ExperienceにサインインしてAmazon Q Businessアプリケーションを利用することができます。

まず、管理者が設定したユーザー名に対して、パスワードの設定を行う必要があります。管理者がユーザー登録を行うと、以下のようなユーザー登録に関するEメールが届きます（**図3.9**）。Accept invitationをクリックすると、パスワードを設定する画面（**図3.10**）が開きますのでパスワードの設定を行います。パスワードの設定が完了すると、そのまま、Web Experience のサインイン画面に移動しますので、ユーザー名とパスワードでサインインします。Web Experienceのサインイン画面は、アプリケーション一覧画面に表示されるURLからもアクセスできます。

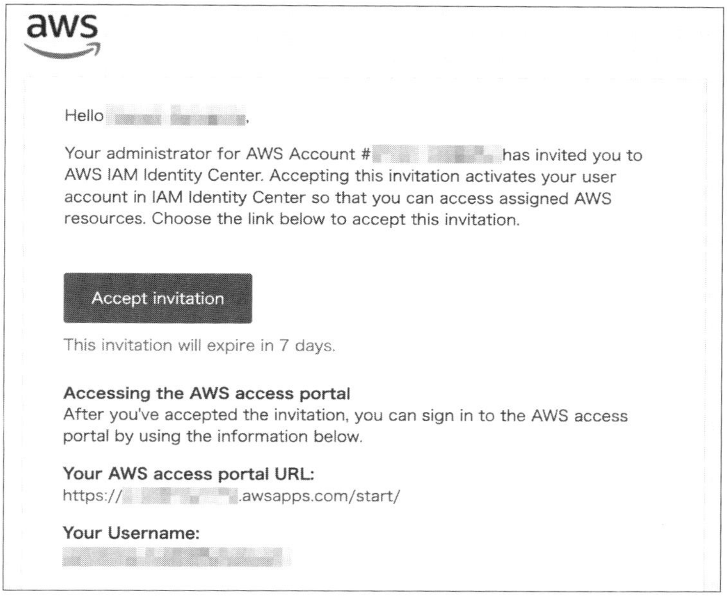

図3.9 ユーザー登録に関するEメール

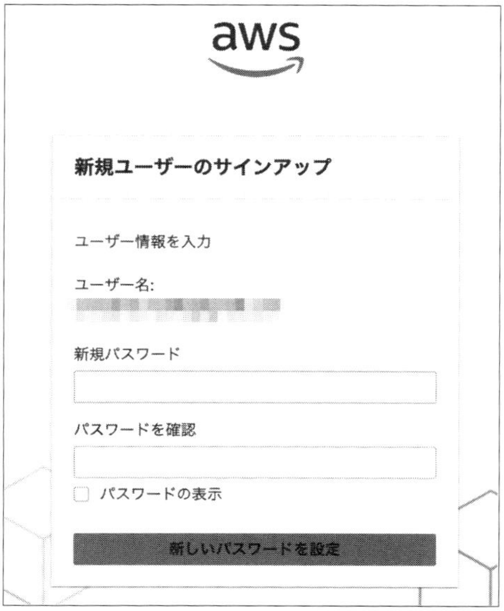

図3.10 パスワードの設定

サインインが完了するとAmazon Q Businessのアプリケーション画面に移動します(**図3.11**)。

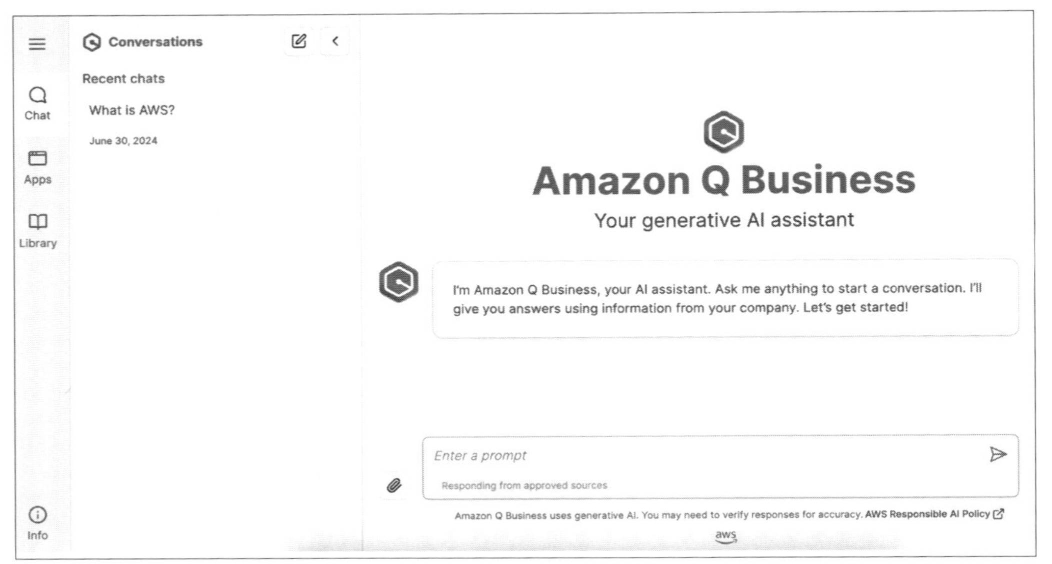

図3.11　Amazon Q Businessのアプリケーション画面

そして、Web Experienceのチャット画面で質問を入力し、Amazon Q Businessからの回答を確認します。回答が企業データだけでは不十分な場合、管理者の設定次第ではAIが回答を生成することもあります。また、管理者が設定した付随タスクとして、例えばJiraチケットの作成なども実行できます。ユーザーの会話履歴と会話コンテキストは30日間保持されます。

3.2.4　拡張機能

ここまでAmazon Q Businessの基本的なアプリケーションについて説明してきましたが、それらを拡張するための機能について次に説明します。

●ガードレールとチャットの制御

Amazon Qのガードレール機能では、チャットから何をしていいのか／いけないのかを制御でき、チャット制御ではトピックごとの出力をコントロールできます。例えば次のような制御の指定が可能になります。

- Amazon Q Businessのアプリケーションに対してファイルアップロードを許可するかどうか。
- IAM Identity Centerインスタンスに関連づけられたエンドユーザーの情報（住所や職業に関連する情報)に基づいて、応答を生成させるかどうか。

- Amazon Q Businessチャットの応答を企業内のデータのみを使用して生成するのか、あるいは企業データで回答が見つからない場合にLLMを使用して応答を生成するのかどうか。

さらに、特定のトピックに対するAmazon Q Businessの応答方法を制御したり、トピックに応じて、制御するユーザーとグループをカスタマイズしたりすることもできます。

●プラグイン

プラグインはエンドユーザーのアクションをサポートし、生産性を向上させるものです。Amazon Q Businessには、組み込みプラグインとカスタムプラグインの2種類のプラグインがあります。

組み込みプラグインは、Jira、Salesforce、ServiceNow、Zendeskなど、よく利用されているWebプラットフォームのユースケース向けにAmazon Q Businessが事前に構築したものです。組み込みプラグインを使えば、エンドユーザーはWeb Experienceからサードパーティサービスに関連するタスクを実行できます。例えば、Jiraチケットを作成するなどです。ITサポート担当のエンドユーザーとして、ServiceNowでインシデントを開く必要がある場合、チャットからAmazon Q Businessに指示してServiceNowでインシデントを作成させることができます。

カスタムプラグインでは、任意のサードパーティアプリケーション環境とAmazon Q Businessを統合できます。デプロイすると、エンドユーザーはAmazon Q Businessの自然言語インターフェイスを使って、リアルタイムデータ（会議室の空き予定、株価、有給残日数など）を問い合わせたり、アクション（会議予約、有給申請など）を実行することができます。

●ドキュメント強化

ドキュメント強化を使用すると、Amazon Q Businessインデックスにドキュメントを取り込む際に、ドキュメント属性やドキュメントコンテンツを作成・変更・または削除できます。

ドキュメント強化には2種類の方法があります。まず、データからドキュメント属性を追加・更新・または削除する基本的な操作を利用する方法です。例えば、個人を特定できる情報（PII：Personally Identifiable Information）に関連するドキュメント属性を削除することで、PIIを削除することができます。

あるいは事前に作成されたLambda関数を使用して、データに対してより高度でカスタマイズされた属性の操作を行うことも可能です。例えば、企業データがスキャンされた画像として保存されている場合、Lambda関数を使用してスキャンされたドキュメントに光学式文字認識（OCR：Optical Character Recognition）を実行し、テキストを抽出できます。その後、各スキャンドキュメントはテキストドキュメントとして取り込まれます。これによって、Amazon Q Businessが応答を生成する際に、OCRで抽出されたテキストデータを活用することができます。

これらのドキュメント強化の方法は組み合わせて使用することができます。つまり、基本的な操作を使ってデータの最初の解析を行い、その後Lambdaを使ってより複雑な操作を行うことができます。例えば、最初にドキュメント属性を使ってドキュメントからPII情報を全て削除する基本的な関数を使用し、次にLambda関数を使ってスキャンされたドキュメントからテキストを抽出できます。

ドキュメント強化は、AWS管理コンソールとAmazon Q Business APIアクションの両方でサポートされています。コンソールを使用する場合、Amazon Q Businessデータソースを使用してアプリケーション環境に接続されたドキュメントを強化できます。Amazon Q Businessアプリケーション環境でドキュメント強化が利用できるのは、Amazon Q BusinessのNative retrieverを使用する場合のみです。Amazon Kendra retrieverを使用する場合は、Amazon Kendra側でドキュメント強化を構成する必要があります。

●関連性のチューニング

Amazon Q BusinessのNative retrieverを使用する場合、Amazon Q Businessのインデックスフィールドにドキュメント属性をマッピングした後、Amazon Q Businessの関連性のチューニング機能を使ってそれらの属性に重みづけを行うことができます。割り当てられた重みを使って、Amazon Q Businessアプリケーション内で検索結果のランキングをチューニングし、より関連性の高い結果が得られるように最適化することができます。Amazon Qでは、この重みづけのことを「ブースティング」と呼びます。ブースティングは管理者のみが利用できる機能です。ドキュメント属性に基づいてチャット応答をブースティングすることで、例えば、最新のコンテンツ、特定のファイル形式、特定のデータソースに対して、より大きな重みを割り当てることができます。

Amazon Q Businessは、インデックスから情報を取得してエンドユーザーに対する回答を生成する際、ドキュメントタイトルなどの特定のドキュメント属性に基づいて自動的にブースティングします。ブースティングをカスタマイズして制御したり、既存のブースティングを上書きしたりすることもできます。ドキュメントの属性や項目に一致する用語がクエリに含まれている場合、ブースティングによって、そのドキュメントの関連性は高いものとみなされます。マッチした場合のドキュメントのブースト量を指定することも可能です。Amazon Q Businessが回答を生成する際、関連性が高いとみなされたドキュメントが優先されます。

ドキュメント属性のブースティングを行っても、それ自体は、Amazon Q Businessがそのドキュメントをチャット応答に含めるか含めないかの判定に影響しません。ブースティングされたドキュメント属性は、Amazon Q Businessがドキュメントの関連性を判断する際の要因の1つにすぎません。

3.2.5 回答生成のワークフロー

これまで説明した機能を踏まえて、Amazon Q Businessがクエリを受けてから回答を生成するまでのワークフローを**図3.12**に示します。ユーザーがAmazon Q Businessにクエリを送信すると、最初にそのクエリに有害性がないか[1]、管理者の想定するトピックに該当しているかチェックされ、有害なクエリや該当しないトピックの場合は、回答できないことを示すメッセージがユーザーに返されます。

チェックを通過したクエリに対して、管理者がプラグインを設定していれば、ユーザーに対して利用可能なプラグインが示され、ユーザーはプラグインを利用することができます。Amazon Qには、事前構築のビルトインプラグインと、任意のアプリと連携できるカスタムプラグインの2種類があります。最大3つのプラグインを有効化でき、自然言語インターフェイスから外部システムと連携できます。ユーザーがプラグインを利用しない場合、Amazon Q BusinessはLLMかRAGによって回答を返そうとします。

デフォルトではRAGによって回答を生成しますが、RAGで回答が見つからなかった場合は、LLMへのアクセスが許可されているかどうかを確認します。LLMへのアクセスが許可されている場合は、LLMの知識とチャットデータを使って質問に対する応答を生成します。許可されていなければ、「質問に対する関連情報が見つかりませんでした」といった回答を生成します。

1) 「有害性のあるクエリ」は、以下のような内容を含む質問やリクエストのことを指します。
- 違法な内容：人身攻撃、暴力行為、違法な行為や犯罪を助長する内容。
- 不適切なコンテンツ：卑猥な内容や露骨な性的表現、差別的な発言、偏見を助長するような内容。
- 危険な情報：健康に関する誤った情報や危険な行動を推奨する内容。
- プライバシー侵害：個人情報や他人のプライバシーに関する質問やリクエスト。
- 倫理的に問題のある要求：詐欺や欺瞞行為を助長するようなリクエスト。

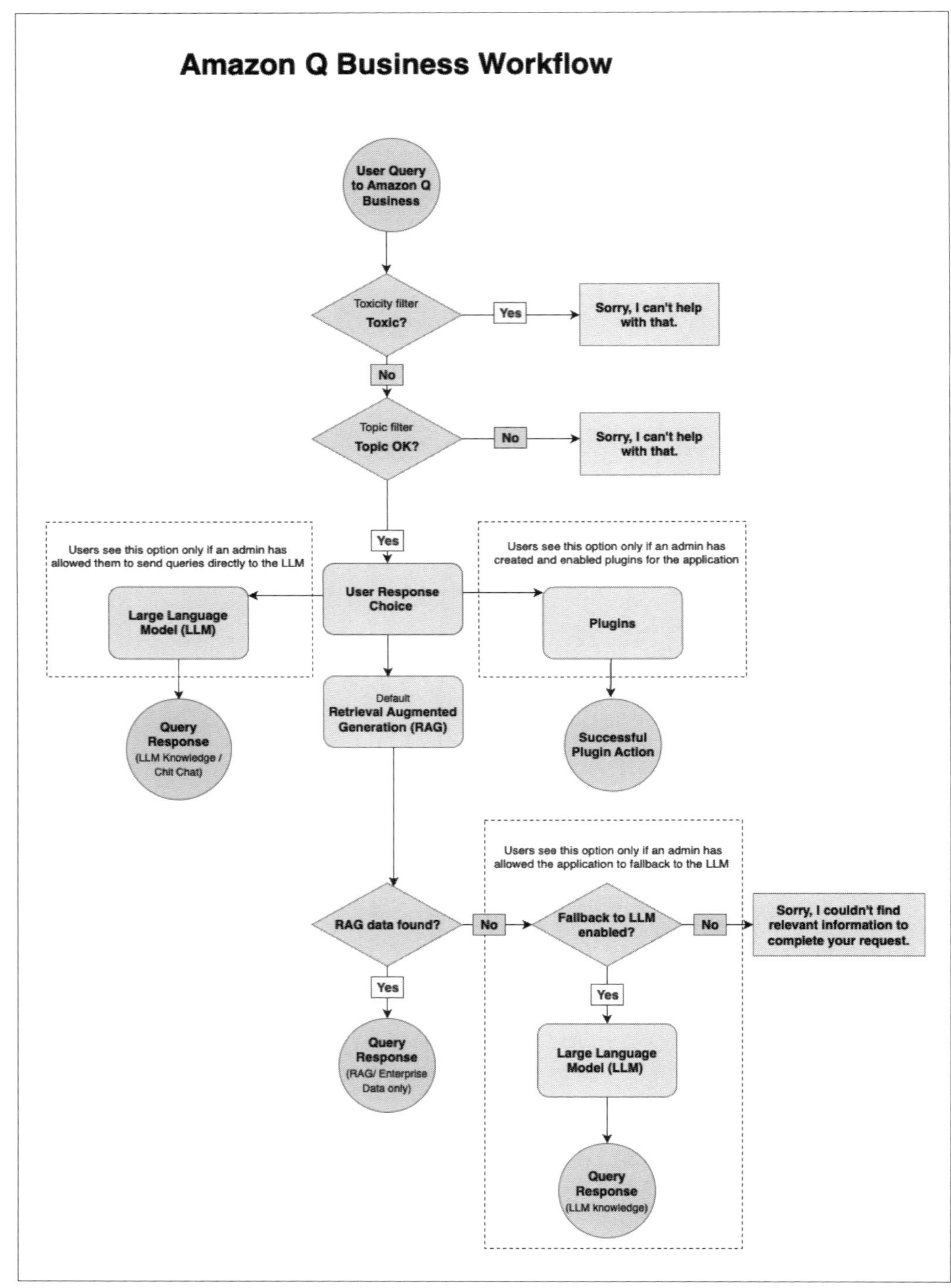

図3.12　Amazon Q Businessが回答を生成するまでのワークフロー

3.2.6 Amazon Q Apps

Amazon Q AppsはAmazon Q Businessの一機能で、Amazon Q Businessで行われる問題解決のための会話をアプリケーションとして切り出して、再利用・共有可能にする機能です。例えば、ある新製品のマーケティング担当者が、製品の詳細をAmazon Q Businessに入力して、新製品の発表に関する文章を生成するようAmazon Q Businessのアシスタントに依頼する状況を考えてみます。

担当者は、製品の詳細以外にも適切なプロンプトを書く必要があるでしょう。例えば、次のようなプロンプト文です。

「私は新製品を発表するための文章を作成しています。」
「新製品 の機能としては次のようなものがあります。」
「説明文を作成する際には、まず製品の全体像を説明してから、各機能を説明してください。」

このように場合によっては細かな指示を含むものも出てくるでしょうから、プロンプト作成には時間がかかる場合もあります。そして、プロンプトを一回入力するだけでは、満足できる出力を得られない可能性もあります。

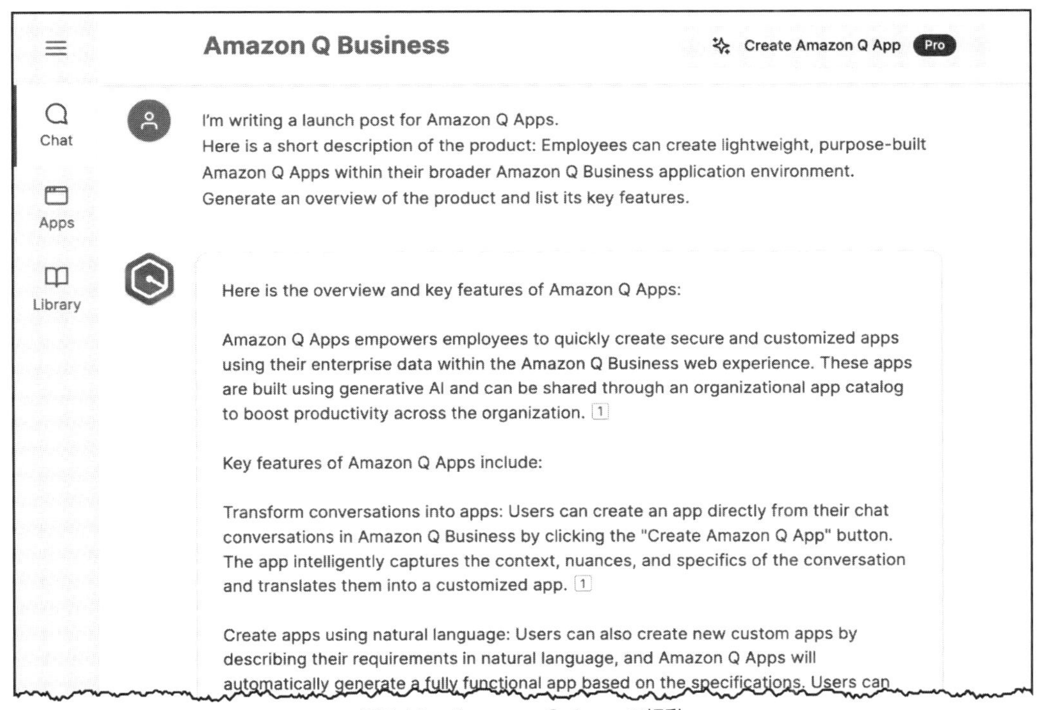

図3.13 Amazon Q Appsの起動

しかし、一旦満足できる出力が得られれば、同様の作業を他の新製品にも速やかに適用したいと考えるかもしれません。Amazon Q Businessでは、**図3.13**に示すように、アシスタントと会話しながら、右上のCreate Amazon Q Appのボタンから、同様の会話を再利用するようなアプリケーションを作成できます。

ボタンをクリックすると、**図3.14**に示すAmazon Q Apps Creatorを起動することができます。この画面では、先ほどの会話を再利用するようなアプリケーションの説明を文章で入力し、Amazon Q Businessにアプリケーションを自動で作成させることができます。加えて、入力すべきアプリケーションの説明文でさえ、さきほどの会話に基づいて自動で入力されます。アプリケーション作成者は自動入力された説明を確認して、Generateをクリックするだけでアプリケーションを作成することができます。

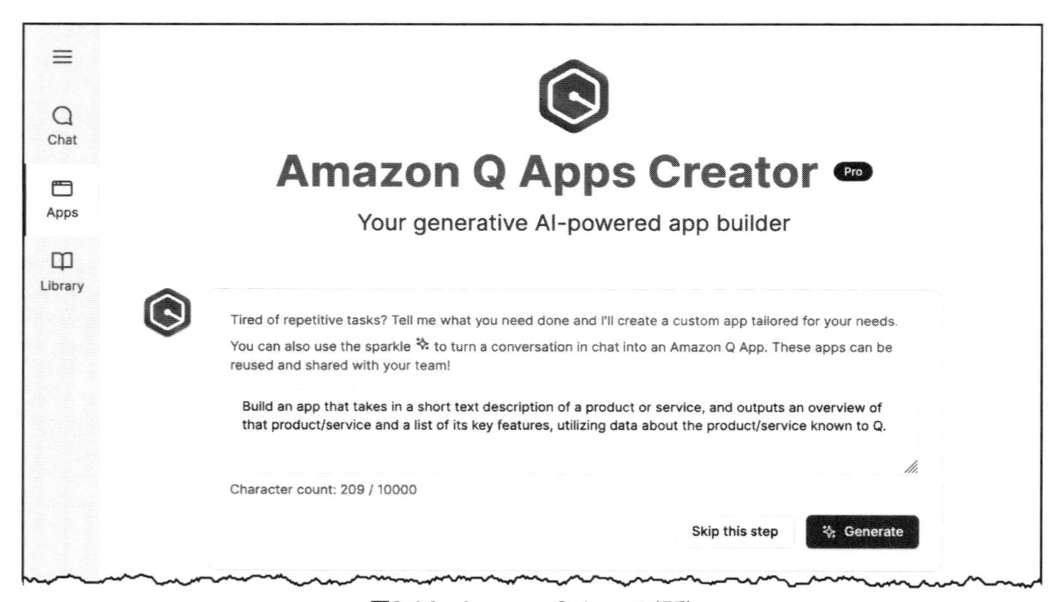

図3.14　Amazon Q Appsの起動

自動的に生成されたアプリケーションの画面を**図3.15**に示します。製品名や製品の詳細を入力するフォームとして用意されており、このフォームに入力すると、製品の全体像や特徴が出力されるアプリケーションが生成されることを確認できます。画面右上の Publish ボタンをクリックすると、左側メニューのLibraryからアクセスできるAmazon Q Apps Libraryというページで、ユーザーと共有することができます。

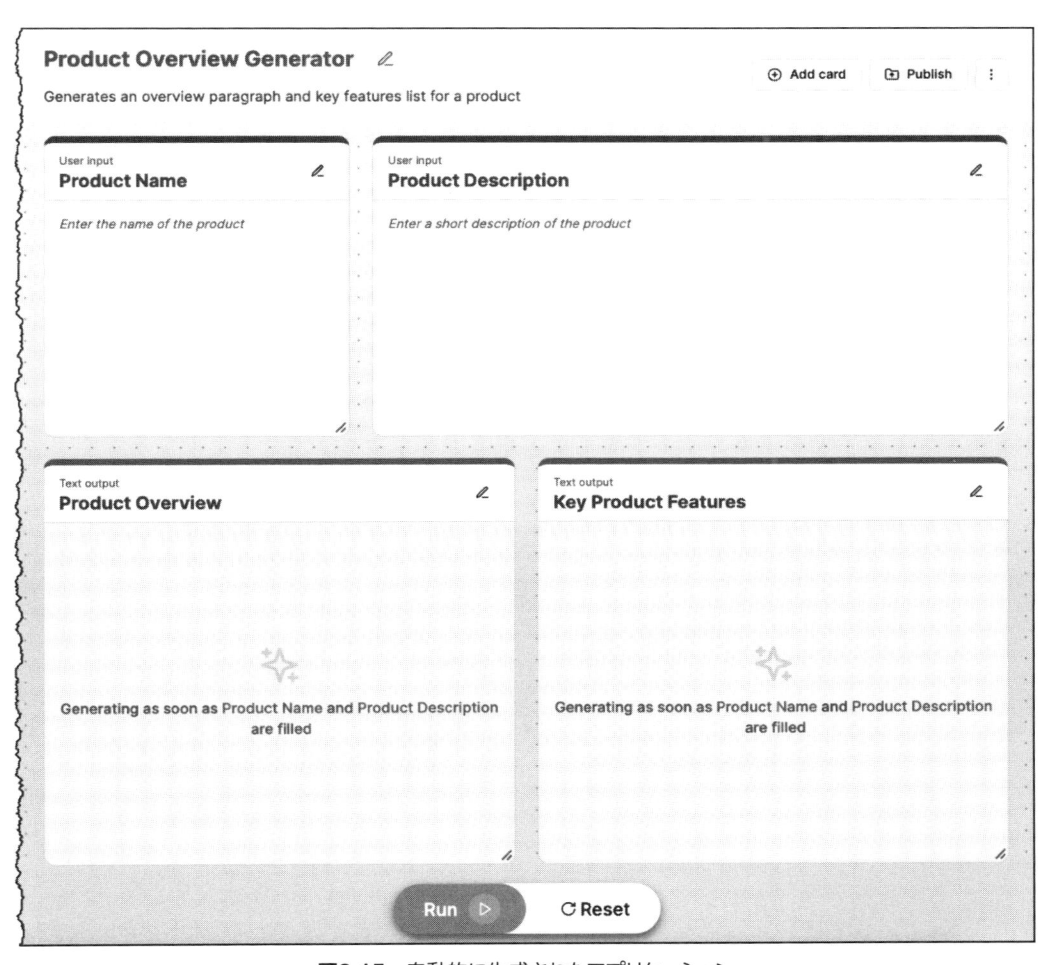

図3.15　自動的に生成されたアプリケーション

ここで取り上げた例では、実際に行った会話の内容に基づいてアプリケーションを開発していますが、Amazon Q Apps Creatorを直接呼び出して、自由に開発することや、あらかじめ用意されているサンプルや既存のアプリケーションをカスタマイズして開発することも可能です。

3.3 Amazon Q Developer

3.3.1 Amazon Q Developerの特徴

Amazon Q Developerは、AWSアプリケーションの理解・構築・拡張・および運用を支援する生成AIを活用した会話型アシスタントです。AWSアーキテクチャ、AWSリソース、ベストプラクティス、ドキュメント、サポートなどについて質問できます。Amazon Qは常に機能を更新しているため、質問に対して最も適切で実行可能な回答を得ることが可能です。

統合開発環境（以下、IDE）上で使用すると、Amazon Qはソフトウェア開発を支援します。コードについてチャットできるほか、インラインコード補完、新規コード生成、セキュリティ脆弱性のコードスキャン、言語更新、デバッグ、最適化など、コード改善や更新を行うことができます。

Amazon Q Developerの代表的な機能を以下に示します。これらの機能を利用できるかどうかは、AWSのWebサイトで使用しているか、IDEやコマンドラインから使用しているかによって異なります。それぞれの違いについては、3.4.3項、3.4.4項、3.4.5項で説明します。

●一般的なコンソールエラーの診断

Amazon Q Developerを使えば、AWSのマネジメントコンソール上で直接コンソールエラーメッセージを診断できます。Amazon Q Developerはエラーに関する情報と、潜在的な解決策の概要を提供します。

●ソフトウェア開発のサポート

開発したい機能を自然言語で説明・入力すると、Amazon Q Developerは、現在のプロジェクトの文脈を利用して、実装計画と関連するコードを生成できます。これによって、AWSを使用したソフトウェア開発プロジェクトや独自のアプリケーションの構築を支援できます。

●コードについてチャットで相談

IDE内で、Amazon Qはソフトウェア開発プロセス、プログラミングの概念的な質問、特定のコードの動作に関する質問に回答できます。また、チャット画面からAmazon Q Developerに対して、コードスニペットの更新や改善を依頼することもできます。

●インラインでのコード提案を取得

Amazon Q Developerはリアルタイムでコード推奨を行います。コーディング中に既存のコードやコメントに基づいて自動的にコードを提案・生成します。

●コードの変換

IDE内で、Amazon Q Developerはコードの言語バージョンを更新できます。2024年7月時点では、Amazon Q Developerのコード変換機能はJava 8およびJava 11コードからJava 17への更新をサポートしています。

●コードのセキュリティ脆弱性をスキャン

IDE内で、Amazon Q Developerはコードのセキュリティ脆弱性とコード品質の問題をスキャンします。コーディング中にセキュリティに関するアドバイスを取得したり、開発中のアプリケーションのセキュリティ状況を監視するために全プロジェクトのスキャンが可能です。

●AWSサポートへの連絡

Amazon Q Developerでチャットをしながら、AWSサービスに関する問題についてAWSサポートケースを作成することができます。AWSマネジメントコンソール内のAmazon Q DeveloperからAWSサポートにアクセスできます。

●AWS Chatbot でAmazon Q Developerを使用

AWS Chatbotが設定されたSlackやMicrosoft TeamsのチャンネルにAmazon Q Developerを追加することができます。AWS ChatbotのAmazon Q Developerは、AWSを使った構築に関する質問、ソリューションのベストプラクティス、問題のトラブルシューティング、次に実施すべきことについての質問に回答することができます。

●AWS ConsoleモバイルアプリケーションでAmazon Q Developerを使用

Amazon Q DeveloperはAWS Consoleモバイルアプリケーションに統合されており、AWSに関する質問に回答できます。AWSマネジメントコンソールでのAmazon Q Developerへのアクセス設定と同様の方法でアクセスを設定します。

3.3.2 アカウントのセットアップ

前節で説明したAmazon Q Businessでは、IAM Identity Centerを利用してグループやユーザーを登録し、登録されたユーザーがAmazon Q Businessのアプリケーションにアクセスすることができました。一方Amazon Q Developerでは、3.1節で述べたように複数の機能が提供されており、AWSアカウントが必要な機能もあれば、個人開発者がフリーで利用できる機能もあります。このためAmazon Q Developerへアクセスする方法としては、個人開発者向けのAWS Builder IDを利用する方法、AWS IAM Principalsを利用する方法、IAM Identity Centerを利用する方法があり、それぞれ利用できる機能も異なってきます。

●AWS Builder ID

AWS Builder IDは、Amazon CodeCatalyst、Amazon Q Developer、AWSのトレーニングと認定など、特定のツールやサービスへのアクセスを提供する個人向けのプロファイルです。AWS Builder IDは個人に紐づき、既存のAWSアカウントに含まれるアクセスのための資格情報やデータとは独立しています。

AWS Builder IDは、既に所有・作成されているAWSアカウントを補完するものです。AWSアカウントは、作成したAWSリソースを格納し、セキュリティの観点からのリソースに対する境界面を提供しますが、AWS Builder IDはそれらのリソースに干渉することなく個人目的での利用が可能です。

AWS Builder IDは無料で利用でき、AWSアカウントで消費したAWSリソースに対してのみ料金がかかります。AWS Builder IDでは、IDEやコマンドラインからのAmazon Q Developerの利用や、Amazon CodeCatalystの利用が可能です。一方でAWSのドキュメントページやマネジメントコンソールなどで利用できるチャット機能、AWS Cahtbotからの Amazon Qの利用はできません。

AWS Builder IDを作成するためには、AWS Builder ID作成のページ（**図3.16**）に移動し、Eメールアドレスや名前を入力します。入力したメールアドレスに認証コードが届くので（**図3.17**）、それをAWS Builder ID作成ページで入力します。なお、認証コードは毎回変わります。認証コードを入力するとパスワード設定画面へ移動し、パスワードを設定すると AWS Builder IDの作成は完了します。

●AWS IAM Principals

IAM PrincipalsはAWSにアクセスする権限をもつIAMユーザーや、AWSサービスに付与されるIAMロールなどを指します。Amazon Q Developerを利用するうえでは、Amazon Q Developerへのアクセス権限が設定されたIAMユーザーを作成し、IAMユーザーを使ってAmazon Q Developerにアクセスするのが代表的な使い方になるでしょう。

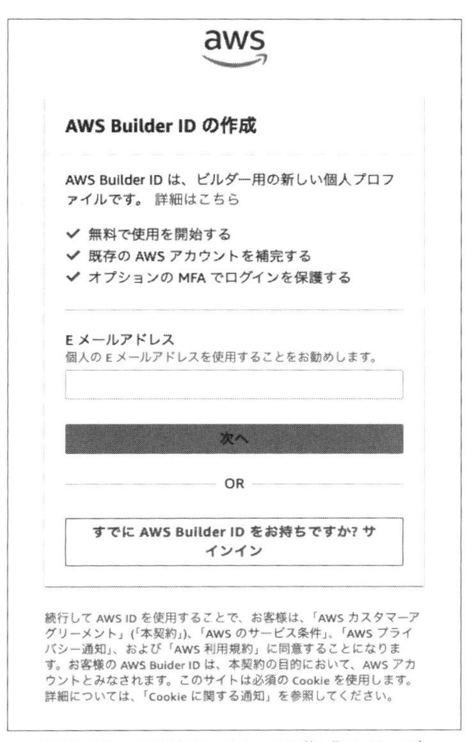

図3.16 AWS Builder ID作成のページ

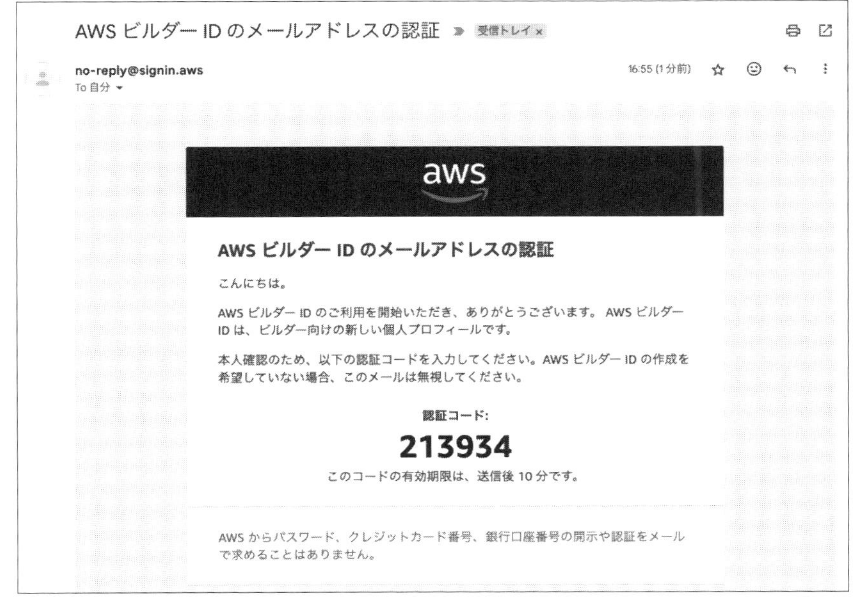

図3.17 認証コード

AWS Builder IDとの大きな違いは、個人利用ではなく法人等での商用利用を想定した高機能なAWSサービスも扱える点です。Amazon Q Developerで利用できる機能として、AWS Builder IDでは利用できなかった、AWSのドキュメントページやマネジメントコンソールなどで利用できるチャット機能や、AWS ChatbotからのAmazon Qの利用が可能になります。一方で、IDEやコマンドラインからのAmazon Q Developerの利用はできません。前述のとおり、全ての機能を使うためには、AWS Builder IDとIAM Principalsを補完的に利用する必要があります。

以下ではAmazon QにアクセスするためのIAMユーザーの作成例を示します。

まず、IAMユーザーを作成できる権限をもった管理者がAWSにログインして、AWS IAMのコンソール画面（**図3.18**）に移動します。左側のメニューから「ユーザー」を選択し、ユーザー一覧画面に移動します。右上の「ユーザーの作成」ボタンからユーザー作成に移動します。

図3.18　AWS IAMのコンソール画面

ユーザー作成画面の最初のページでは、ユーザー名を指定し、「AWSマネジメントコンソールへのユーザーアクセスを提供する」にチェックを入れます。このとき、「Identity Centerでユーザーを指定する」を選択すると、IAM Principals以外にIdentity Centerを使ってAmazon Q Developerにアクセスするときも便利です。まずは、Identity Centerを使わない場合を説明します。**図3.19**のように選択して次の画面に進みましょう。

次の画面では、このユーザーに対してどのような権限を付与するかを決定します（**図3.20**）。AWSでは、この権限をJSON形式で指定することができ、これを「ポリシー」といいます。ユーザーが何もない状態からポリシーを作成するのは手間がかかるので、すぐに利用できるポリシーが用意されています。ここでは、「ポリシーを直接アタッチする」を選んで、Amazon Q Developerへのアクセス権を付与する、ポリシー名AmazonQDeveloperAccessを選んで次に移動します。

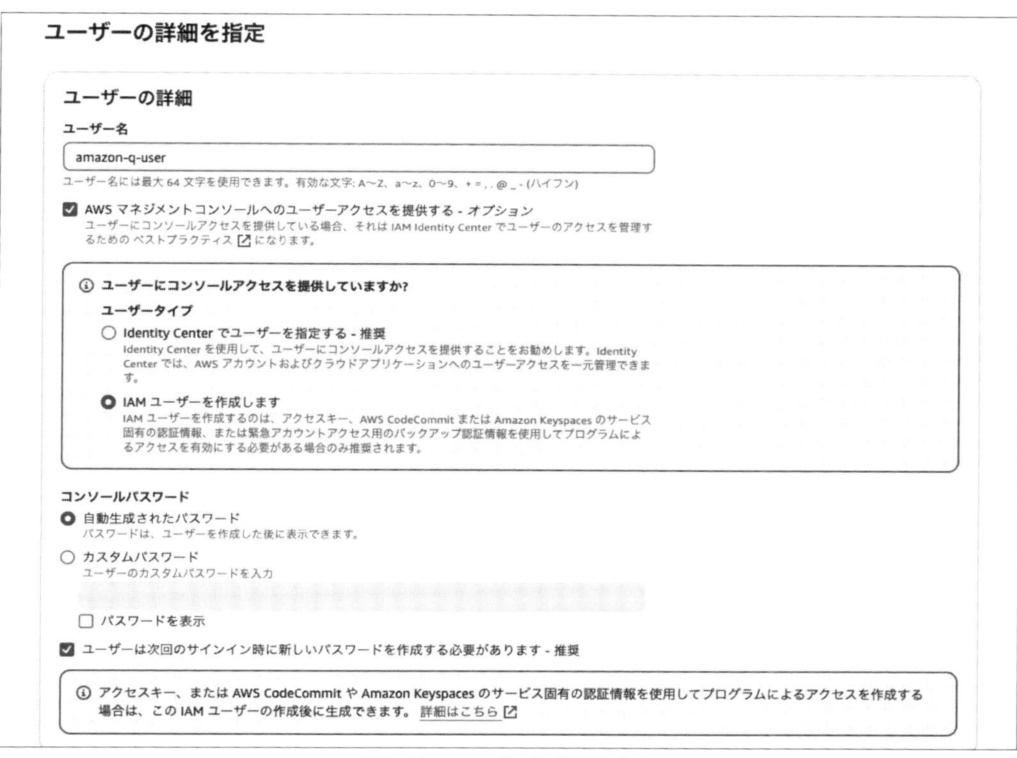

図3.19　ユーザー作成画面（1）

図3.20　ユーザー作成画面（2）

次の画面でユーザーの情報を確認したら、ユーザーの作成を行います。最後の確認画面で、コンソールのサインインURL、ユーザー名、コンソールパスワードが表示されるので、それを使ってAWSコンソールにサインインします。

サインインしてコンソールのホーム画面（**図3.21**）に移動すると、画面右側にAmazon Qのアイコンから、AWSに関する質問をチャットで相談できるウィンドウを開くことができます。 同様にAWSのドキュメントページからもチャットのウィンドウを開けるようになります。

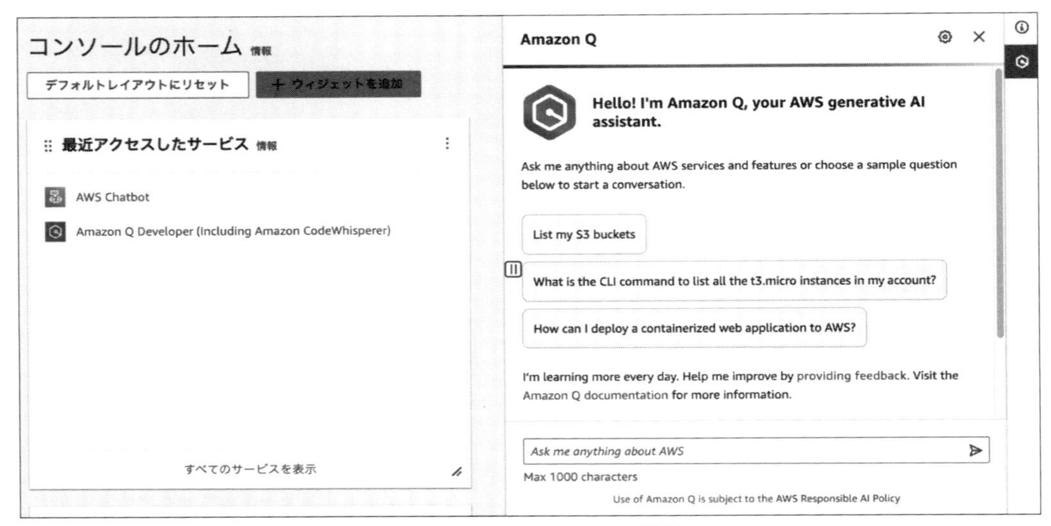

図3.21　コンソールのホーム画面

●IAM Identity Center

IAM Identity Centerについては、Amazon Q Businessのユーザー・グループの設定でも利用しましたが、Amazon Q Developerでも利用できます。Identity Centerには組織インスタンスとアカウントインスタンスの2種類がありますが、組織インスタンスは全てのIdentity Centerの機能を利用できるため、こちらの利用が推奨されています。Amazon Q Businessにおいても、複数のAWS アカウントにAmazon Q Businessアプリケーションが分散していても支払いをまとめられるなどのメリットがあります。Amazon Q Developerにおいても、組織インスタンスを使うことで、Amazon Q Developerの全てにアクセスできるようになります。

以下ではAmazon Q Developer用のIdentity Centerの設定例を説明します。Amazon Q Businessで利用する場合は、アプリケーションとIdentity Centerの紐づけを行いましたが、Amazon Q DeveloperではAWSアカウントとの紐づけが必要になるので、その点が異なります。

Identity Centerへのユーザー登録ですが、前項のIAM Principalsの設定に沿って進めるのがわかりやすいでしょう。IAM Principalsの設定では「Identity Centerでユーザーを指定する」を

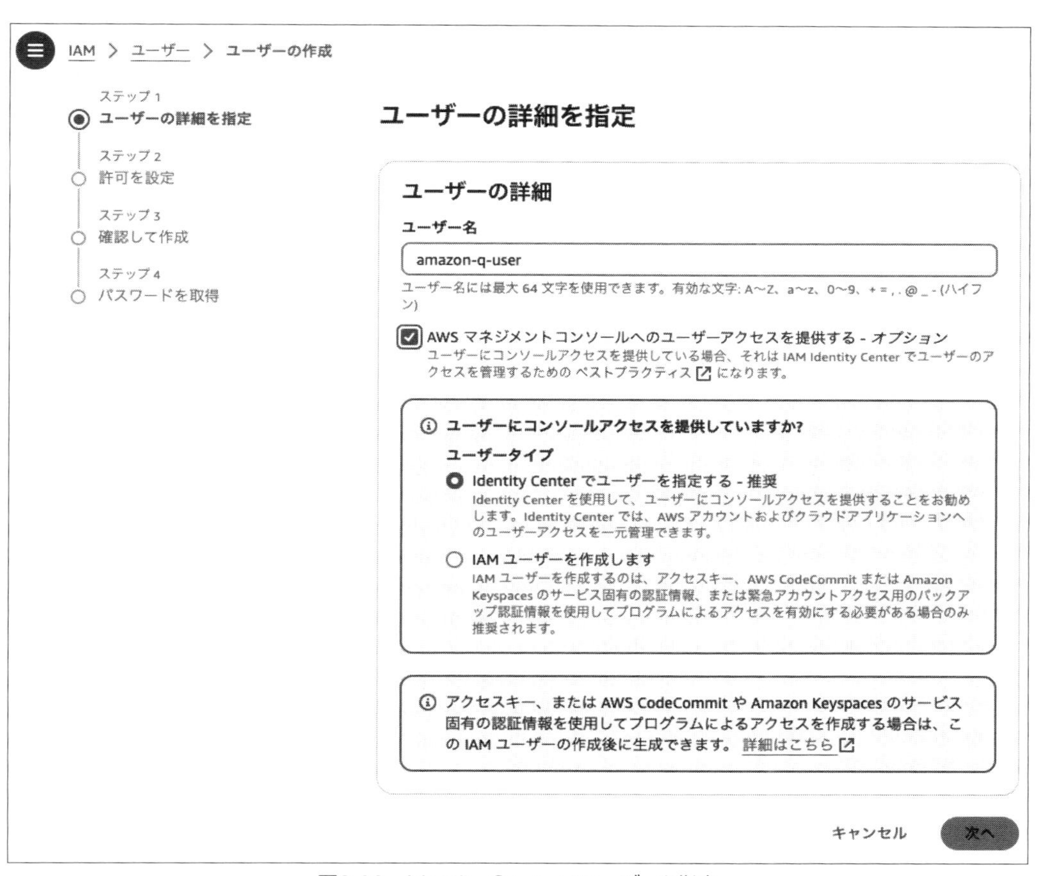

図3.22 Identity Centerでユーザーを指定

選択していましたが（**図3.22**）、ここでは「Identity Center でユーザーを指定する」を選択します（**図3.23**）。するとIdentity Centerの画面に移動するので、ユーザーの情報を追加入力します。Amazon Q Businessを利用する際のIdentity Centerでのユーザー登録でも説明したとおり、同じユーザー名やEメールアドレスを持つユーザーは登録できません。入力が完了すると、指定したEメールアドレスにメールが届きます。ユーザーの設定が完了すると、ユーザー一覧画面で、作成したユーザーの情報を確認することができます(**図3.24**)。

図3.23　ユーザーの詳細を指定

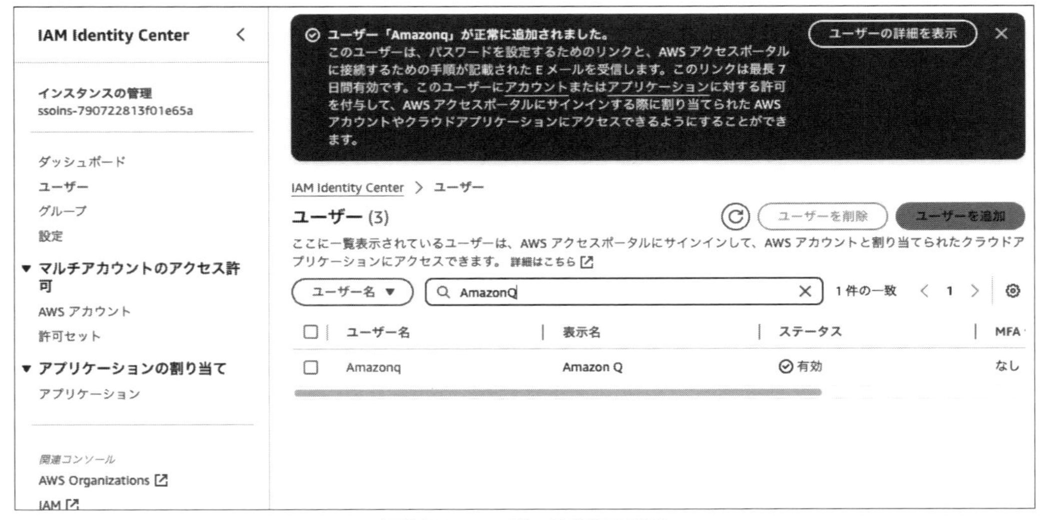

図3.24　ユーザーの情報を確認

ユーザーの作成が完了したら、これに紐づくAWSアカウントを選択して、選択したAWSアカウントでAmazon Q Developerを使用するように設定します。左のメニューから「マルチアカウントのアクセス許可」の項目の「AWSアカウント」を選びます。Identity Centerに登録されているAWSアカウントが表示されるので、アカウントを選択して「ユーザーまたはグループを割り当て」を選びます(**図3.25**)。次の画面(**図3.26**)で、先ほど作成したユーザーを選択します。

図3.25　アカウントを選択

図3.26　ユーザーを選択

次に、このアカウントのユーザーにどのようなアクセスを許可するかを選択するため、許可セットをアカウントに与えます。許可セットがない場合は、この画面で許可セットを作成します(図3.27)。「許可セットを作成」をクリックすると、いくつかの事前定義された許可セットを選択することができます。許可セットを選択して作成したら、許可セット一覧に表示されるので、アカウントに許可セットを割り当てます。

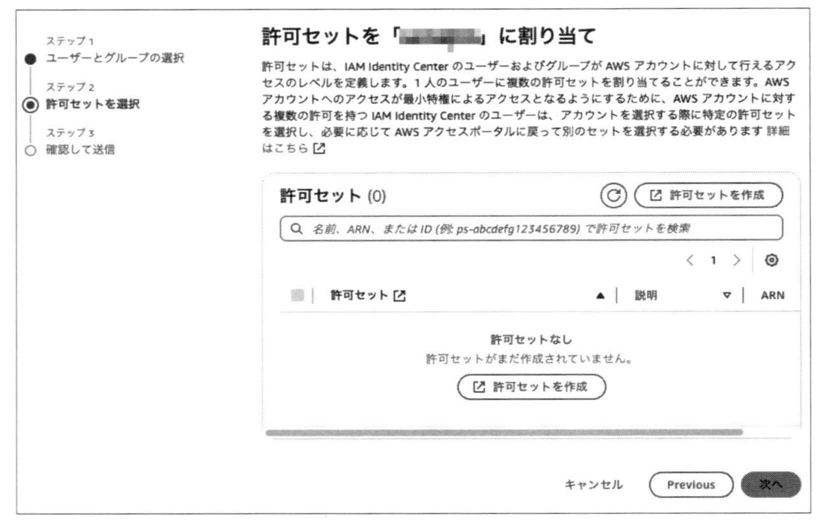

図3.27　許可セットを作成

以下の**図3.28**は、許可セットとしてPowerUserAccessを選択して割り当てる場合の画面です。確認できたら送信をクリックして割り当てを完了します。

図3.28　許可セットの選択と割り当て

以上が完了したら、IAM Identity CenterからサインインしてAWSマネジメントコンソールにアクセスし、Amazon Q Developerにアクセスすることができます。サインインをするための画面には、IAM Identity Centerのダッシュボードのメニュー（**図3.29**）で、右側のAWSアクセスポータルのURLからアクセスできます。同じURLはユーザー宛てのメール本文にも記載されています。

図3.29　IAM Identity Centerのダッシュボードのメニュー

AWSアクセスポータルのURLからサインインすると、**図3.30**のような画面が表示されます。設定した許可セットであるPowerUserAccessをクリックすると、AWSのマネジメントコンソールに移動します。あとはIAM Principalsの項目で述べたように、AWSのマネジメントコンソールからチャットのウィンドウを開いて、AWSに関する質問に対して回答を得ることができます。

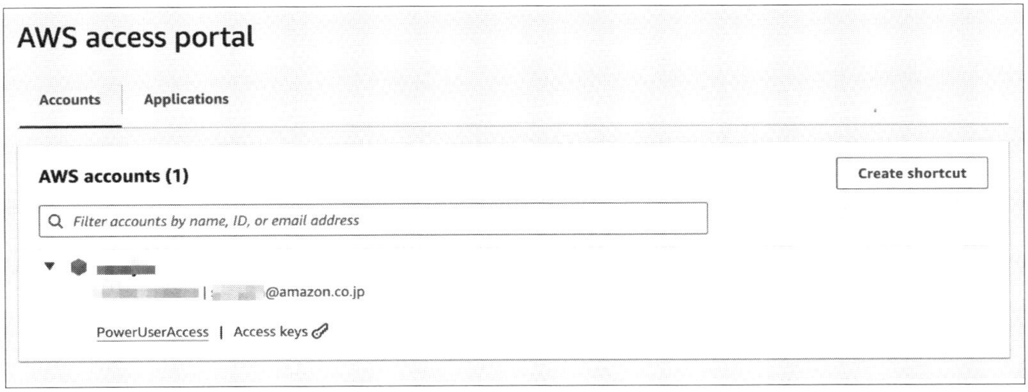

AWS access portal
Accounts　Applications
AWS accounts (1)
Create shortcut
Filter accounts by name, ID, or email address
@amazon.co.jp
PowerUserAccess | Access keys

図3.30　AWS アクセスポータル

3.3.3　AWS上で利用する

3.3.1節でAmazon Q Developerの各機能について簡単に述べました。これらの機能は大きく分けて、AWS上で利用できる機能と、AWS外からIDEやコマンドラインで利用できる機能があります。本項では、AWS上で利用できる機能を説明します。

●AWSのサービスについてチャットで質問する

サービスの内容、利用方法、ベストプラクティスなどに関して、AWSのWebサイトからチャット形式で質問したり、AWS Chatbotに統合されたAmazon Q Developerに対して質問したりすることができます。AWSのWebサイトとしては、AWSマネジメントコンソール、AWSコンソールモバイルアプリケーション、AWSのドキュメントページがあります。**図3.31**はAmazon Q Developerのドキュメントのページで、ページ右下に青紫色のAmazon Qのアイコンからチャットウィンドウを開くことができます。

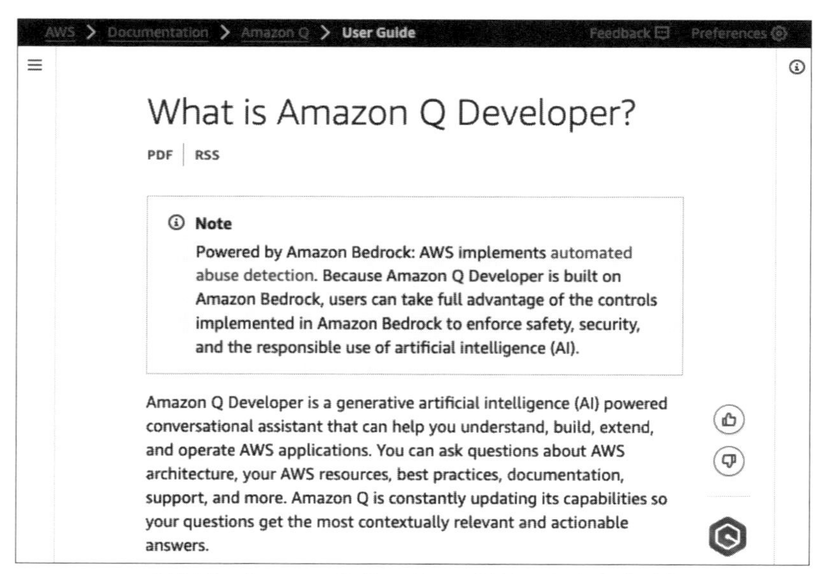

図3.31　Amazon Q Developerのドキュメントのページ

アイコンをクリックすると以下のようなウィンドウが開きます(**図3.32**)。例えば、「Amazon Qとはなんですか？（What is Amazon Q?)」と尋ねると、「Amazon QはAWSによって開発されたAIの能力を利用したアシスタントで…」と回答が生成されます。生成された回答に対して、追加の質問をチャットウィンドウ下部から入力することができます。もし、これまでのチャットの履歴を破棄して、新しい質問をしたい場合はNew Conversationをクリックします。

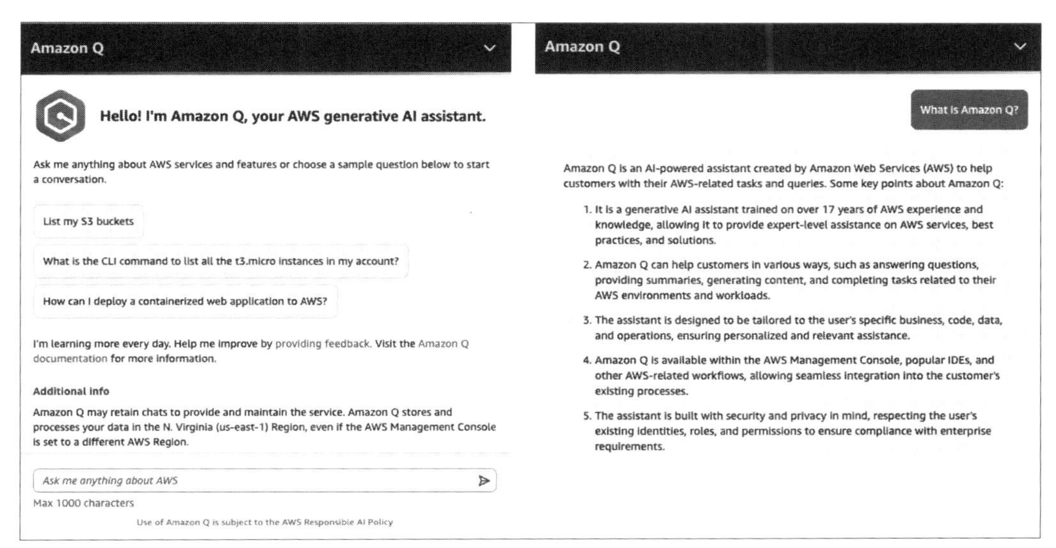

図3.32　チャットウィンドウ

●AWSで使用しているリソースやコストについてチャットで質問する

サービスに関する質問はAWSのドキュメントページから行えることは説明しましたが、もしAWSのマネジメントコンソールでAmazon Q Developerを呼び出している場合は、使用しているリソースやコストについても質問することができます。**図3.33**では、「私が利用しているAmazon S3バケットの一覧を表示して（List my S3 Bucket）」とAmazon Q Developerに指示した場合に、ページによって回答が異なる例を示しています。図の左側はAWSドキュメントから利

図3.33　ページによって表記が異なる例

用した場合であり、どのようにすればAmazon S3バケットの一覧を表示できるかの説明を得ることができます。図の右側はマネジメントコンソールから利用した場合であり、実際に利用しているAmazon S3バケットの一覧が表示されます。

●サポートケースを作成する

もし、Amazon Q Developerのチャットでは解決が難しい問題に直面した場合、これまでのチャットの履歴を踏まえて、AWSサポートの支援を受けたいと考えるかもしれません。その場合は「誰かと会話したい（I want to speak to someone.）」と明示的に入力することで、これまでの会話に基づいたサポートケースを作成することができます。

サポートケース作成の依頼をすると、現在契約しているサポートのプランに基づいて、**図3.34（左）**のようにサポートケース作成画面が起動します。Basicプランの場合は請求などに関するサポートが可能ですが、技術的な質問にはDeveloperプラン以上が必要となるため、**図3.34（右）**のようにAWS re:Postを活用して回答を得ることも提案されます。質問の内容はAmazon Q Developerによって自動的に判定されます。

図3.34　サポートケースを作成

●AWSコンソールで表示されるエラーに関する質問をする

AWSコンソール上でAmazon Q Developerを使うことで、AWSサービスの利用時に発生する一般的なエラー（権限不足、設定ミス、サービス制限超過など）を診断できます。2024年7月時点では、Amazon Elastic Compute Cloud（Amazon EC2）、Amazon Elastic Container Service（Amazon ECS）、Amazon Simple Storage Service（Amazon S3）、AWS Lambdaの各サービスで利用できます。

図3.35は、AWS Lambdaでデータ分析ライブラリであるpandasを利用したスクリプトに対してテストを実行して、エラーが発生したときの画面を示しています。ユーザーはエラーログを分析して、どこにエラーがあるのかを把握する必要がありますが、右上にあるDiagnose with Amazon Qのボタンから、エラーの原因をAmazon Q Developerに分析させることが可能です。

コード　テスト　モニタリング　設定　エイリアス　バージョン

実行中の関数: 失敗 (ログ)　Diagnose with Amazon Q
▼ 詳細
以下の領域は、実行ログの最後の 4 KB を示しています。

```
{
  "errorMessage": "Unable to import module 'lambda_function': No module named 'pandas'",
  "errorType": "Runtime.ImportModuleError",
  "requestId": "b525319f-8dac-44c8-a609-ef36de64933a",
  "stackTrace": []
}
```

概要

図3.35　エラー発生画面

図3.36は、Diagnose with Amazon Qによってエラー原因を分析し、追加で解決方法も表示した画面です。pandasというモジュールをインポートして利用しようとしているが、そのモジュールが実行環境に含まれていないことが原因として挙げられています（Analysysのところ）。Help me resolveボタンが表示されるので、それをクリックすると以下の画面のように解決策も追加で表示できます。解決策としてpandasを含んだデプロイメントパッケージを作成し、アップロードする手順が示されます（Resolutionのところ）。

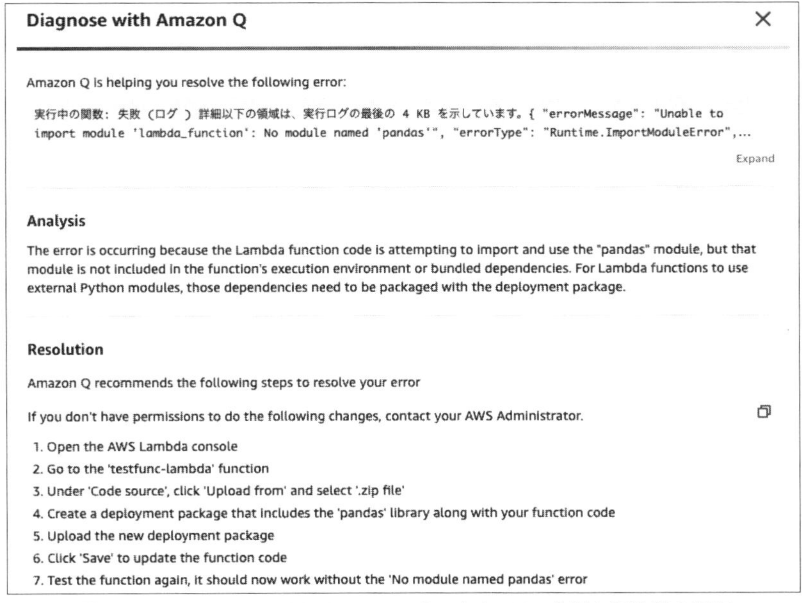

図3.36　Diagnose with Amazon Qによるエラー分析と解決策の提案

3.3.4 IDEから利用する

2024年7月時点では、JetBrains IDEs、Visual Studio Code、Visual StudioのIDEからAmazon Q Developerを利用することができます。IDEから利用する場合は、IDEに対してAmazon Q Developerのプラグインをインストールしてサインインを行います。**図3.37**は、Visual Studio CodeにおいてAmazon Q Developerのプラグインをインストールする画面を示しています。左のメニューからExtensionの画面を開きAmazon Qでプラグインを検索することができます。

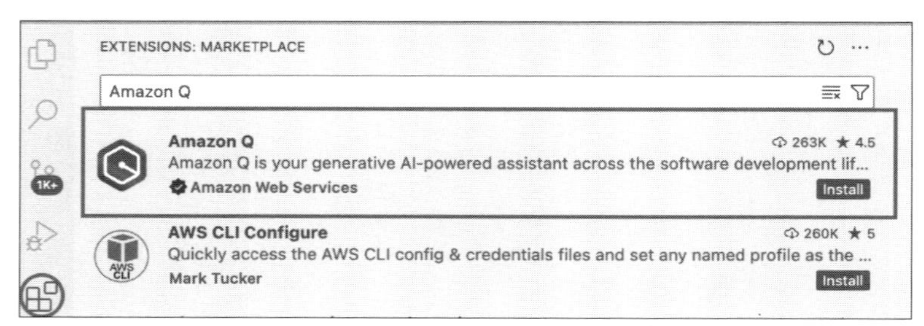

図3.37　Visual Studio Codeにおけるプラグイン

インストールが完了したら、Amazon Qのサインインを行います。**図3.38（左）**のような画面がVisual Studio Codeに表示されるので、無料のBuilder IDで利用するか、Pro licenseで利用するかを選択します。Builder IDを選択した場合はBuilder IDのサインイン画面に移動し、Pro licenseを選択した場合は、IAM Identity CenterのStart URLとリージョンの入力が必要です。Start URLはIdentity Centerのダッシュボードにある、AWSアクセスポータルのURL（**図3.38右**）を入力します。入力すると許可を求める画面が出るので、Allow accessをクリックして許可します（**図3.39**）。

ログ画面

Pro licenseを選択した場合の画面

図3.38　サインイン画面

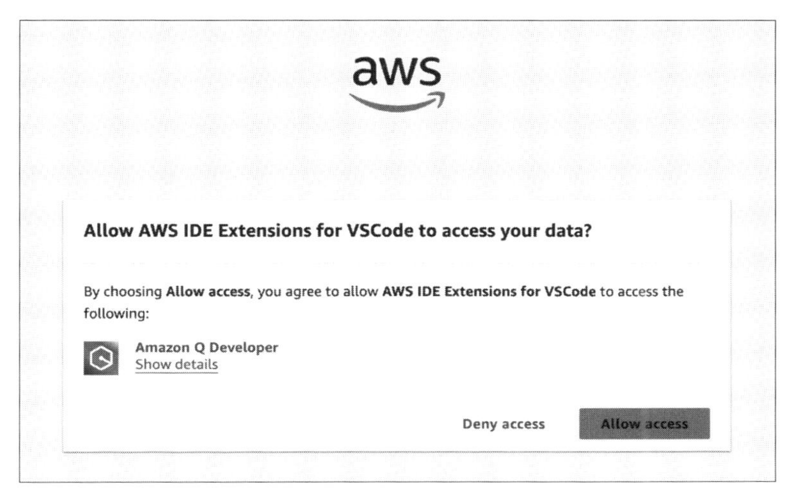

図3.39 アクセスを許可

アクセスが許可されると、Amazon Q DeveloperをVisual Studio Codeで利用することができます。他のIDEにおいても、おおむね同様の流れで利用することが可能です。以下ではIDEで利用できるAmazon Q Developerの機能について説明します。

●AWSのサービスに関して質問する

AWSのWebサイトで利用できた機能と同様に、チャットの画面をVisual Studio Codeの中に開くことができます。ここではAWSのサービスに関する質問を行うことができますが、AWSのリソースに関する問い合わせや、サポートケースの作成はできません(**図3.40**)。

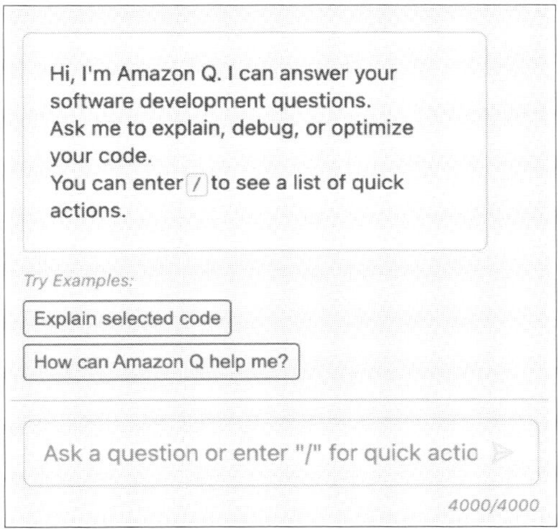

図3.40 AWSのサービスに関する質問

1 2 3 4 5 6 7 8 9

●コードについてチャットで相談する

エディタのコードを選択すると、Amazon Qのメニューを表示することができます（**図3.41**）。利用できる機能は、コードを自然言語で説明するExplain、コードの読みやすさや効率性の向上などを行うRefactoring、コードをデバッグするFix、コードのパフォーマンスを向上させるOptimize、コードをAmazon Qのチャットに送信してコードについて質問するSend to promptがあります。

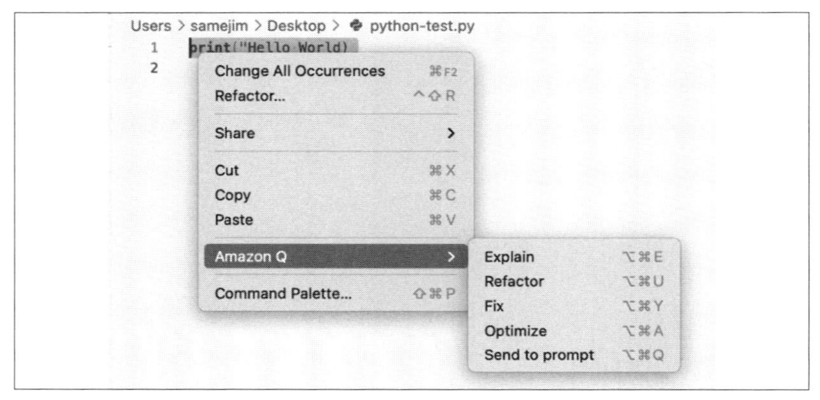

図3.41　Amazon Qのメニュー表示

図3.42はPythonのコードにおいて、文字列がダブルクォテーションで適切に囲まれていないバグがある場合に、Amazon QのFixを利用して修正案を提示する例を示しています。Hello Worldの後にダブルクォテーションがないことを指摘し、適切なコードを提示できています。

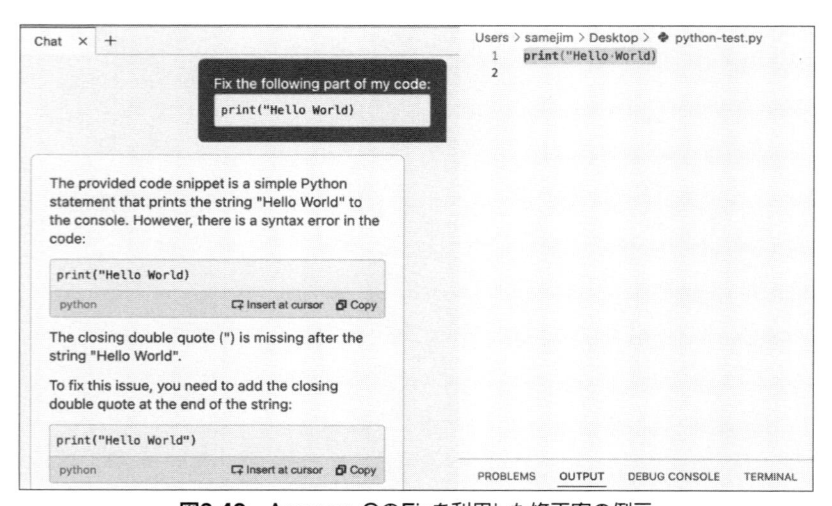

図3.42　Amazon QのFixを利用した修正案の例示

●コードをリアリタイムで生成する

Amazon Qは、リアルタイムでコードを提案することができます。コードを書いている際に、Amazon Qは既存のコードやコメントに基づいて自動的に提案を生成します。単一の行のコードやコメントを入力し始めると、Amazon Qは現在と過去の入力に基づいて提案を行います。**図3.43**は、配列を昇順にソートするコードをリアルタイムに生成したケースですが、ユーザーが記載したのは#から始まるコメント部分のみで、それ以外は自動的に生成されたものです。

test-python.py ×

Users > 　> Desktop > test-python.py > ...

```
1   # Sort the array named "score_array" with N elements in ascending order
2   import numpy as np
3
4   def sort_array(arr):
5       # Convert the input array to a NumPy array
6       score_array = np.array(arr)
7
8       # Sort the array in ascending order
9       sorted_array = np.sort(score_array)
10
11      return sorted_array
12
13  # Example usage
14  score_array = [10, 2, 8, 4, 6, 1]
15  sorted_array = sort_array(score_array)
16  print(sorted_array)
```

図3.43　コードをリアルタイムに生成

●コードの言語バージョンをアップグレードする

コードの変換を開始するために、Amazon Q Developerはプロジェクトをローカルでビルドし、ソースコード、プロジェクトの依存関係、ビルドログを含むビルド成果物を生成します。

ビルド成果物の生成後、Amazon Qはセキュアなビルド環境でコードをビルドし、アップグレードするプロジェクトまたはモジュールに合わせてカスタマイズされた変換計画を作成します。変換計画には、Amazon Q Developerが試みる具体的な変更点が概説されています。変換計画の一部を**図3.44**で示します。依存関係にあるライブラリのバージョンが、この変換に伴ってアップグレードされることを確認できます。その後、変換計画に基づいてコードのアップグレードを試みます。変更を加えながら、ソースコード内の既存のユニットテストを再ビルドして実行し、発生したエラーを順次修正します。

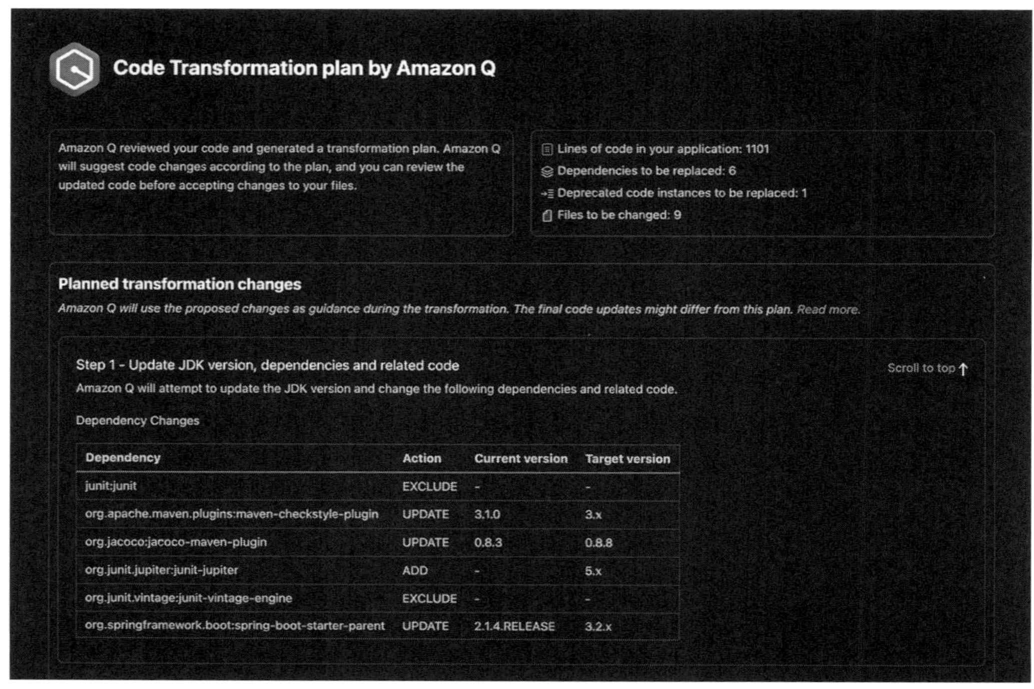

Dependency	Action	Current version	Target version
junit:junit	EXCLUDE	-	-
org.apache.maven.plugins:maven-checkstyle-plugin	UPDATE	3.1.0	3.x
org.jacoco:jacoco-maven-plugin	UPDATE	0.8.3	0.8.8
org.junit.jupiter:junit-jupiter	ADD	-	5.x
org.junit.vintage:junit-vintage-engine	EXCLUDE	-	-
org.springframework.boot:spring-boot-starter-parent	UPDATE	2.1.4.RELEASE	3.2.x

図3.44　コード変換計画の一部

変換が完了すると、Amazon Q Developerは変換で行った変更の詳細を含む変換の概要を提供します。これには、プロジェクト全体がアップグレードされたかどうかを示す最終ビルドの状況も含まれます。変換の概要を確認した後、Amazon Q Developerが提案する変更をファイル差分ビューで確認できます。

3.3.5 コマンドラインから利用する

コマンドラインでAmazon Q Developerを利用するには、インストールのためのイメージファイルを公式のドキュメントページからダウンロードして実行します。2024年7月時点ではmacOSのみがサポートされています。

https://desktop-release.codewhisperer.us-east-1.amazonaws.com/latest/Amazon%20Q.dmg

直リンクでインストーラがダウンロードされますが、因みにそのリンクのガイドは下記URLにあります。

https://docs.aws.amazon.com/ja_jp/amazonq/latest/qdeveloper-ug/command-line-getting-started-installing.html

ダウンロードしたファイルを実行すると、インストール手順が表示されるので、それに沿ってインストールします。インストールの途中でBuilder IDやIAM Identity Centerによる認証が必要になります。以下ではコマンドラインで利用する場合の主要な機能を説明します。

●コマンドの補完

Amazon Q Developerを使えば、git、npm、docker、awsなど数百種類の人気のあるCLIにIDEスタイルの補完機能を追加できます。入力を始めると、Amazon Qが状況に応じた関連するサブコマンド、オプション、引数を表示してくれます。**図3.45**はgitコマンドの補完を行なっている状況を示しています。コマンドの途中comまで入力すると、commitが補完候補として表示されます。

図3.45 gitのコマンド補完の例

●自然言語からコマンドの生成

コマンドq translateを使うと、「現在のディレクトリ内の全てのファイルをAmazon S3にコピーする」といった文章からコマンドを生成できます。**図3.46**は、この文章を実際にコマンドに変換した場合の出力を示しています。コマンドの正しい構文を忘れがちな場面で便利です。

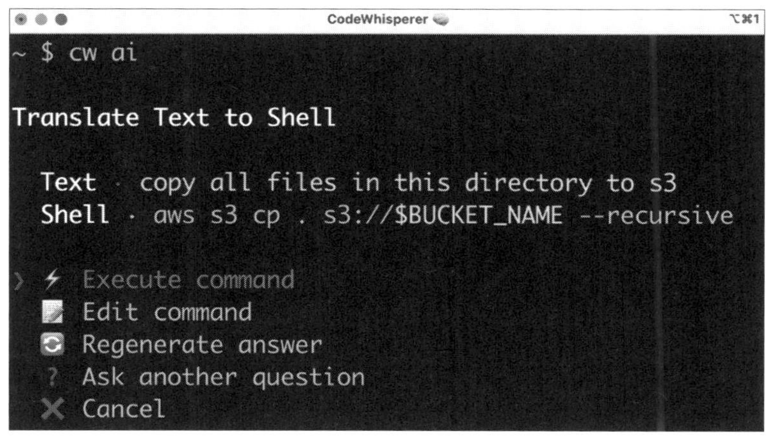

図3.46 自然言語からのコマンド生成

3.4 Amazon Q in QuickSight

Amazon QuickSightはクラウドベースのビジネスインテリジェンス（BI）サービスです。様々なデータソースから情報を統合し、分かりやすいダッシュボードで可視化します。エンタープライズレベルのセキュリティと可用性を備え、大規模なユーザー管理が可能です。Amazon Q in QuickSightはAmazon QとAmazon QuickSightを連携することで、生成BIの機能を利用可能にします。生成BIとは、人工知能の生成モデルを活用してBIの機能を拡張する技術です。データから自然言語による分析レポートやインサイトを生成することができ、データ分析の効率化や非専門家でも分かりやすい形でインサイトを獲得できます。QuickSightのどのページからでもAmazon Qアイコンを選択して、生成 BI の機能を利用できます。Amazon Q in QuickSightはQuickSightの機能として位置づけられているため、QuickSightのユーザーとして登録されていればAmazon Q in QuickSightの機能を利用することができます。以下ではAmazon Q in QuickSightの機能について説明します。

●分析ダッシュボードの作成支援

生成BI機能を利用して、ダッシュボードの作成に必要な計算フィールドを作成したり、ビジュアル化の作成や改良を行なったりすることができます。

Build a visual（ビジュアルの作成）ボタンを使用すれば、文章による入力から、カスタムされたビジュアルを作成できます。ユーザーはカスタムの説明を入力するか、Amazon Qが提案するビジュアルから選択できます。**図3.47**は、Build a visualメニューで作成されたカスタムビジュアルを示しています。

このようにビジュアルを新規作成することもできますが、既存のビジュアルを変更することもできます。例えば、ビジュアルの種類を変えたり、軸のタイトルを変えたり、フィールドを追加したりすることができます。変更する場合の画面を**図3.48**に示します。

計算フィールドを作成することも可能です。**図3.49**では、データ全体にわたって最も長い期間はどれくらいかを知るためにmax ageと問い合わせた結果、それを計算するための方法が提示されています。

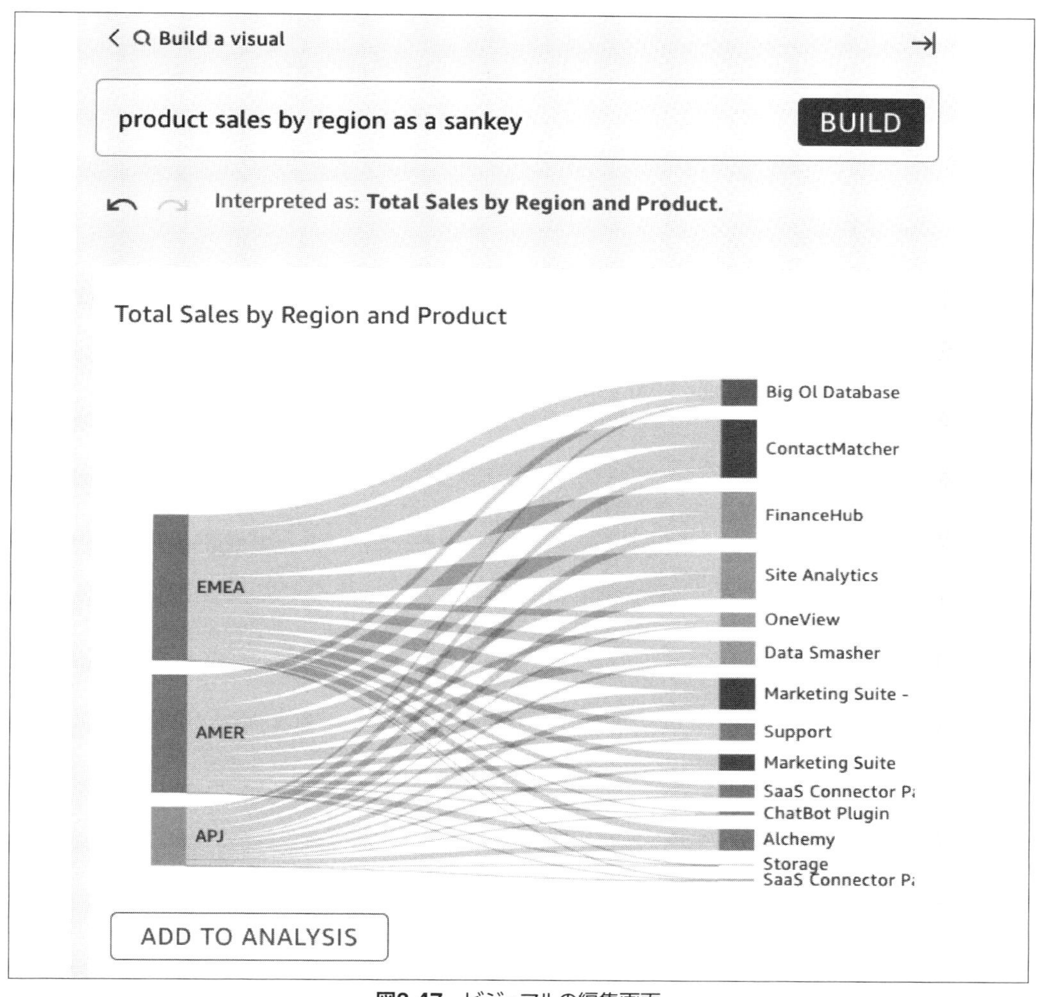

図3.47　ビジュアルの編集画面

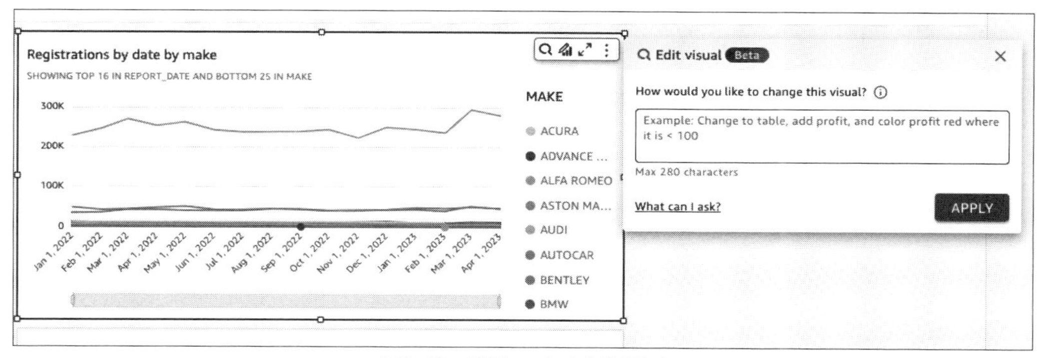

図3.48　ビジュアルの編集画面

Build calculation Beta

What calculation would you like to build?

max age

Learn more | 273 characters remaining

```
max(dateDiff({REPORT_DATE}, {REPORT_DATE}, "YYYY"))
```

図3.49　計算フィールドの作成

●要約レポートの作成

Amazon Q in QuickSightでは、1クリックで要約レポートを作成することができます。興味深い事実や統計を自動的に判断し、生成AIを使って興味深いトレンドについて記述します。

要約レポート機能には2つの利点があります。1番目は、ダッシュボード上の数十の視覚化を1つずつ確認する必要がなく、ビジネスユーザーがキーとなる洞察を得られることです。2番目は、ダッシュボードやレポートの文脈から最小限の労力でキーとなる洞察を見つけられることです。**図3.50**は、ダッシュボード上で要約レポートの作成を行なった画面を示しています。画面右側に、ダッシュボードに表示されている内容の要約を確認することができます。

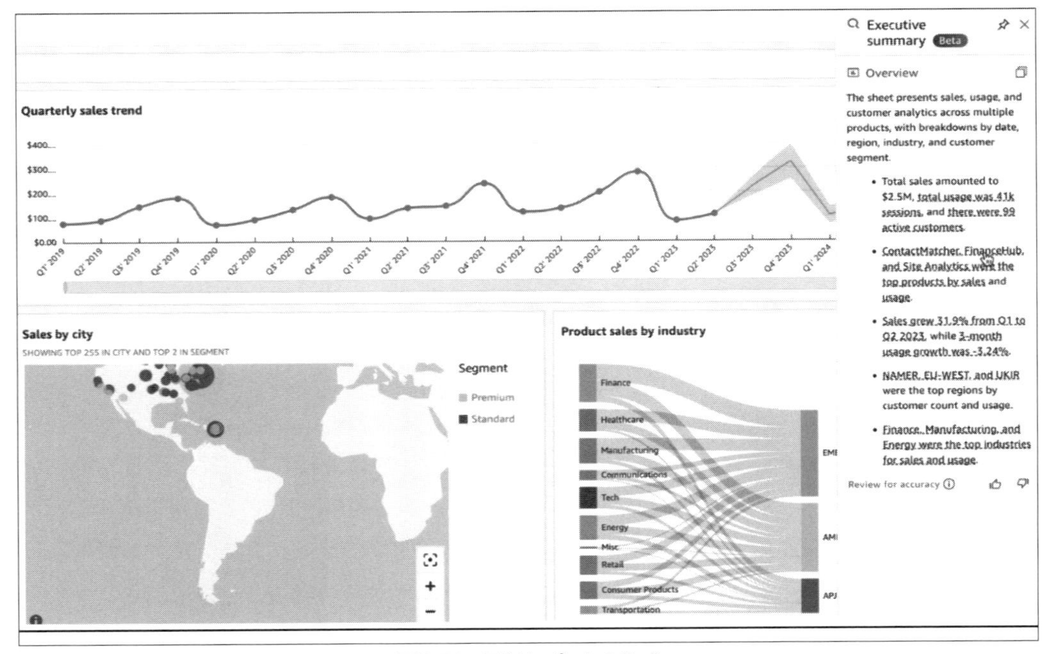

図3.50　要約レポートの作成

●データに関する質疑応答

ビジネスユーザーは、ダッシュボードやレポートからさらに深い洞察を得たい場合があります。自然言語で質問を記載して回答を得るソリューションは、この問題を部分的に解決することができますが、ユーザーがデータ構造を熟知している必要があるという課題がありました。データ構造を把握していないと、適切な質問を書くことができず、洞察を得るのが難しくなります。ビジネスユーザーは、「先週のニューヨークでの売上はどうだったか」とか、「トップのキャンペーンは何か」といった一般的な質問をするだけで、適切な洞察を得たいと考えています。

Amazon Q in QuickSightは、こうした曖昧な質問に答え、具体的なデータの代替案を提示することができます。例えば**図3.51**に示すような「トップ製品は?」といった曖昧な質問に対して、売上高別の製品の内訳を示し、顧客数別や利益別の製品の代替案を提示します。Amazon Qは、総売上高、製品数、トップ製品の売上高を要約した文章で回答の文脈を説明します。

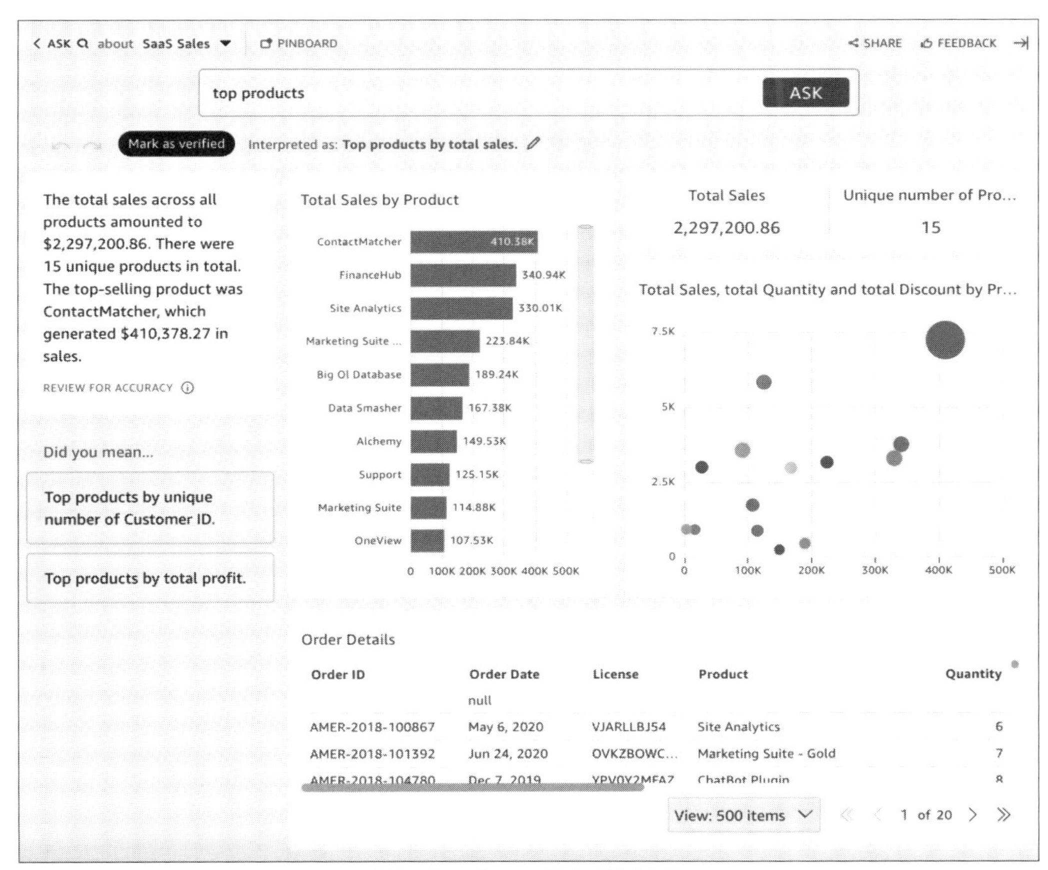

図3.51 データに関する質疑応答

3.5 Amazon Q in Connect

Amazon Connectは、AWSクラウド上で仮想コンタクトセンターを作成できるサービスです。インスタンスを作成後、電話システム、データ保存、データストリーミングなどの設定を編集できます。電話番号を割り当てたり、エージェントを追加して権限を設定したり、問い合わせを適切なエージェントにルーティングする機能を提供します。

Amazon Q in Connectは、Amazon Connectの機能として利用できる、生成AIを活用したカスタマーサービスアシスタントです。コンタクトセンターの担当者が顧客の問題をスピーディーかつ正確に解決できるよう、リアルタイムで提案や回答を生成します。通話やチャットの内容を会話分析と自然言語処理で解析し、顧客の意図を自動的に検出します。そして担当者にリアルタイムの回答や提案、関連する文書やサイトへのリンクを即座に提示します。担当者は自然言語やキーワードでAmazon Qに直接質問することもできます。Amazon Qは、Amazon Connectの担当者のワークスペース内で機能します。

図3.52はワークスペースで、顧客のチャットの内容からAmazon Qが自動的に課題を検出し、担当者に対して推奨される応答を表示している画面です。顧客であるAnaが「I want to lock my card（私のカードをロックしたい）」とチャットで入力しているのをAmazon Qが検出して、関連する応答例（Response）とロックの仕方（Solution）を表示しています。担当者は応答例を見て顧

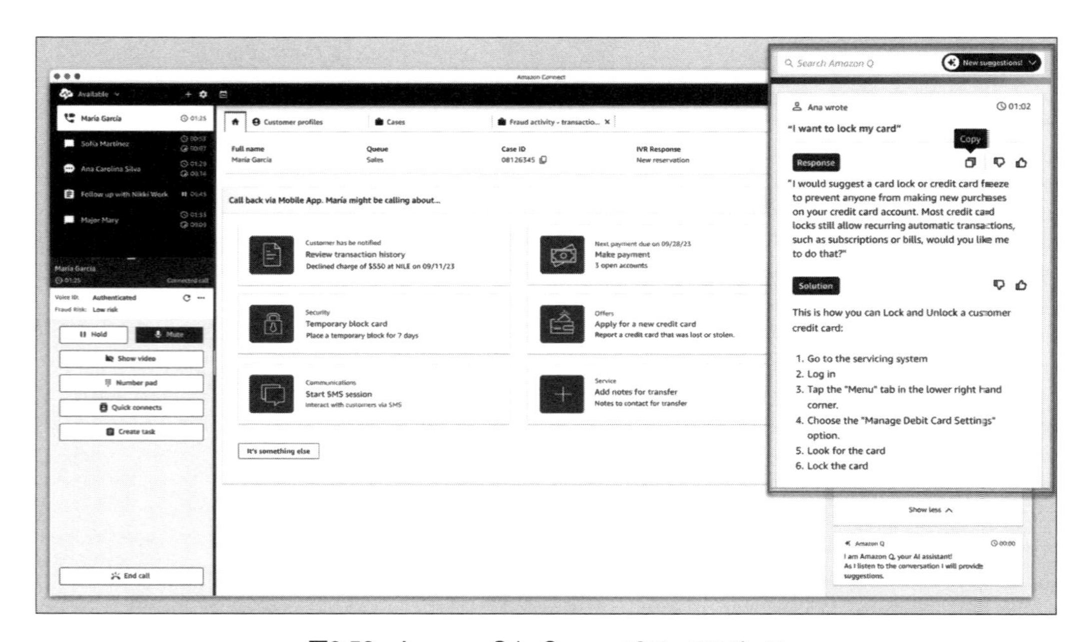

図3.52　Amazon Q in Connectのワークスペース

客へ応答したり、必要に応じてロックの仕方を案内したりできます。同じ画面には検索用の入力フォームも用意されており、担当者が能動的に情報を検索することも可能です。

●Amazon Q in Connectを有効にする

Amazon Q in ConnectはAmazon Connectのコンソールを利用して、すぐに有効にすることができます。Amazon Q in Connectに用意されているAPIを利用することも可能です。ここでは、Amazon Connectコンソールを利用した方法を説明します。

まず、Amazon Q in Connectのドメインを作成します。ドメインはAmazon Qが適切に回答を生成するためのナレッジベースに紐づくものであり、ドメイン間で外部アプリケーション統合や顧客データを相互に共有することはできません。各ドメインは、1つ以上のAmazon Connectインスタンスに関連づけることができます。ドメインを設定するために、**図3.53**に示すAmazon ConnectコンソールからAmazon Connectインスタンスを選択します。

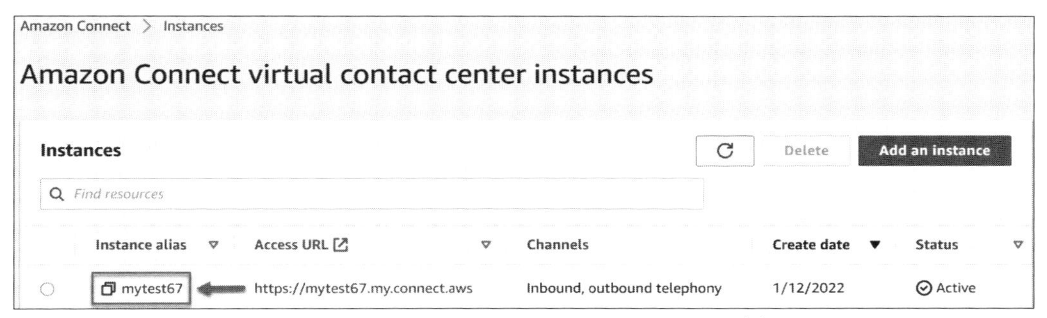

図3.53　Amazon Q in Connectのドメイン作成（1）

選択したら、Amazon Qを選択してAdd domainのページを開きます。ドメイン名を**図3.54**のDomain nameの欄に入力してドメインを新しく作成します。Amazon Q in Connectのデータはデフォルトで暗号化されますが、もし暗号化の設定をカスタマイズして利用する場合は、「Customize encryption settings」のチェックボックスにチェックを入れて、ユーザーが管理している暗号化鍵としてAWS KMS keyを指定します。

ドメインを作成すると、ドメイン一覧画面からそのドメインを確認することができます。作成したドメインに対して、Add integrationを選択して、ナレッジベースとの統合を行います（**図3.55**）。統合したいナレッジベースを選択して設定を行います。2024年7月時点では、Amazon S3、Microsoft SharePoint Online、Salesforce、ServiceNow、ZenDeskのナレッジベースを選択することが可能です。Amazon S3を選択した場合は、データが保存されているAmazon S3のパスを指定するなど、ナレッジベースごとに追加設定が必要です。

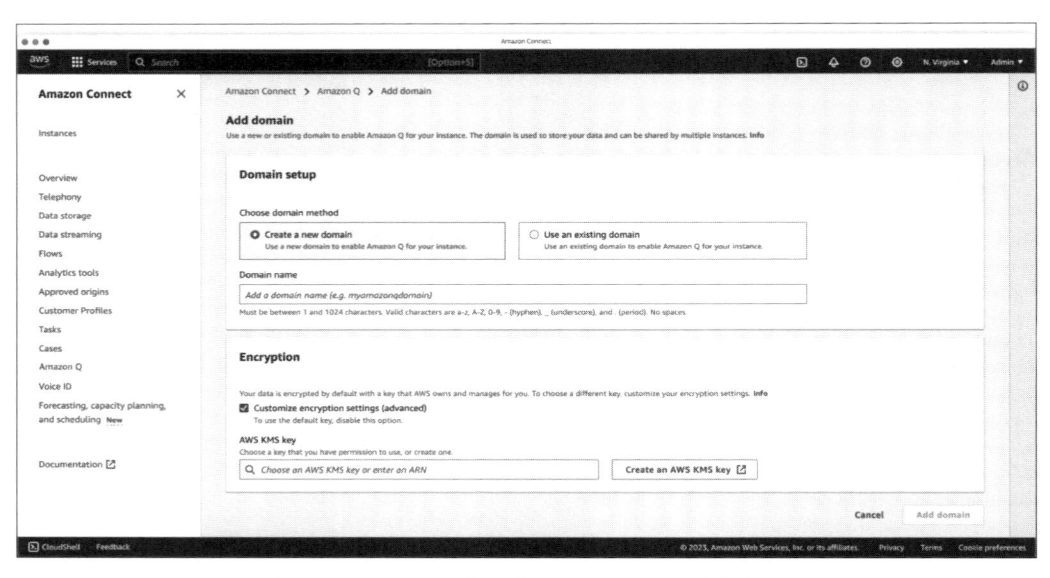

図3.54　Amazon Q in Connectのドメイン作成（2）

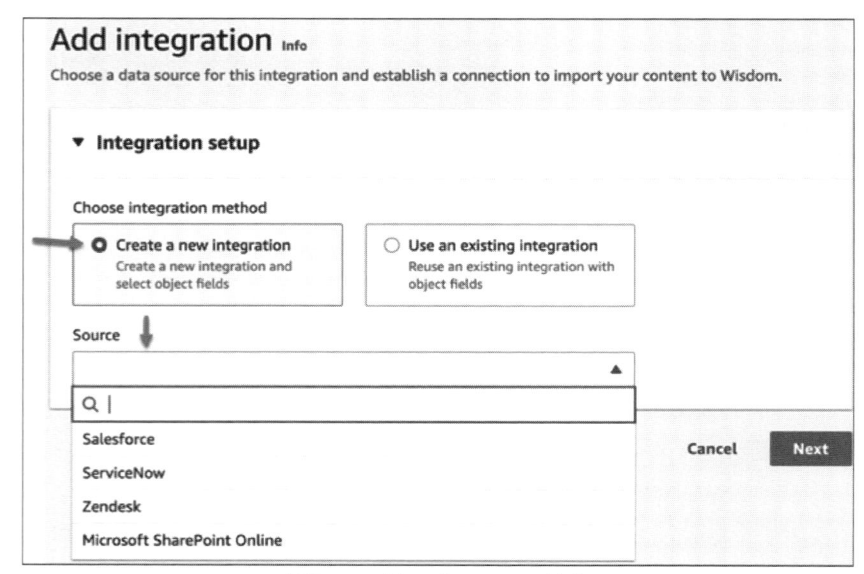

図3.55　ナレッジベースとの統合

ドメインとナレッジベースの設定が完了したら、Amazon Q in ConnectのブロックをAmazon Connectのフローに追加します。**図3.56**のフローの画面に示すように、Amazon Q in Connectブロックを左側の画面で検索してフローに配置します。ブロックを選択すると、画面右側で追加設定が可能なので、先ほど作成したドメインを設定します。

一旦ブロックを配置したら、あとはブロックを接続してフローを構成します。例えば、顧客との会話が始まるEntryからログを取るためのSet logging behaviorブロックを接続し、その後に、Amazon Q in Connectブロックを接続することで、ログを取得しつつ会話に応じた情報をAmazon Qから得ることができます。

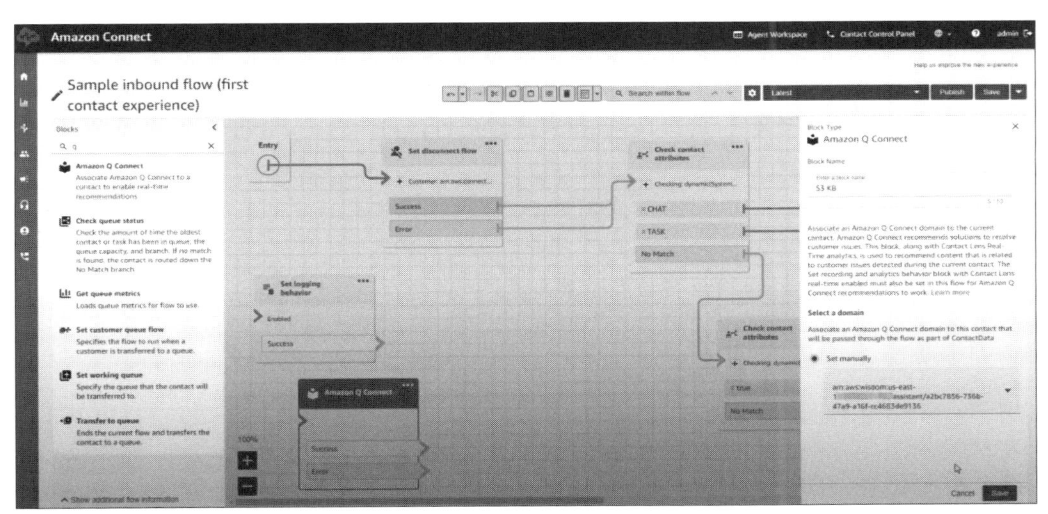

図3.56 Amazon Q in Connectのブロックをフローに配置

第4章

2階：生成AIのツール層

Amazon Bedrockは、生成AIアプリケーション開発に便利なサービスですが、基盤モデルを提供しているだけではなく、セキュリティ、プライバシー、責任あるAIを備えた生成AIアプリケーションを構築するための包括的な機能を提供しているのが特徴です。本章では、Amazon Bedrockが提供する基本的な機能の説明や、Amazon Bedrockを使って生成AIアプリケーションを開発するためにどのようなことを考慮すべきかを学びます。

4.1 Amazon Bedrockとは?

近年、多くの企業が生成AIの導入を検討していますが、その実装には技術的な課題や運用上の懸念が伴います。Amazon Bedrockは、これらの課題に対するソリューションを提供し、企業が迅速かつ効率的に生成AIを活用できる環境を整えています。

本章では、Amazon Bedrockの概要と特徴を紹介するとともに、ビジネスにもたらす具体的な価値について解説します。その中で、カスタマーサポートの強化、コンテンツ生成の最適化、データ分析の高度化など、よくあるユースケースを通じて紹介します。また、導入のステップや成功のポイント、セキュリティとプライバシーへの配慮についても説明します。

Amazon Bedrockを活用することで、企業は基盤モデルの選定からカスタマイズ、セキュリティ対策まで、生成AI構築における多くの課題を軽減できます。これにより、ビジネスロジックの実装に注力し、高度なサービスを迅速に提供できるようになります。

4.1.1 Amazon Bedrockの特徴と機能

Amazon Bedrockは、次のような特徴を持つサービスです。

●多様な基盤モデルへのアクセスが可能

Amazon Bedrockは、AI21 Labs、Anthropic、Cohere、Meta、Mistral AI、Stability AI、そしてAmazonが開発した多様な基盤モデルへのアクセスを提供します。これにより開発者は、異なるタスクや用途に最適なモデルを柔軟に選択し、活用することができます。

●サーバーレスアーキテクチャ

Amazon Bedrockはサーバーレスサービスとして提供されているため、ユーザーはインフラストラクチャの管理を気にすることなく、生成AIアプリケーションの開発に集中できます。

●単一APIによるアクセス

単一のAPIを通じて様々なモデルにアクセスできるので、開発や運用、モデルのバージョンアップを簡単に行うことができます。

●セキュリティとプライバシーの確保

データの暗号化、IAMポリシーによるアクセス制御、VPCベースのネットワーク設計など、AWSの既存のセキュリティ機能を活用しています。ユーザーのデータがAWSや基盤モデル提供企業に共有されることもありません。

そして、Amazon Bedrockの代表的な機能は次のとおりです。

●プレイグラウンド

プレイグラウンド機能は、生成AIモデルを簡単に試せるWebベースの環境です。テキスト、チャット、画像の3種類があり、プログラミング不要でモデルを選択し、プロンプトを入力して結果を確認できます。複数の基盤モデルを比較したり、パラメータを調整したりすることも可能で、開発者がAIモデルの挙動を理解し、最適なモデルを選択するのに役立ちます。

●Retrieval Augmented Generation（RAG）構築機能

RAGは、生成AIを使ってデータソースに保存されているドキュメントの中から欲しい情報を取得するための手法です。Amazon Bedrock Knowledge Basesという機能を通じて、RAGを簡単に構築することができます。これにより、基盤モデルが、企業の最新データを踏まえた回答を生成できるようになるため、より正確で関連性の高い情報を取得できます。

図4.1は、RAGの概念図です。ユーザーからのクエリに関連する情報をベクトルデータベース（ベクトルDB）から取得し、それらの関連情報とユーザークエリをテキスト生成モデルに入力して最終的なユーザーへの回答を生成します。

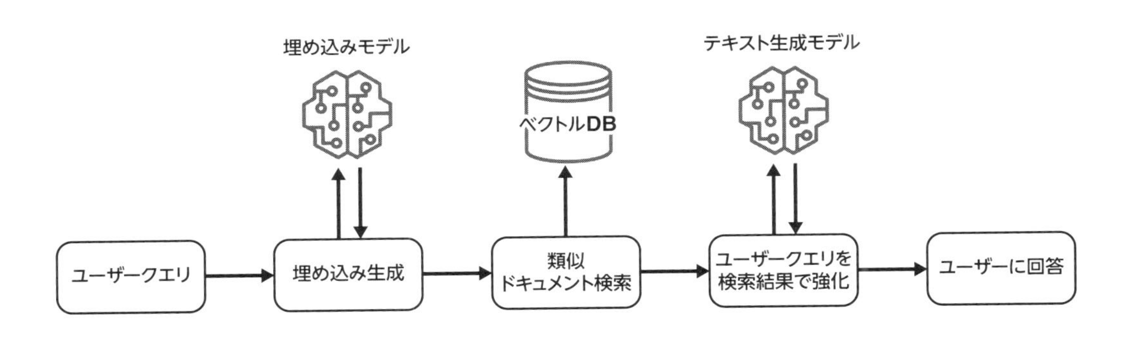

図4.1 RAGの概念図

●複雑なタスクの自動化を行うエージェント機能

Amazon Bedrockは、複雑な多段階タスクを実行するエージェントを作成するAmazon Bedrock Agentsという機能を提供しています。これにより、企業のシステムやデータソースを活用しながら、高度なタスクを自動化することが可能になります。

●ガードレール機能

ガードレール機能は、生成AIアプリケーションにカスタマイズ可能な安全対策を実装するツールです。有害なコンテンツのフィルタリング、特定トピックの拒否、個人情報の保護、不適切な単語のブロックなどが可能です。ユーザー入力とモデル出力の両方を評価し、複数の基盤モデルに適用できます。これにより、企業は責任あるAI方針に沿った一貫した安全性と品質管理を実現できます。

●モデルの評価機能

Amazon Bedrockのモデル評価機能は、生成AIアプリケーションに最適な基盤モデルを選択するためのツールです。自動評価と人間による評価を組み合わせ、正確性や堅牢性などの主要メトリクスを使用してモデルの性能を測定します。カスタムデータセットや評価基準にも対応し、詳細なレポートを提供します。

●基盤モデルのカスタマイズ機能

ファインチューニングや継続的事前学習を用いて、基盤モデルを企業固有のデータや用途に合わせてカスタマイズする機能を提供しています。

●プロンプトフロー機能

Amazon Bedrockの基盤モデルやその他の機能を呼び出したり、他のAWSサービスを呼び出すなどの生成AIワークフローをGUIで構築できる機能です。

●プロンプト管理機能

プロンプトエンジニアリングをより効果的に行うための、プロンプト管理が可能です。プロンプトのテストも可能なので、異なるバージョン間の性能比較も容易です。

次に、Amazon Bedrockの代表的な機能について詳細を説明します。

4.1.2 プレイグラウンド

Amazon Bedrockのプレイグラウンド機能は、生成AIモデルを簡単に試せるWebベースの環境であり、次の3種類があります。

- テキストプレイグラウンド
- チャットプレイグラウンド
- 画像プレイグラウンド

これらのプレイグラウンドでは、以下のような機能が提供されています：

●プロンプト入力と応答生成

プレイグラウンドでは、自由にプロンプトを設定することができます。また、基盤モデルからの応答をリアルタイムで確認できます。

●パラメータ調整

多くの基盤モデルで共通するTemperature、Top K、Top Pなどの推論パラメータをスライドバーなどで調整できます。ほかに、モデル固有のパラメータの調整も可能です。

●モデル選択と比較

複数のプロバイダー（AI21 Labs、Anthropic、Cohere、Meta、Amazonなど）のモデルから選択可能です。また、チャットプレイグラウンドでは最大3つのモデルを同時に比較可能です。

チャットプレイグラウンドでは、異なる基盤モデルの比較はもちろん可能ですが、同じ基盤モデルのパラメータを変えて比較することもできます。**図4.2**は、パラメータの異なる同じ基盤モデルを比較している例です。この図では、創造性を制御するtemperatureというパラメータを0と1にして比較しています。同じ入力に対して、異なる結果が出力されていることがわかります。なお、左側がtemperature=0で、右側がtemperature=1です。

図4.2　パラメータを変えた比較の例

●ファイルのアップロード（チャットプレイグラウンド）

チャットプレイグラウンドでは、プロンプトの一部として、ファイルをアップロードすることができます。

図4.3　チャットプレイグラウンドで画像を使用した例

図4.3は、入力として画像を指定できるAnthropic Claude3 Haikuで、画像の説明をさせた例です。画像をアップロードしたうえで、「この画像に何が写っているか説明して」とプロンプトに入力すると、写真に写っているものの説明が出力されています。

プレイグラウンドは、プログラミング不要でAWSマネジメントコンソールから直接使うことができます。簡単な技術検証であればプレイグラウンドのみで実施できるため、ビジネス部門でPoC（Proof of Concept）まで実施したうえで技術者と具体的な実現方法を議論する際の土台にするなどにも使うことができます。

4.1.3　Retrieval Augmented Generation（RAG）

Amazon Bedrock Knowledge Basesは、RAGを構築して生成AIアプリケーションに独自の情報を統合する仕組みを簡単に作れる機能です。Amazon Bedrock Knowledge Basesの主な機能は以下のとおりです。

●データコネクタ

2024年7月現在、プレビュー中を含めて、以下のデータコネクタが提供されています。これらを使って、ユーザーのデータをナレッジベースのデータソースとして使用することができます。利用可能なデータソースは今後も増えていくことが予想されます。データソースとの差分同期もサポートしています。

- **Amazon S3**

Amazon S3に活用したいデータが保存されている場合に使用します。

- **Webクローラー（プレビュー）**

公開Webページをインデックス化して検索に使用することができます。企業のブログ、ニュースサイト、ソーシャルメディアフィードなどの最新情報を反映させた回答を生成するのに役立ちます。

- **Atlassian Confluence（プレビュー）**

組織の文書、会議ノート、共同作業コンテンツにアクセス可能です。

- **Microsoft SharePoint（プレビュー）**

組織のSharePointサイトに保存された様々な文書やリソースにアクセス可能です。

- **Salesforce（プレビュー）**

CRM（顧客関係管理）データにクエリ可能です。また、顧客とのやり取り、販売データなどに基づく文脈豊かな応答が可能です。

●RAGワークフローの効率化

データソースのデータを用いたベクトルDBの構築や、埋め込みモデルの設定などのセットアップが簡単にできます。また、柔軟なAPI（RetrieveAndGenerate/Retrieve）が用意されているので、効率的な情報活用が可能です。例えば、RetrieveAndGenerate APIを使うと、ドキュメントが格納されたナレッジベースへの問い合わせと、それに基づいた回答生成を実行した結果を取得することができます。Retrieve APIを使うと、ナレッジベースへの問い合わせの結果を取得することができます。得られた関連ドキュメントに対してなんらかの処理をしてから、テキスト生成モデルに最終回答を生成させるなど、RAGワークフローを柔軟にカスタマイズしたい場合に便利なAPIです。

図4.4は、作成したナレッジベースをAWSコンソールからテストしている画面の例です。実行結果だけではなく、裏側でどのようなテキストが検索され、回答の作成時のベースとして使用されたのかを簡単に確認することができます。

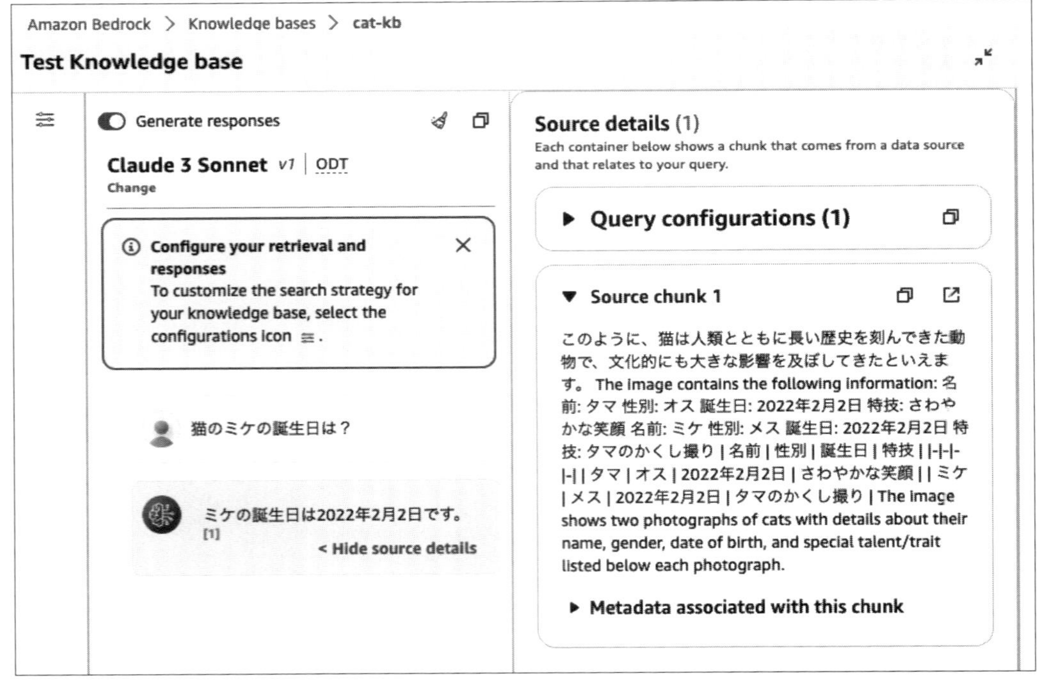

図4.4　ナレッジベースのテスト画面

4.1.4 エージェント

Amazon Bedrock Agentsを使って、基盤モデル、API呼び出し、知識ベースを組み合わせて、複雑なタスクを実行するエージェントを構築することができます。エージェントは、ユーザーのリクエストを理解し、複雑なタスクを複数のステップに分解し、会話を継続しながら必要な情報を収集し、ユーザーの要求を満たすためのアクションを実行できるAIアシスタントです。Amazon Bedrock Knowledge Basesと組み合わせて使うことができます。

図4.5は、作成したエージェントをテストする画面です。エージェントを作成したら、すぐに動作確認をすることができます。

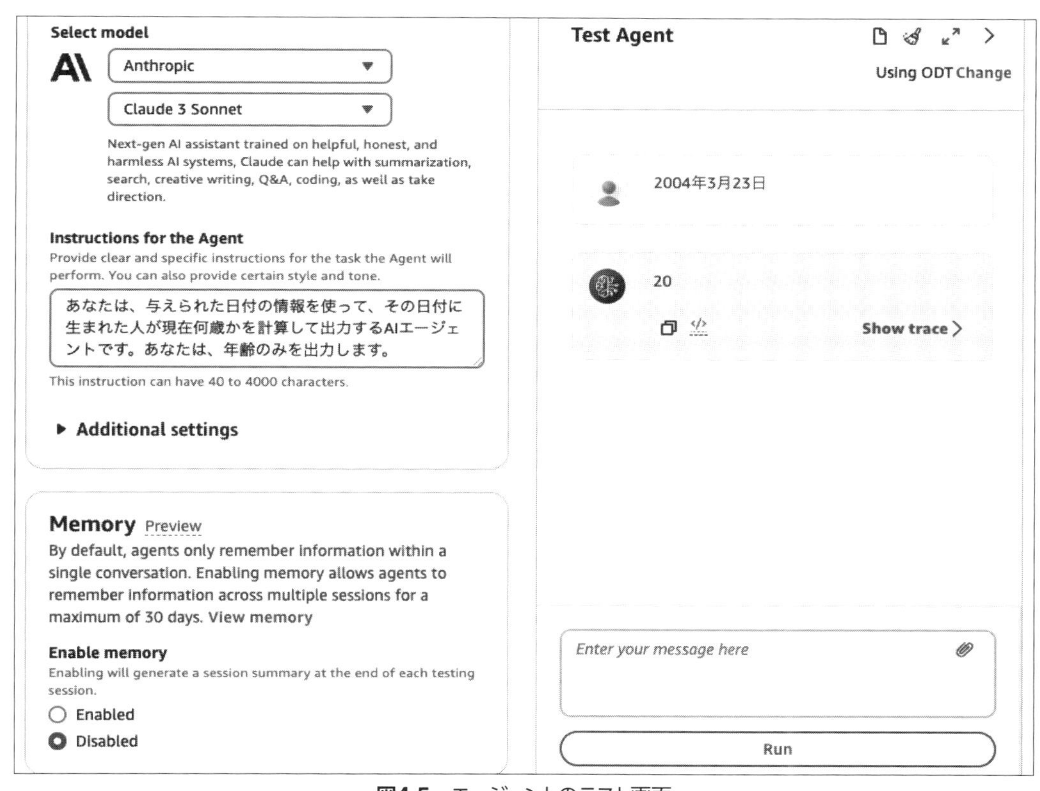

図4.5　エージェントのテスト画面

●主な機能

エージェントの主な機能は次の3つです。

- **マルチステップタスクの実行**

ユーザーからの入力を、複数のステップに分解して適切な順序で実行します。

- **APIの自動呼び出し**

ステップごとに必要なシステムやプロセスを判断し、それらと連携します。

- **会話コンテキストの維持**

ユーザーとの複数のやり取りの履歴を記憶し、ユーザーにパーソナライズした動作をします。

●カスタマイズ機能

そしてエージェントには次の２つのカスタマイズ機能も用意されています。

- **プロンプトテンプレートの編集**

自動生成されたテンプレートをベースに、プロンプトをカスタマイズし、より適切な動作をするエージェントを構築することができます。

- **アクションスキーマの定義**

エージェントが呼び出すアクションのスキーマを自由に設定することができます。

●トレース機能

エージェントの推論プロセスを各ステップで確認することができます。エージェントが期待する動作をしなかった場合に、どの時点で、なぜそのような動作になったのかを調査する必要がありますが、このトレース機能は調査のために必要な情報を提供します。図4.6は、エージェントをテストして、トレース画面を表示した例です。実際に基盤モデルに入力されたプロンプトや、その出力を確認することができます。

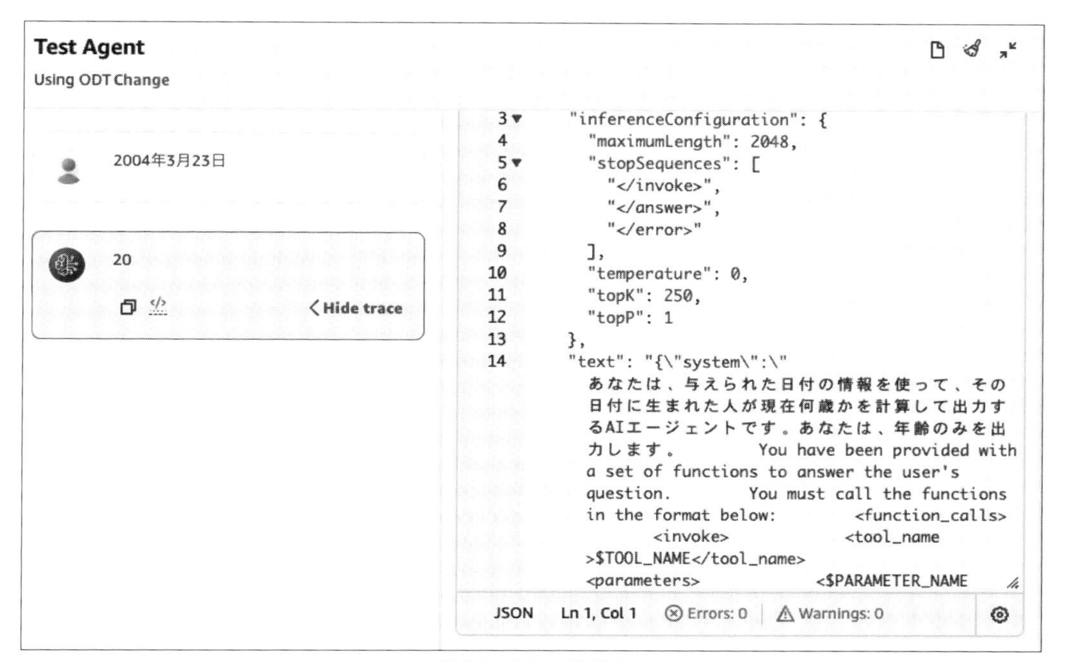
Test Agent
Using ODT Change
2004年3月23日
20
Hide trace
3 "inferenceConfiguration": {
4 "maximumLength": 2048,
5 "stopSequences": [
6 "</invoke>",
7 "</answer>",
8 "</error>"
9],
10 "temperature": 0,
11 "topK": 250,
12 "topP": 1
13 },
14 "text": "{\"system\":\"
あなたは、与えられた日付の情報を使って、その日付に生まれた人が現在何歳かを計算して出力するAIエージェントです。あなたは、年齢のみを出力します。 You have been provided with a set of functions to answer the user's question. You must call the functions in the format below: <function_calls> <invoke> <tool_name>$TOOL_NAME</tool_name> <parameters> <$PARAMETER_NAME
JSON
Ln 1, Col 1
Errors: 0
Warnings: 0

図4.6　トレース画面

4.1.5　モデル評価

Amazon Bedrockでは、多くの基盤モデルが利用可能ですが、そのなかから最適なモデルを選定することは非常に重要です。Amazon Bedrockのモデル評価機能を使うと、ビルトインまたはカスタムのプロンプトデータセットを使用して、異なるモデルの出力を評価することができます。

図4.7は、モデル評価ジョブを作成する画面です。評価したいモデルを選択し、その後評価項目を設定して評価ジョブを開始することができます。

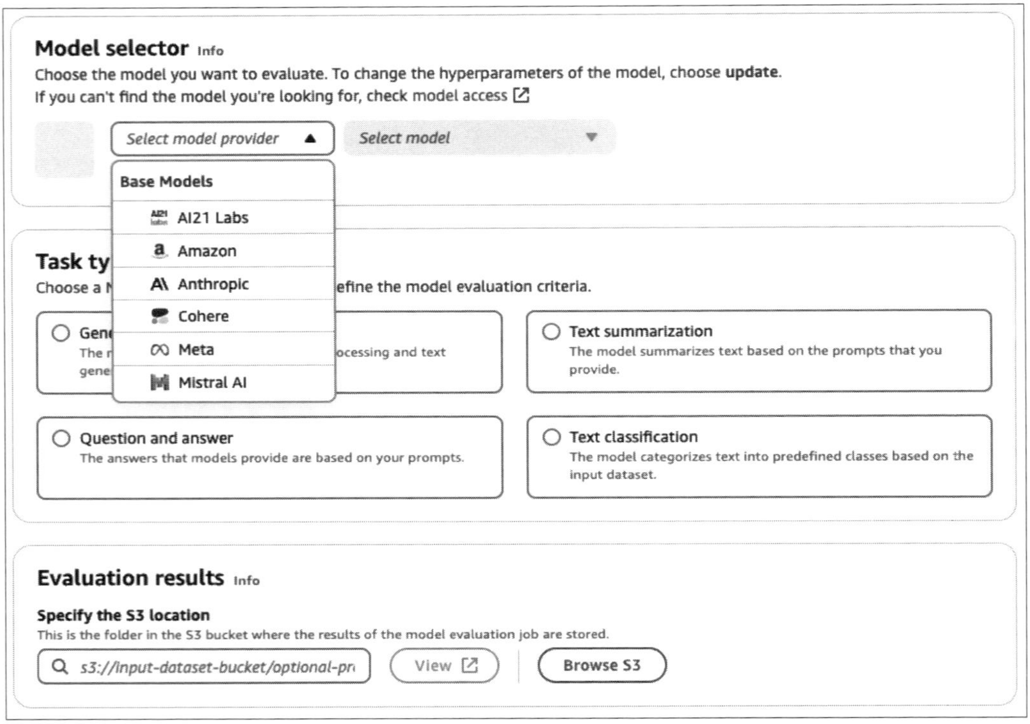

図4.7　Amazon Bedrockのモデル評価ジョブ作成画面

以下に、モデル評価機能の特徴を示します。

●自動評価と人間による評価の両方が可能

Amazon Bedrockのモデル評価機能は、自動評価と人間による評価の両方をサポートしています。自動評価では、正確性や堅牢性などの定量的指標を用いて、モデルのパフォーマンスを客観的に測定します。一方、人間による評価では、親しみやすさやスタイルなどの主観的指標を用いて、モデルの出力の質を判断します。この二面的なアプローチにより、開発者は定量的・定性的な側面から総合的にモデルを評価し、特定のユースケースに最適なモデルを選択できます。

●**カスタムデータセットの使用**

基盤モデルをできるだけ正しく評価するには、実際のユースケースにできるだけ近い評価データセットを使うことが重要です。Amazon Bedrockのモデル評価機能では、カスタムデータセットの使用が可能です。カスタムデータセットはJSONL形式で準備し、プロンプトと参照応答を含めてAmazon S3に保存して使用します。この機能により、開発者は自社の要件に合わせてモデルの性能を正確に評価し、最適なモデルを選択できます。

4.1.6 ガードレール

Amazon Bedrock Guardrailsは、不適切なコンテンツや望ましくない出力を防ぐための防御機能であり、生成AIへの入力と出力の両方に対して適用することができます。ユースケースや責任あるAIポリシーに基づいたカスタマイズができ、APIを使ってAmazon Bedrockで提供されている基盤モデル以外に対しても利用できます。**図4.8**は、ガードレールの設定画面です。有害なカテゴリーに対して個別に強度を設定することができます。

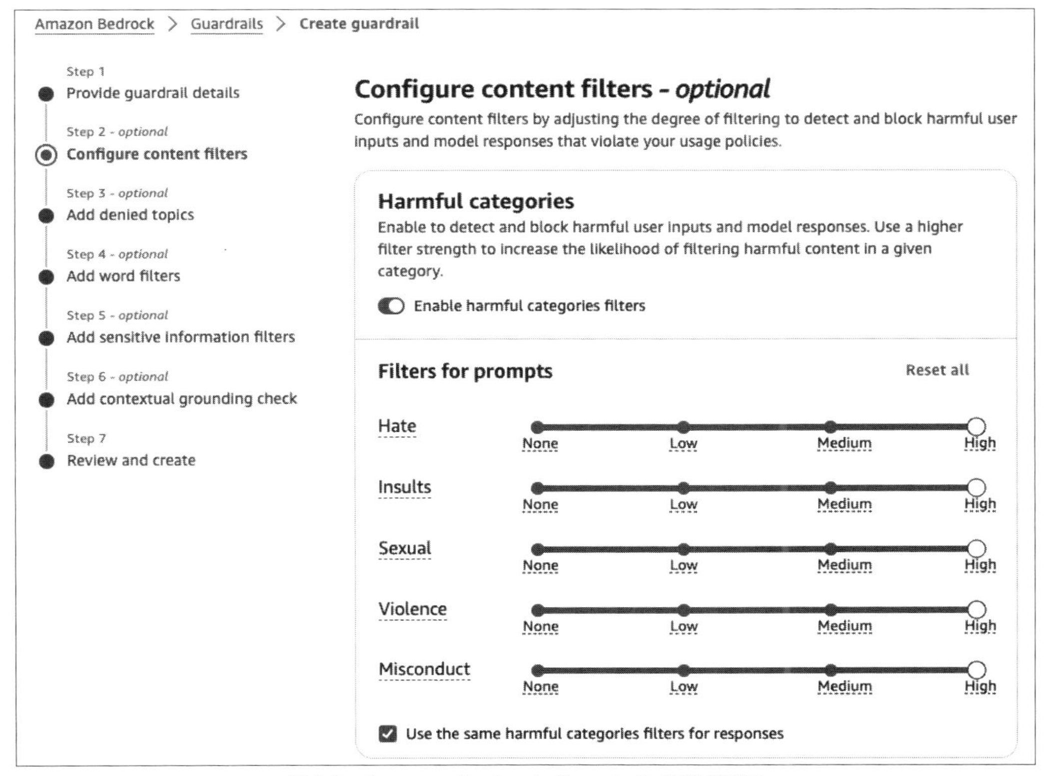

図4.8 Amazon Bedrock Guardrailsの設定画面

●設定可能なポリシー

Amazon Bedrock Guardrailsは、以下の項目において生成AIアプリケーションの安全性を高めます。

- **コンテンツフィルター**：有害なコンテンツを含む入力プロンプトやモデル応答をブロック
- **拒否トピック**：アプリケーションのコンテキストで望ましくないトピックを定義し、ブロック
- **単語フィルター**：望ましくない単語、フレーズ、卑語をブロック
- **機密情報フィルター**：PII（個人識別情報）などの機密情報をブロックまたはマスク
- **コンテキストグラウンディングチェック**：ソースに基づいてモデル応答のハルシネーションを検出・フィルタリング

●安全性評価プロセス

ガードレールが実行されると、まずは、入力プロンプトに対して、設定されたポリシーに違反していないかを評価します。もし、入力評価で違反が検出された場合、事前設定されたブロックメッセージを返し、モデルによる推論へは進みません。入力評価が成功した場合は、モデル推論を実施し、その出力を評価します。出力評価で違反が発生した場合、事前設定されたブロックメッセージで上書き、または機密情報をマスクして出力します。出力評価が成功した場合は、モデルからの出力を修正せずアプリケーションへ返します。

4.1.7 プロンプトフロー

Amazon BedrockのPrompt Flows機能は、生成AIワークフローをGUIで構築できるツールです。この機能により、単純な質問応答や文章生成だけではなく、複数の処理を組み合わせた高度なタスクを実行できます。

Prompt Flowsでは、条件分岐や繰り返しを含む複雑なロジックを視覚的に構成できます。Bedrockのナレッジベースやエージェントとの統合に加え、S3、Lambda、Lexなど他のAWSサービスとの連携も可能です。ユーザーは直感的なビジュアルビルダーを使用して、プロンプト、ナレッジベース、Lambda関数などのコンポーネントをドラッグアンドドロップでつなぎ、ワークフローを自動化できます。これにより、開発者は複雑な生成AIアプリケーションを迅速に作成、テスト、デプロイすることが可能になります。

図4.9は、Prompt Flows機能を使って、ユーザーからの入力トピックに応じて複数のナレッジベースを呼び分けるフローを構築した例です。このようなフローを、GUIを使って簡単に構築することができます。

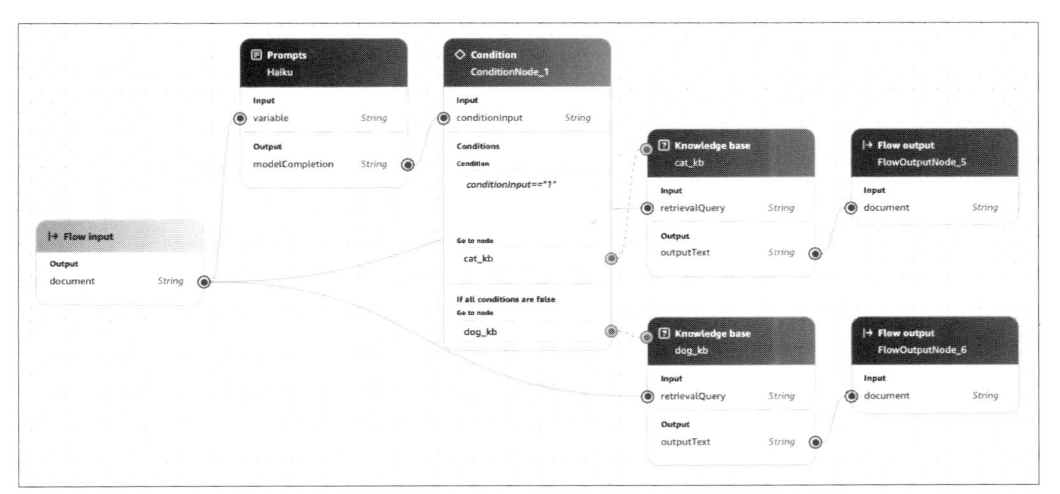

図4.9　プロントフローで作成したフローの例

Prompt Flowsは2024年7月現在プレビュー版であり、複数のAWSリージョンで利用可能です。この機能により、企業は生成AIの可能性を最大限に引き出し、より効率的で高度なAIソリューションを構築できます。

4.1.8　プロンプト管理

Amazon BedrockのPrompt Management機能は、生成AIの効果的な活用を支援する重要なツールです。**図4.10**は、プロンプトを作成したあと、基盤モデルを選択してプロンプトの結果をテストしている画面です。右側にテストウィンドウが表示されています。このテストにより、まずは良さそうなプロンプトができたら、バージョン作成ボタンで新しいバージョンを作成することができます。

Prompt Management機能を使うと、次のことが可能です。

●プロンプトの作成と保存

ユーザーは独自のプロンプトを作成し、保存することができます。これにより、異なるワークフローに同じプロンプトを適用し、工数を短縮することができます。

●バージョン管理

プロンプトのバージョン管理が可能であり、異なるバージョン間のパフォーマンスを比較できます。これにより、プロンプトの進化を追跡し、最適なバージョンを特定することができます。

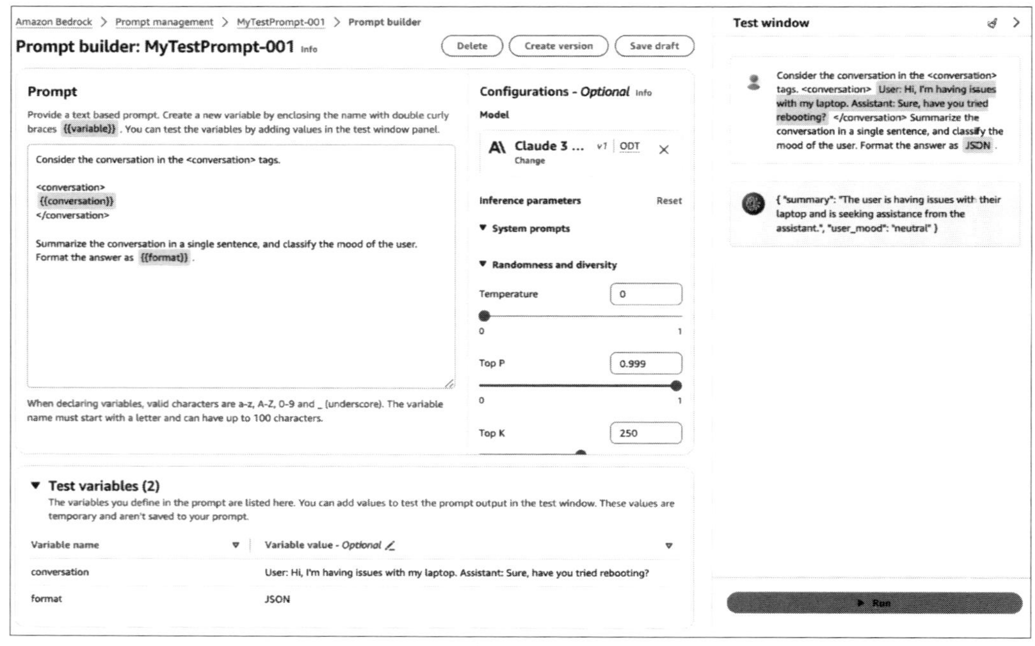

図4.10　プロンプトのテスト画面

●テストと比較

異なるプロンプトバリアントを作成し、それらの出力を比較テストすることで、特定のユースケースに最適なプロンプトを選択できます。

●チーム間での共有と協力

プロンプトをチーム内で共有し、協力して最適化を行うことができます。これにより、組織全体での生成AI活用の効率が向上します。

Prompt Management機能を活用することで、ユーザーは生成AIの可能性を最大限に引き出し、より効果的なAIソリューションを構築することができます。

4.2 主要な活用シナリオ

Amazon Bedrockは、様々なビジネスシーンで活用できる柔軟性の高い生成AIサービスです。ここでは、Amazon Bedrockの活用ユースケースの例を紹介します。

4.2.1 コンタクトセンターの強化

サービスの顧客満足度を上げるための施策の一つとして、コンタクトセンターの強化が挙げられます。以下に、主要なユースケースを挙げます。**図4.11**は、コンタクトセンターを強化する例です。過去の問い合わせへの対応をナレッジベースとして、新たに来た問い合わせに対して、より適切な回答を素早く行うことができます。

図4.11　コンタクトセンター強化の例

●チャットボットによるオペレータの負荷軽減

ユーザーから問い合わせがあった際に、人間のオペレーターにつなぐ前に、Amazon Bedrockの基盤モデルを使ったチャットボットに回答させることでユーザー体験の向上を図ります。チャットボットは、ユーザーの質問を正確に理解し、コンテキストを考慮した適切な回答を生成します。24時間365日稼働し、即時対応が可能なため、顧客満足度の向上が期待できます。これにより、人間のオペレーターの負荷を軽減します。ユーザーからの問い合わせ内容に応じてナレッジベースを呼び分けるようなフローをAmazon BedrockのPrompt Flows機能で構築するのも選択肢の一つです。

●回答速度と品質の向上

オペレーターがマニュアル操作で過去の記録を検索している場合、目的の情報をなかなか見つけられなかったり、情報を見つけられてもそれをユーザーへの回答として構成するために時間がかかったりすることがあります。Amazon Bedrock Knowledge Basesを活用することで、製品やサービスに固有の情報や最新のFAQを踏まえた回答を迅速に返すことができます。

●通話内容の要約と分析

AWSのAIサービスであるAmazon Transcribeで通話音声を文字起こしし、その内容をAmazon Bedrockの基盤モデルで要約・分析ですることで、オペレーターの作業負荷の軽減や、サービス改善に役立てることが期待できます。

4.2.2 コンテンツ生成と最適化

Amazon Bedrockの基盤モデルを使って、高品質なコンテンツを効率的に生成したり、最適化したりすることができます。ここでは、その例をいくつか紹介します。

図4.12は、ある製品の宣伝用の画像を作る際に、基本となる製品の部分はそのままにして背景のみを複数パターン生成する例です。生成AIを使うことで、このような画像編集を自動で行うことができます。

図4.12　製品画像の背景のバリエーション作成の例

●記事やブログの自動生成

基盤モデルを使って、与えられたトピックやキーワードに基づいて、構造化された記事やブログポストを生成することができます。例えば、アイスランド旅行ガイドのような人気の観光スポットなどの詳細な情報を含むコンテンツを短時間で作成できます。

基盤モデルのみを使って実現することも可能ですが、Amazon Bedrock Knowledge Basesでテーマに関連する情報が入ったナレッジベースを作成し、ナレッジベースの情報をもとに記事の作成をするという方法も考えられます。

●製品説明の生成

Amazon Bedrockの基盤モデルを使って、製品の特徴や仕様に基づいた、魅力的で情報量の多い製品説明を自動生成できます。プロンプトに製品の特徴や、主なターゲットユーザーの情報を与え、創造性豊かな製品説明を生成するなどが可能です。基盤モデルの出力をそのまま採用するのではなく、アイデアの叩き台として使い、最終出力は人間が作成するなどの役割分担も多く行われています。

●多言語コンテンツの作成

Amazon Bedrockの基盤モデルを使って、ベースとなるある言語で作成されたコンテンツを、複数の言語に高品質で翻訳することができます。これにより、グローバル展開を迅速かつ効率的に行うことが可能になります。プロンプトに文化的な背景や、その地域の特徴などの情報を追加することで、より地域に特化した翻訳の可能性が広がります。

●商品カタログの画像生成

Amazon Bedrockが提供する画像生成基盤モデルのAmazon Titan Image Generatorを活用することで、商品カタログの画像制作プロセスを大きく変えることができます。テキストプロンプトを入力するだけで、多様な商品画像を瞬時に生成できるので、従来の撮影や編集作業が大幅に削減されます。色やスタイルのバリエーションも簡単に作成でき、ブランドイメージに合わせたカスタマイズも可能です。さらに、最大5枚の参照画像を使用して、特定の商品や雰囲気を維持しながら新しいシーンでの画像を生成できます。これにより、制作時間とコストを削減しつつ、高品質で魅力的な商品カタログを効率的に作成できます。また、市場トレンドに対応した迅速な画像生成が可能となり、顧客のニーズに合わせた柔軟な商品提案が実現します。

4.2.3　データ分析と意思決定支援

Amazon Bedrockの基盤モデルを使って、大量のデータを分析し、ビジネスシーンにおける意思決定を支援することができます。**図4.13**は、生成AIによって大量の情報から重要なインサイトを抽出する概念図です。人間でも時間をかけて頑張れば可能なタスクではありますが、生成AIはより短時間で、目的に対して忠実に、時として人間にはない視点で情報を抽出することができます。

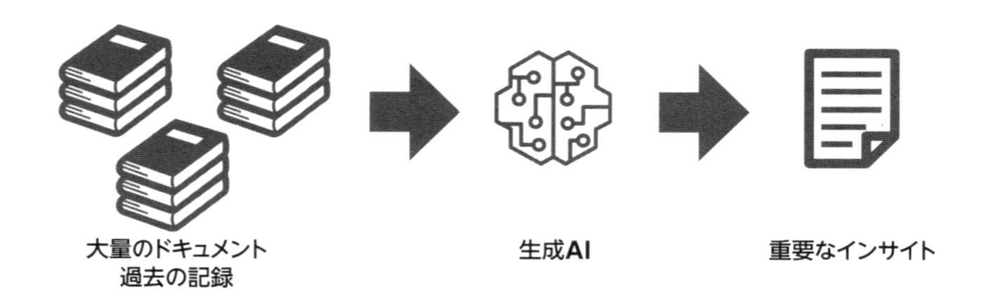

図4.13　生成AIによって大量の情報から重要なインサイトを抽出

●データの要約と洞察抽出

Amazon Bedrockの基盤モデルを活用することで、大量のデータから効率的に要約と洞察を抽出できます。要約や洞察を得たいテキストデータをコンテキストとして入力し、要約や分析の方針に関する指示を与えると、基盤モデルが重要なポイントを把握し、簡潔な要約を生成します。また、データ内のトレンドや重要な情報を特定し、ビジネスに有用な洞察を提供します。Amazon Bedrockは複数の基盤モデルを提供しており、なかにはカスタマイズが可能なモデルもあるため、様々な業界や用途に対応できます。これにより、データ分析の時間を大幅に短縮し、意思決定の質を向上させることができます。

●ユーザーの行動履歴に基づいたパーソナライゼーション

Amazon Bedrockの基盤モデルを使って、オンラインショッピングや動画配信サイトにおける、ユーザーの好みに基づいたお奨めをすることができます。例えば、商品名とその特徴を説明するテキストと、お奨めを提供したいユーザーの行動履歴をコンテキストとして、適切な商品名を指定の個数だけ出力するようにプロンプトで基盤モデルに指示すると、そのユーザーが好きそうな商品名のリストを出力できます。

●自然言語によるデータクエリ

Amazon Bedrockの基盤モデルを使えば、複雑なデータベースクエリを自然言語から生成することができます。技術的な知識がなくてもデータ分析が可能になります。例えば、テーブル名、カラム名などの情報と「先月の地域別売上トップ5を教えて」「在庫が少なく、需要が高い商品は何ですか？」などの質問をプロンプトに入れると、その情報を取得するためのSQL文が出力されます。

4.2.4　製品開発とR&D

Amazon Bedrockの基盤モデルを使って、製品開発やR&Dプロセスを加速し、イノベーションを促進することができます。ただし、基盤モデルの出力をそのまま使うのではなく、専門家によるレビューや検証を行うことを推奨します。

●アイデア生成と概念設計

Amazon Bedrockでは新製品のアイデアや概念設計を生成することができるので、新製品企画・開発チームにおいてはメンバーの創造性への刺激を誘発するのも可能でしょう。

あるいは大量の既存情報を踏まえて、様々な視点からのアイデアを短時間で生成し、検討することもできます。例えば、既存の特許情報や技術文献の要約をコンテキストに入れると、技術トレンドの予測や競合他社の研究動向の把握がやりやすくなります。これにより、自社のR&D戦略の立案や方向性の決定に役立てることができます。Amazon Bedrock Knowledge Basesを使って既存の特許情報や技術文献が入ったナレッジベースを作成し、そのナレッジベースと対話しながらアイデアを生成するなども選択肢の一つです。

●技術文書の作成支援

文書作成ガイドラインとなるテキストをコンテキストとして入力し、作成中の文書がガイドラインに沿っているかどうかを判断させたり、沿っていない場合修正案を出させたりすることができます。これにより、高品質な文書の作成が可能です。また、ある言語で作成した文書を別の言語に変換することもできます。これにより、技術情報のグローバル展開が容易になります。

●技術動向調査

大量の特許文書や技術論文を分析し、最新の技術動向や競合他社の動きを把握することができます。例えば、特許情報を自社独自の分類項目で分類して技術分野ごとの動向をマッピングすることで、R&D戦略の立案や投資判断の材料とすることができます。Amazon Bedrockは多言語に対応した基盤モデルも複数提供しているため、それらを使うことで、調査範囲を広げることができます。

4.2.5 マーケティングとセールス支援

Amazon Bedrockの基盤モデルを使って、マーケティングとセールス活動を強化し、顧客エンゲージメントを向上させることができます。図4.14は、顧客の属性に応じて、キャンペーンの案内などのメールの内容をパーソナライズして送信する例です。人間が顧客に合わせて全てのメール文面を書くのは大変ですが、生成AIが提案した文面をチェックするワークフローにすることで業務効率化を狙えます。

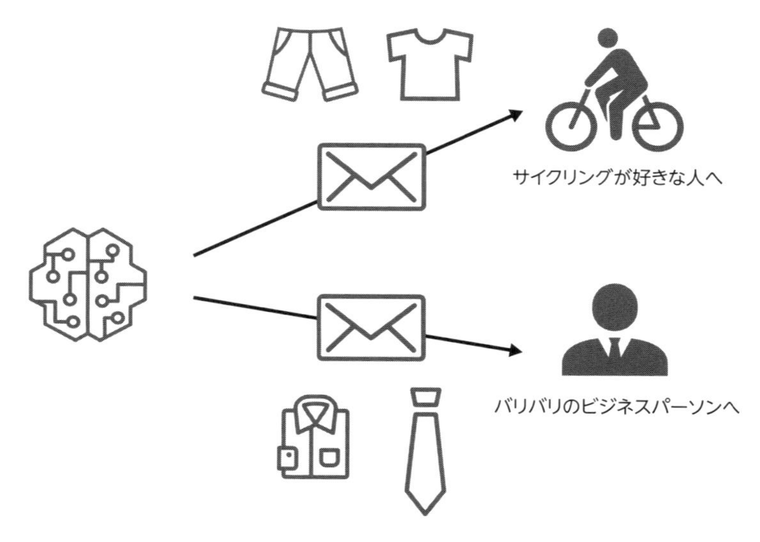

図4.14　顧客の属性に応じたマーケティングメール送信の例

●パーソナライズされたマーケティングコンテンツ

AWSのAIサービスのなかに、Amazon Personalizeという、パーソナライズされたレコメンデーション機能を簡単にアプリに組み込めるサービスがあります。Amazon Personalizeを使って、顧客セグメントや個人の嗜好に基づいた推奨商品情報を取得し、それをプロンプトに組み込んでAmazon Bedrockの基盤モデルに入力することで、顧客ごとに最適化されたメールやSNSの投稿、広告コピーなどを生成できます。これにより、マーケッターは大規模なパーソナライゼーションを実現しつつ、コンテンツ作成の時間と労力を大幅に削減できます。また、顧客との関係性を深め、コンバージョン率の向上を狙うことができます。

●セールス資料の自動生成

製品情報や顧客データをテキスト生成モデルの入力として、魅力的な商品説明、提案書、プレゼンテーションのための画像などを自動生成できます。また、顧客セグメントに合わせたパーソナライズや、複数言語への翻訳も可能です。これにより、セールスチームは創造的な戦略立案により多くの時間を割くことができ、営業活動の質と効率を向上させることができます。

画像の生成には、Amazon Bedrockが提供するAmazon Titan Image GeneratorやStability AIのStable Diffusionなどを使うことができます。

●市場調査と競合分析

Amazon Bedrockの基盤モデルを使用して、大量の市場データ、顧客レビュー、競合他社の情報を迅速に分析し、重要なトレンドや機会などのインサイトを得ることができます。また、ソーシャルメディアの投稿に対する感情分析や競合他社の製品説明の比較など、より洗練された分析が可能になります。これにより、企業は市場動向をより深く理解し、競争力のある戦略を立案することが期待できます。

これらの活用シナリオは、Amazon Bedrockの機能を最大限に活用することで実現可能です。企業は自社のニーズや課題に応じて、これらのシナリオを参考にしながら、Amazon Bedrockを効果的に導入し、ビジネスの変革を推進することができます。

4.3 生成AI導入のステップと成功のポイント

Amazon Bedrockを使って生成AIを企業に導入し、成功を収めるためには、段階的なアプローチと戦略的な計画が不可欠です。ここでは、生成AI導入のステップと成功のポイントについて詳しく解説します。

4.3.1 組織の準備と戦略立案

生成AIは強力なツールではありますが、発展途上でもあるため、不確実性が高いことを理解しておく必要があります。つまり、導入すれば必ず成功が約束されるものではなく、やってみないと結果がわからないということです。また、企業にとって、生成AIの導入は単なる技術革新ではなく、企業全体の変革を伴う戦略的な取り組みです。そのため、生成AIの導入も戦略的に進める必要があります。ここからは、生成AIの導入に関する取り組みを「AIプロジェクト」と表現します。

●経営層の理解と支援の獲得

AIプロジェクトを戦略的に進めるには、経営層の理解と支援が不可欠です。そのためにはまず、経営層に生成AIの可能性と影響を理解してもらうことが重要です。具体的な成功事例を示し、生成AIがもたらす業務効率化や競争力強化の可能性を明確に伝えることが効果的です。また、生成AIの導入が単なる技術革新ではなく、ビジネス的な競争力につながることを強調し、長期的なビジョンの中で生成AIの位置づけを明確にすることが求められます。

次に、全社的な取り組みとして生成AIを位置づけることが重要です。経営層が主導して、生成AIを活用した新たな目標設定や、データ重視型の意思決定プロセスの構築を進めることで、組織全体での生成AI活用の機運を高めることができます。

さらに、段階的なアプローチを採用し、小規模なプロジェクトから始めて、成果を可視化しながら徐々に拡大していくことが効果的です。これにより、リスクを最小限に抑えつつ、経営層の支持を得ながら進めることができます。

●明確な目標設定

AIプロジェクトの方向性を定め、組織全体の取り組みを統一するためには、明確な目標設定が必要です。具体的な目標があることで、リソースの適切な配分や進捗の測定が可能となり、プロジェクトの成功確率は高まります。目標設定のプロセスでは、まず組織のビジョンとミッションを確認し、それに対して生成AIがどのように貢献できるかを明確にします。例えば、「6カ月以内にカスタマーサポートの応答時間を30%短縮する」といった具体的で測定可能な目標を立てます。

その際は、短期・中期・長期の目標を区別し、段階的な成功を計画します。そして、目標達成のための詳細な行動計画を策定し、責任者や期限を明確にします。定期的に進捗を確認し、必要に応じて計画を調整することで、AIプロジェクトの成功へとつなげることができます。

●クロスファンクショナルチームの編成

AIプロジェクトの成功には、クロスファンクショナルなチームの構築が不可欠です。クロスファンクショナルチームは、異なる部門や専門性を持つメンバーが協働することで、生成AIの複雑な課題に多角的に取り組むことができます。これにより、技術的側面だけでなく、ビジネス戦略、法務、倫理など、多様な観点で検討を進めることができます。

チーム構築の第一歩は、明確な目標設定です。AIプロジェクトの具体的な成果を定義し、それに基づいてメンバーを選定します。技術者だけでなく、ビジネス部門や人事、法務など、幅広い専門性を持つメンバーを含めることが重要です。メンバーを集めるだけではなく、チーム内で各々の役割と責任を明確に定義し、効果的な協働を促進します。また、適切な粒度のマイルストーンを設定し、定期的な進捗確認と調整会議を設け、課題を早期に特定し解決策を共同で開発することが効果的です。このようなアプローチにより、生成AIの導入と活用において、組織横断的な視点と専門性を結集し、イノベーションを加速させることができます。

●予算と資源の確保

予算と資源の確保は、AIプロジェクトの成功を左右する重要な要素です。まずは、前述した「目標設定」で掲げた目標を達成することで期待できるビジネス効果を、金額として見積もります。AIを導入しても、維持コストがこのビジネス効果を超えるようであれば、費用対効果に見合わないため、予算を確保するのは難しいでしょう。

次に、目標達成のために必要な資源（人材、データ、計算資源など）を特定し、それらにかかるコストを見積もります。AIプロジェクトチームメンバーのスキルを確認し、必要に応じてAI人材の育成や外部の専門家の活用も視野に入れます。予算の見積もりのために何をしたらよいのかわからない場合は、この段階から専門家に協力を依頼することになります。これらの情報をもとに、予算と資源の確保を進めます。

●リスク評価とコンプライアンス確認

生成AIには事実と異なる情報の出力や著作権侵害、機密情報を含む学習データの内容がそのまま出力されることによる情報漏洩など、様々なリスクが存在します。これらのリスクを適切に管理しないと、企業のブランドイメージの低下や法的問題に発展する可能性があります。AWSは生成AIのセキュリティに関連して、**図4.15**のような、セキュリティスコーピングマトリクスを使ったメンタルモデルを紹介しています（https://aws.amazon.com/jp/blogs/news/securing-generative-

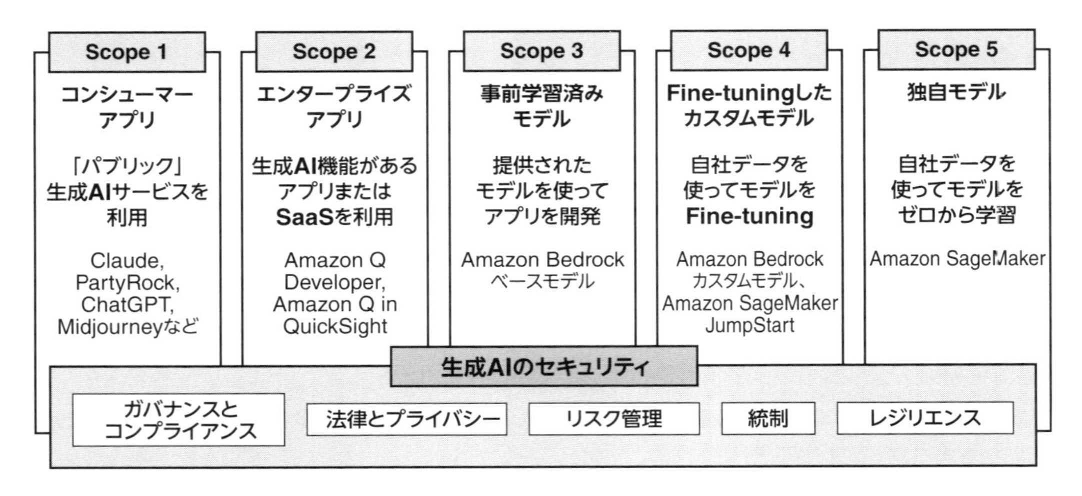

図4.15　生成AIセキュリティスコーピングマトリクス

ai-an-introduction-to-the-generative-ai-security-scoping-matrix/)。リスク評価の中で、業界固有の規制やコンプライアンス要件を確認し、対応策を準備します。

また、使用する生成AIのリスク評価だけではなく、社内のAIガイドラインやプロセスの整備も重要です。従業員向けの生成AI利用ガイドラインを策定し、情報セキュリティや著作権に関する注意点を明確にすることで、リスクを最小限に抑えることができます。さらに、定期的なリスク評価と監査を実施し、変化する法規制や技術環境に対応することが求められます。これにより、生成AIの活用による企業価値の向上と、リスク管理の両立が可能となります。

4.3.2　パイロットプロジェクトの設計と実施

不確実性が高いAIプロジェクトにおいては、大規模プロジェクトをいきなり始めるのではなく、まずは小さなパイロットプロジェクトから始めることが重要です。適切に計画されたパイロットプロジェクトは、AIの実行可能性と効果を実証するだけでなく、組織全体の支持を獲得し、将来的な展開への道筋を示します。本項では、効果的なパイロットプロジェクトの設計と実施に必要な要素、特にユースケースの選定や進捗評価の方法について詳しく解説します。

●適切なユースケースの選定

ビジネス価値に直結し、かつ実現可能性の高いユースケースを選ぶことで、投資対効果（ROI）を最大化し、組織全体の支持を得やすくなります。まずは、前述の「目標設定」の際に、効率性向上、コスト削減、顧客体験の改善など、具体的で測定可能な目標を定めます。次に、既存のビジネスプロセスを分析し、生成AIによって改善できる領域を特定します。これがユースケースとなります。ユースケースの案を複数出し、それぞれのユースケースに対して、実現性、発生頻度(利用回数)、影響範囲(利用者の人数)、利用者の属性(社内、エンドユーザー)などの観点で評価し、比較します。単体で見た場合のビジネス効果が小さくても、社内に同様のプロセスが複数あれば、総合的に大きな効果が得られる可能性もあります。重要なのは、小規模で低リスク、かつ重要度が高いユースケースから始めることです。これにより、リスクを最小限に抑えつつ、生成AIの機能と付加価値を実証できます。また、組織の目標や価値観との整合性を確認することも重要です。

●高速なフィードバックループ

AIプロジェクトのリスクの最小化と学習機会の最大化のために、プロジェクトの規模を段階的に大きくしていくアプローチが有効です。限定的な範囲、例えば特定の部署や顧客セグメントでプロジェクトを開始することで、万が一の失敗による影響を抑えつつ、生成AIの可能性を探ることができます。最小プロジェクトメンバー構成の例としては、選定したユースケースのエンドユーザーと、実際に検証を進める作業者です。ユースケースのエンドユーザーが作業者自身であることもあります。

まずは、ユースケースの明確な目標の確認と評価基準を設定します。次に、施行を開始します。その中で、高速なフィードバックループを確立し、継続的な改善を行うことが重要です。例えば、週次でのレビュー会議を設け、ユーザーからの意見や技術的な課題を即座に反映させます。このアプローチにより、チームメンバーは生成AIの実際の効果を把握し、本格導入に向けた具体的な戦略を立てることができます。また、小規模試行で得られた知見は、将来的な大規模展開時のリスク軽減にも役立ちます。シンプルなユースケースであれば、Amazon Bedrockのプレイグラウンドを使うことで、テスト環境構築にかける時間を最小限にして、簡単にアイデアの有効性を検証することができます。

最後に、試行結果を詳細に分析し、効果と課題を明確化することで、経営層への説得力のある提案が可能となり、次のフェーズへの道筋を立てることができます。

●適切なモデルの選択

現在、全てのユースケースに対応している高性能な唯一の基盤モデルというものはありません。また、さまざまな企業が非常に速いスピードで新しい基盤モデルを開発しています。そのため、適切なモデルを選択することが、プロジェクト成功にとって重要です。

Amazon Bedrockが提供する多様な基盤モデルから、ユースケースに最適なものを選ぶことで、開発時間の短縮とパフォーマンスの向上が期待できます。まずは、選択したユースケースのタスクが、テキスト生成、画像認識、音声処理などのどれなのかを特定し、タスクの性質に応じて適切なモデルを絞り込みます。次に、各モデルの特性(精度、処理速度、必要なリソースなど)を比較評価します。比較評価の際は、そのユースケースで使われる実際のデータで作った評価データを使います。Amazon Bedrockのモデルの評価機能を使うと、迅速にモデルの評価をすることができます。

●評価指標の設定と測定

評価指標の設定は、プロジェクトの成功を定量的に測定し、継続的な改善を促すために重要です。適切なKPI（主要業績評価指標）を定義することで、プロジェクトの進捗を客観的に評価し、経営層やステークホルダーに明確な成果を示すことができます。また、これ以上プロジェクトを進めても期待する効果は得られないと判断するためにも重要です。評価指標には、技術的な指標と事業的な指標があります。技術的な指標には、精度、レイテンシー、スケーラビリティなどが含まれます。一方、事業的な指標には、投資対効果（ROI）、顧客満足度、業務効率化の度合いなどが挙げられます。

極めて初期の時点でのプロジェクトの頃からこれら全てを評価する必要は必ずしもありませんが、判断に影響する指標を定期的に測定し、分析することで、プロジェクトの成功度を評価し、必要に応じて戦略の調整を行うことができます。また、測定結果を可視化し、関係者間で共有することで、プロジェクトの透明性を高め、組織全体の理解と支持を得ることができます。

4.3.3 スケールアップと全社展開

生成AIの企業導入において、初期の小規模プロジェクトから始めて徐々にプロジェクトの規模を拡大して全社展開していくアプローチが有効です。ここでは、パイロットプロジェクトの成果をもとに、いかにして組織全体にAIの価値を拡大していくかを探ります。適切な結果分析、段階的な展開計画、ガバナンス体制の確立など、全社展開を成功させるための重要な要素を詳しく解説していきます。

●パイロットプロジェクトの結果分析

パイロットプロジェクトで得られた知見は、将来の展開戦略を作るための貴重な資源です。パイロットプロジェクトが終わったら、その効果と課題を詳細に分析し、文書化することが重要です。これにより、うまく行ったことが何で、どこに改善の余地があるのかを明確に把握できます。例えば、生成AIの利用によって業務効率が向上した部分や、想定外の課題が発生した領域などを特定します。

次に、これらの分析結果をもとに、全社展開のための戦略を検討します。成功例を増やし、課題に対する対策を実施することで、より効果的な展開計画を立てることができます。また、この過程で得られた知見は、組織全体での生成AI導入に関する理解を深める貴重な機会となります。結果分析の過程では、定量的・定性的な両面からのアプローチが重要です。数値データだけでなく、ユーザーからのフィードバックや運用上の気づきなども含めて総合的に評価することで、より実効性の高い戦略を立案できるでしょう。

●段階的な展開計画

パイロットプロジェクトの結果をもとに、次のプロジェクトの計画を立てていきます。再度ユースケースの選定から行い、パイロットプロジェクトで得られた知見を踏まえて、最も効果が見込める部門や機能を特定します。その後、必要な関係者をプロジェクトメンバーに加えながらプロジェクトを進めていきます。適切なマイルストーンを設定し、そこで必ずフィードバックを収集して、継続的な改善を行います。ユーザーの声や運用データを分析し、次の展開段階に反映させることで、より効果的なAI活用が可能になります。また、段階的な展開により、組織全体のAIリテラシーを徐々に向上させることができます。積極的に初期段階での成功事例を共有し、他部門の関心を高めることで、全社的なAI活用の機運を醸成できます。

なお、展開計画は柔軟性を持たせ、必要に応じて修正できるようにすることが重要です。予期せぬ課題や新たな機会に迅速に対応できるよう、定期的な計画の見直しと調整を行いましょう。

●ガバナンス体制の確立

AIプロジェクトが進んでAIアプリケーションの技術的な課題が解消されてきたら、本番利用に向けて適切なガバナンス体制の確立を検討する時期に至ったと言えます。組織の方針や法規制に準拠し、持続可能な形で生成AIが使われることを企業として保証しなければなりません。そのために、AIアプリケーションの利用状況や制度の監視、基盤モデルの更新、AIアプリケーションのバージョン管理のプロセスを確立することが重要です。これにより、AIアプリケーションの品質と信頼性を継続的に維持できます。次に、責任あるAI利用のためのガイドラインを策定し、その遵守を徹底します。このガイドラインには、データの取り扱い、プライバシー保護、公平性の確保、透明性の維持などの項目を含めます。また、AIの決定に対する人間の監督や介入のプロセスも明確に定義します。

ガバナンス体制には、AIの利用に関する倫理委員会の設置や、定期的な監査プロセスの実施も含めると良いでしょう。これにより、AIの利用が常に組織の価値観や社会的責任に合致していることを確認できます。

4.4 セキュリティとプライバシー

生成AIを企業で活用する際、セキュリティとプライバシーの確保は最重要課題の一つです。本節では、Amazon Bedrockが提供するセキュリティ機能、データ保護とプライバシー対策、そして責任あるAI利用のガイドラインについて詳しく解説します。

4.4.1 Amazon Bedrockのセキュリティ

Amazon Bedrockは、生成AIアプリケーションの開発と運用を支援するマネージドサービスですが、生成AIを使用する際は適切なリスク管理とコンプライアンスへの配慮が不可欠です。このような考え方は、「責任あるAI」などと言われ注目が高まっています。以下では、Amazon Bedrockがデータとアプリケーションの安全とプライバシーにどのように対処しているのか、ユーザーが責任あるAIを実現するためにAmazon Bedrockの機能をどのように使えば良いのかを解説します。

●データセキュリティとプライバシー保護

Amazon Bedrockでは、生成AIアプリケーションに使用する基盤モデルをカスタマイズするために使用するデータを完全に制御することができます。Amazon Bedrockが扱うデータは転送中であっても、保管時であっても暗号化されます。さらに、AWS Key Management Service（AWS KMS）を使用して暗号化キーを作成、管理、制御できます。AWS Identity and Access Management（AWS IAM）機能を使って、誰が、どのアクションを、どのデータに対して実行して良いかを細かく制御することができます。

●コンプライアンス対応

Amazon Bedrockは、生成AIアプリケーションの開発と運用において、包括的なコンプライアンス対応を提供しています。ISO、SOC、CSA STAR Level 2などの一般的な基準に準拠し、HIPAAにも対応しています。また、GDPRに準拠して使用することもできます。AWS PrivateLinkを利用することで、インターネットを介さずにAmazon Virtual Private Cloud（Amazon VPC）から安全に接続できます。

●包括的な監査とモニタリング

Amazon CloudWatchとの統合によって、使用状況メトリクスの追跡や、監査目的のカスタマイズされたダッシュボードの構築が可能です。これにより、モデルの使用状況、トークン消費量、その他のパフォーマンスデータを継続的に監視できます。また、オプションとしてAmazon Bedrockの基盤モデル呼び出しAPIの入出力をAmazon S3バケットやAmazon CloudWatch Logsに記録する機能を有効にすることもできます。また、AWS KMSを使用してログデータを暗号化し、IAMポリシーでログデータへのアクセスを制御できます。

AWS CloudTrailとの連携によって、API呼び出しの監視やトラブルシューティングが可能で、生成AIアプリケーションへの他システムの統合をサポートします。

4.4.2 Amazon Bedrockのデータ保護

Amazon Bedrockは、ユーザーのデータ保護を最優先事項としています。ここでは、Bedrockが提供する包括的なデータ保護機能について詳しく解説します。

●データの管理

AWSは、Amazon Bedrockを通じて処理されるユーザーのデータをAIモデルの学習に使用しません。また、第三者にユーザーのデータを共有することもありません。これにより、企業は機密情報や個人情報を含むデータを安心してBedrockで利用することができます。ユーザーが用意した学習データを使ったファインチューニングを実施して作成されたカスタムモデルは、AWS管理のAWS Key Management Service（KMS）キーで暗号化されます。なお、学習データは他の目的には使用されず、どこかに保存されることもありません。

●プロンプトとコンプリーション（出力）の扱い

Amazon Bedrockは、ユーザーのプロンプトやコンプリーションを内部で保存したり、ログに記録しません。ユーザーが明示的にログ記録機能を有効にした場合のみ、プロンプトとコンプリーションの情報をAmazon CloudWatch LogsやAmazon S3に保存します。保存されたデータはAWSや第三者が閲覧したり使用することはありません。

●Amazon Bedrock Guardrails

Amazon Bedrock Guardrailsは、生成AIアプリケーションにカスタマイズされた保護手段を実装するための包括的な機能セットです。これにより、組織の責任あるAIポリシーに沿った安全で倫理的なAI利用を実現できます。**図4.16**は、どのようにガードレールが動作するかを示した概念図です。ガードレール機能が、ユーザーの入力と、基盤モデルの出力の両方に対して機能していることがわかります。

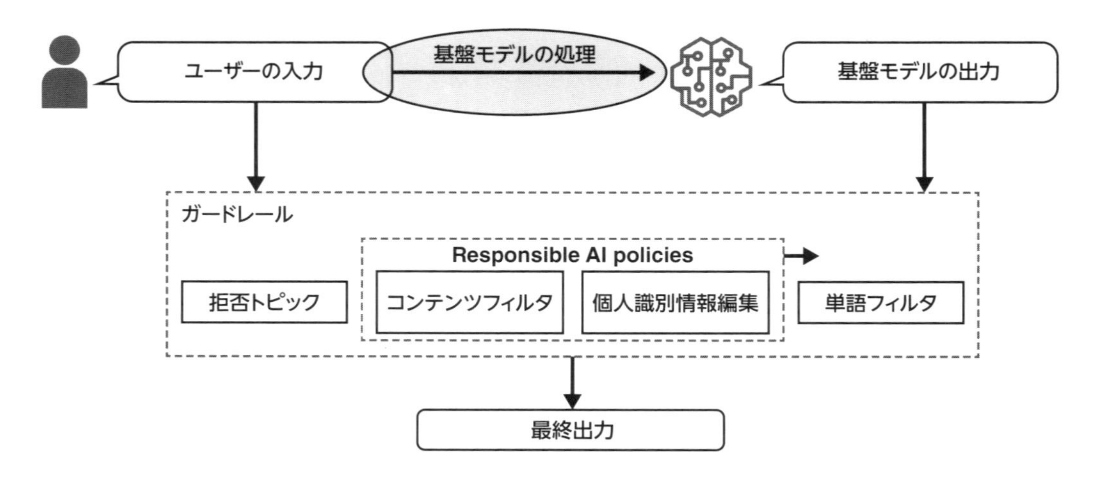

図4.16　Amazon Bedrock Guardrailsの仕組み

それぞれのガードレールの内容は以下のとおりです。

- **コンテンツフィルター**：ヘイトスピーチ、侮辱、性的コンテンツ、暴力、不正行為などの有害なコンテンツを検出し、フィルタリングします。
- **拒否トピック**：アプリケーションのコンテキストで望ましくないトピックを定義し、それらに関連する入力や出力をブロックします。
- **単語フィルター**：特定の不適切な単語やフレーズをブロックします。
- **機密情報フィルター**：個人を特定できる情報（PII）などの機密データを検出し、マスキングまたはブロックします。

4.4.3 Amazon Bedrockと責任あるAI

AWSは責任あるAIの実践において、8つの中核的側面を定義しています。これらの側面は、AIシステムの設計、開発、展開、運用の全段階で考慮されるべき重要な要素です。Amazon Bedrockは、ユーザーが責任あるAIを実現するための機能を提供しています。

●公平性

異なるステークホルダーグループへの影響を考慮し、AIシステムが特定のグループに不当な偏見や差別を与えないようにします。これには、トレーニングデータの多様性確保や、モデルの出力結果の公平性評価が含まれます。Amazon Bedrockの評価機能は、公平性の観点での評価も行うことができます。

●説明可能性

AIシステムの出力を理解し評価できるようにします。これは、AIの意思決定プロセスを透明化し、ユーザーや関係者が結果の根拠を理解できるようにするために重要です。Amazon Bedrock Agentsや、Amazon Bedrock Knowledge Basesのトレース機能は、裏側で何が行われているかを簡単に知るための仕組みです。これにより、説明可能性を実現しています。

●プライバシーとセキュリティ

データの適切な取得、使用、保護を行います。個人情報の保護、データの暗号化、アクセス制御などが含まれます。前述したように、Amazon Bedrockはユーザーのデータやモデルのプライバシーとセキュリティを守るための機能を有しています。

●安全性

有害なシステム出力や悪用を防止します。これには、コンテンツフィルタリング、不適切な使用の検出と防止などが含まれます。Amazon Bedrock Guardrailsは、安全性を高めるために有用な機能です。

●制御性

AIシステムの動作を監視し、必要に応じて制御するメカニズムを持つことです。これにより、予期せぬ動作や問題が発生した場合に迅速に対応できます。

●正確性と堅牢性

予期せぬ入力や敵対的な入力に対しても、正確なシステム出力を達成することを目指します。これには、モデルの堅牢性テストや、異常検出メカニズムの実装などが含まれます。

●ガバナンス

ステークホルダーがAIシステムとの関わり方について情報に基づいた選択ができるようにします。これには、AIポリシーの策定、責任の明確化、監査メカニズムの確立などが含まれます。AWS Audit ManagerはAWSのサービス全体に対してガバナンスを実行するためのサービスですが、このサービスが提供している責任あるAI向けのベストプラクティスフレームワークを使うことで、責任あるAIの主要項目に対する監査をすぐに始めることができます。

●透明性

AIサプライチェーン全体にわたるベストプラクティスの組み込みを行います。これには、AIサービスカード（https://aws.amazon.com/machine-learning/responsible-ai/resources/）の提供による情報開示、オープンソースツールの活用、研究成果の公開などが含まれます。

これらの側面に注目することで、AWSは責任あるAIの実践を推進し、信頼性の高いAIソリューションの構築を支援しています。また、AWSはこれらの原則を自社のAIサービス開発に適用するだけでなく、顧客やパートナーにもツールやリソースを提供し、責任あるAIの実践を広めています。

例えば、Amazon SageMaker Clarify（https://aws.amazon.com/jp/sagemaker/clarify/）を通じてバイアス検出と説明可能性の向上を支援し、Amazon Bedrockのガードレール機能により生成AIアプリケーションの安全性を高めることを可能にしています。さらに、AIガバナンスの確立や、多様性を重視したAI人材育成プログラム（https://aws.amazon.com/jp/machine-learning/scholarship/）の提供など、技術面だけでなく組織的・文化的な側面からも責任あるAIの実現をサポートしています。

まとめ：Bedrockを最大限活用し責任あるAIアプリを効率的に開発

本章では、Amazon Bedrockを中心に、企業における生成AI活用の全体像を探ってきました。ここで、主要なポイントを整理し、今後の展望を示します。

Amazon Bedrockは、AWSが提供する生成AIアプリケーション開発のためのフルマネージドサービスです。複数の高性能な基盤モデルを単一のAPIで利用でき、カスタマイズや統合が容易であるという特徴を持ちます。これにより、企業は迅速かつ効率的に生成AIアプリケーションを開発・展開することが可能になります。生成AI導入のステップとしては、明確な目標設定、適切なユースケースの選定、段階的な展開、継続的な評価と改善が重要です。特に、組織全体でのAI理解の促進や、クロスファンクショナルなチーム編成、適切な予算と資源の確保が成功のカギとなります。

セキュリティとプライバシーに関しては、Amazon Bedrockは強力な暗号化、アクセス制御、データ保護機能を提供しています。また、AWSの「責任あるAI」の原則に基づき、公平性、説明可能性、透明性などの倫理的側面にも配慮したAIアプリケーションの開発が可能です。

生成AIは企業のデジタル変革をさらに加速させる重要な技術となるでしょう。しかし、その導入には技術的な課題だけでなく、組織文化の変革や倫理的な配慮も必要です。Amazon Bedrockを活用することで、これらの課題に効果的に対応しつつ、生成AIの恩恵を最大限に享受することができます。企業は、自社のビジネス目標に合わせて生成AIの活用戦略を慎重に検討し、段階的かつ責任ある形で導入を進めることが重要です。また、技術の進化や社会的な要請の変化に柔軟に対応しながら、継続的な改善と最適化を行っていく必要があります。

Amazon Bedrockは、このような企業の取り組みを強力にサポートするプラットフォームとして、今後ますます重要な役割を果たすことが期待されます。生成AIの可能性を最大限に引き出し、ビジネスの革新と成長を実現するために、Amazon Bedrockを上手に活用しましょう。

第5章 1階：生成AIのインフラ層

前章までは生成AIの機能を提供する基盤モデルについて、Amazon BedrockのようにAPI経由で呼び出して利用する方法と、Amazon Qのようにアプリケーションに既に組み込まれた形で利用する方法を説明しました。これらの方法を利用する場合は、基盤モデルを動かすためのインフラストラチャとして、どのような演算装置、メモリ、ネットワークなどが利用されているかをユーザーが気にする必要はありません。一方で、基盤モデルを独自に開発したり、チューニングしたり、ホスティングしたりすることで、想定するユースケースに最適化したいといった場合には、そのためのインフラストラクチャを独自に用意する必要があります。本章では、生成AIのために利用できるインフラストラクチャについて説明します。

5.1 機械学習インフラの役割

生成AIが高品質のテキストや画像、その他のコンテンツを出力できる背景には、生成AIのための基盤モデルが数十億以上のパラメータを持つ大規模なモデルであることや、そのパラメータを決定するために大規模なデータを読み込んで計算処理していることが挙げられます。生成AIのためのインフラストラクチャの役割は、こうした大規模なデータとモデルを効率よく扱うことです。またその役割は、基盤モデルをトレーニングする場合と、推論用にホスティングする場合とで異なります。

●基盤モデルのトレーニング

基盤モデルのトレーニングは、テラバイト以上の膨大なデータを用意して、そのデータに基づいてCPUやGPUなどのアクセラレータで計算を行い、基盤モデルのパラメータを決定するプロセスです。計算の例として、テキストデータの中に「日本の首都は東京」という語句が含まれている場合を考えましょう。「日本の首都は」までを基盤モデルに入力して、「東京」を予測するような確率の計算を行います。間違って「大阪」と予測してしまったときは、「東京」が出るようにパラメータを更新します。

このトレーニングのプロセスとインフラストラクチャの関係を**図5.1**に示します。基盤モデルが必要とするデータはストレージ等に保存されていて、CPUが読み込める必要があります。CPUはデータを読み込んだのち、データに対して前処理を行います。例えばテキストデータを扱う場合、それらを分割して単語に区切り、さらに単語をIDに変換します。これによって、テキストデータは数値列（ベクトル）で表現された形となり、トレーニングに活用しやすくなります。

この数値ベクトルに変換する処理を「エンコーディング」と呼びます。データはGPUなどのアクセラレータに送られて、並列的にまとめて計算されます。先ほどの文章の予測の例では、いく

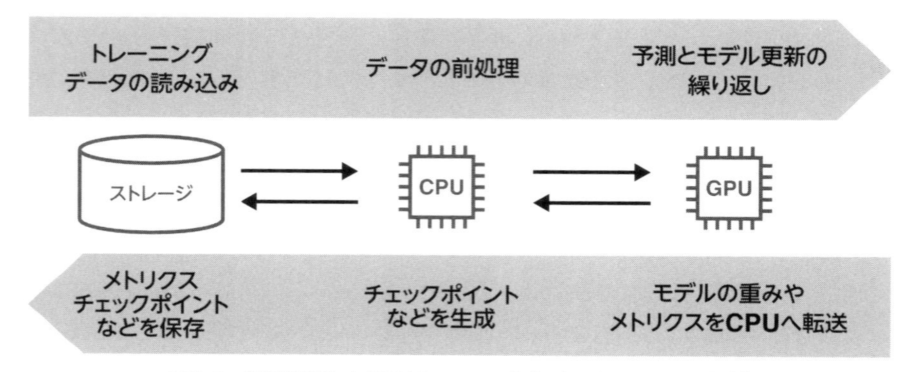

図5.1　機械学習におけるトレーニングプロセスとインフラの関係

つもの予測を同時に行い、更新のためのデータを一度に集めることに相当します。集めたデータに基づいて基盤モデルを更新し、その更新を何度も繰り返すことによって、品質の高い基盤モデルを獲得することができます。

トレーニングにおけるインフラストラクチャの役割をまとめると、大規模なデータセットの保存と速やかなアクセス、データを並列に処理して基盤モデルを効率的に更新することです。

●基盤モデルのホスティング

下の**図5.2**にホスティングの処理プロセスを示します。トレーニングもホスティングも、CPUやGPUなどのアクセラレータで計算処理する点で構成は類似しています。両者の違いは、トレーニングがテラバイト級の大量データに基づく基盤モデルの更新を伴うのに対して、ホスティングでは生成AIに対するリクエストを低コスト・低レイテンシーで処理することが重要視されます。

また、生成AIが長文を要約するようなタスクを扱う場合、より大きなサイズの入力データを一度に処理できるスループットが必要になります。これらの要件を満たすには、生成AIが高速に動作するためのアクセラレータだけではなく、KVキャッシュ[1]など計算結果を十分にキャッシュできるメモリ容量や、大量のデータ転送をサポートするネットワークといったインフラストラクチャが重要になります。

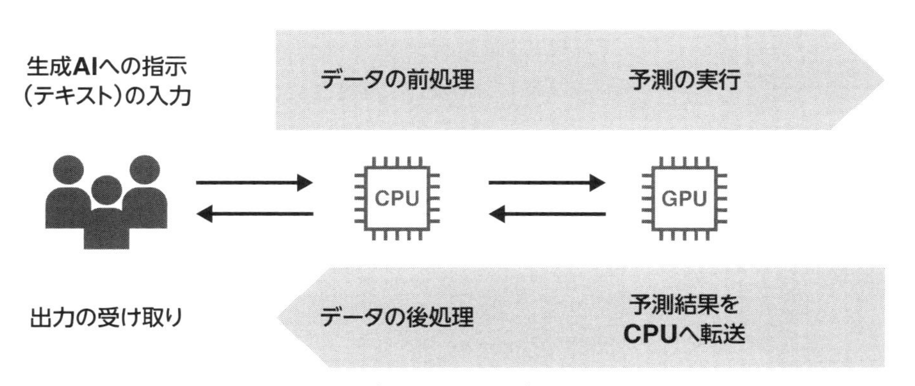

図5.2　基盤モデルのホスティングとインフラの関係

ホスティングでの計算処理はトレーニングと異なります。ホスティングの場合、モデルの更新に伴う計算処理はなく、次のトークンの予測を繰り返し行います。トークンの予測は確率的であり、ただ一つに定まるものではありません。そこで、最も確率が高いトークンを採用するなどの処理を行います。これを「デコーディング」と呼びます。このことからトレーニングとホスティングでは、最適なアクセラレータが異なる場合があり、それぞれに特化したアクセラレータも開発されています。

1）基盤モデルの内部で過去の計算結果の一部をメモリ上に保持しておいて、計算を省力化し、処理速度を向上させる手法です。

5.2 基盤モデルの学習とインフラの重要性

本節では、基盤モデルの学習の特徴と課題を見たうえで、高性能・高信頼性インフラストラクチャが必要な理由を明らかにします。

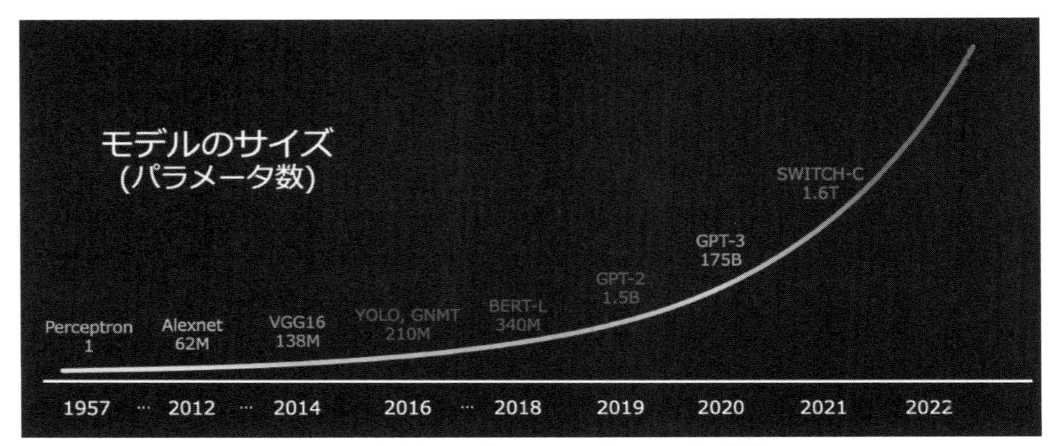

図5.3　機械学習モデルにおけるパラメータ数の推移

図5.3は機械学習モデルのパラメータサイズの変遷を示しています。ディープラーニングが流行した当初の画像分類モデルであるAlexnetでは、62M（6200万）個でしたが、年を追うにつれ、数百Mクラス、そしてビリオン（B）クラス、さらにはトリリオン（T：1兆）クラスへと、モデルのパラメータサイズが指数的に増加していることがわかります。

一般的にモデルのサイズが大きくなるほど、モデルの持つ表現力が上がるため、タスクに対する性能向上が見込めます。特に生成AIの登場に伴い、より大きな基盤モデルを作る開発競争が激しくなってきました。しかし、モデルのサイズが大きくなると、モデル作成に費やす時間的コストや費用的コストも上がってきます。また、モデルを作ること自体も難しくなります。小さなモデルを作るときと、大きなモデルを作るときでは何が違うのでしょうか。

まず、学習に必要なデータ量自体も大きくなる傾向にあります。モデルの表現力が上がるので、その表現力を活かすためにより大きなデータセットが必要になります。現在の基盤モデルの学習、例えば大規模言語モデルの学習には、テラバイトレベルのデータセットが使われます。これほど大量のデータを学習させる場合、1台の計算リソースでは学習に時間がかかりすぎて、学習が終わらなくなってしまいます。

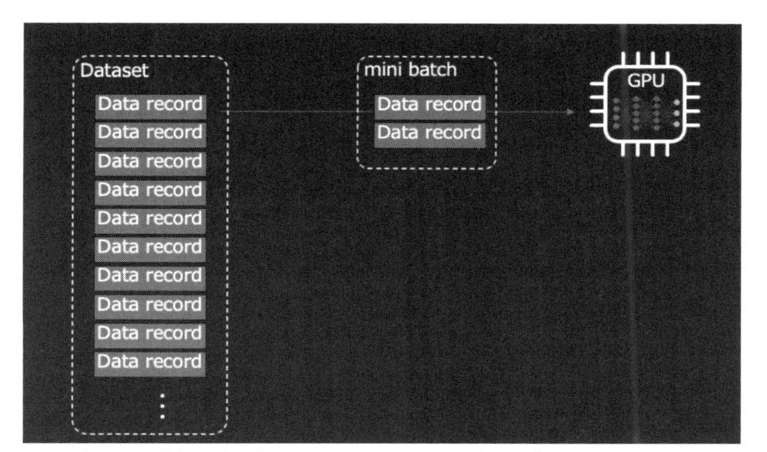

図5.4 データ量が多い時の学習。1台の計算リソース(GPU)では学習に時間がかかる

また、モデルサイズが大きくなると、そもそもモデルを1台のGPUメモリにロードできなくなってきます。例えば70Bサイズのモデルのパラメータを FP16(半精度浮動小数点数)で扱う場合、モデルパラメータ全体に対して140GBのメモリスペースが必要になります。市販されているGPU1台のアクセラレータメモリサイズは多くても数十GBなので、このモデルを1台のGPUに乗せることは不可能です(実際の学習の際には、モデルのパラメータの値のほかにも保持する情報が必要なので、140GB以上のスペースが必要になります)。

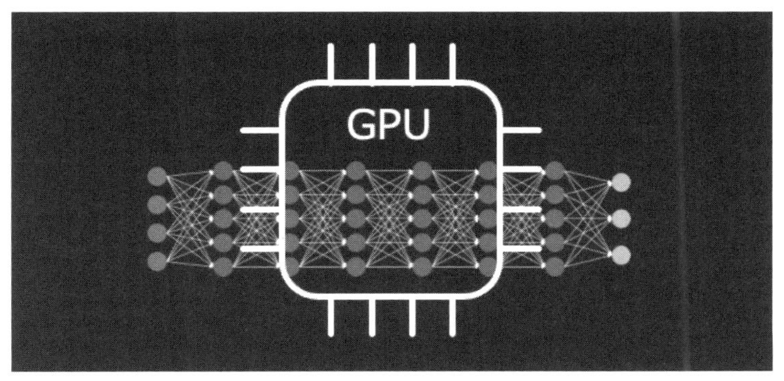

図5.5 大規模のモデルでは1台のGPUのメモリに載りきらない

以上のように、データ量の観点からも、モデルサイズの観点からも、基盤モデルの学習には1台のGPUでは不十分であることがわかります。これを解決するには、複数台のアクセラレータを使って並列計算を行う必要があります。モデル学習の処理がそれぞれの計算リソースに分散されることから「分散学習(Distributed training)」と呼ばれます。

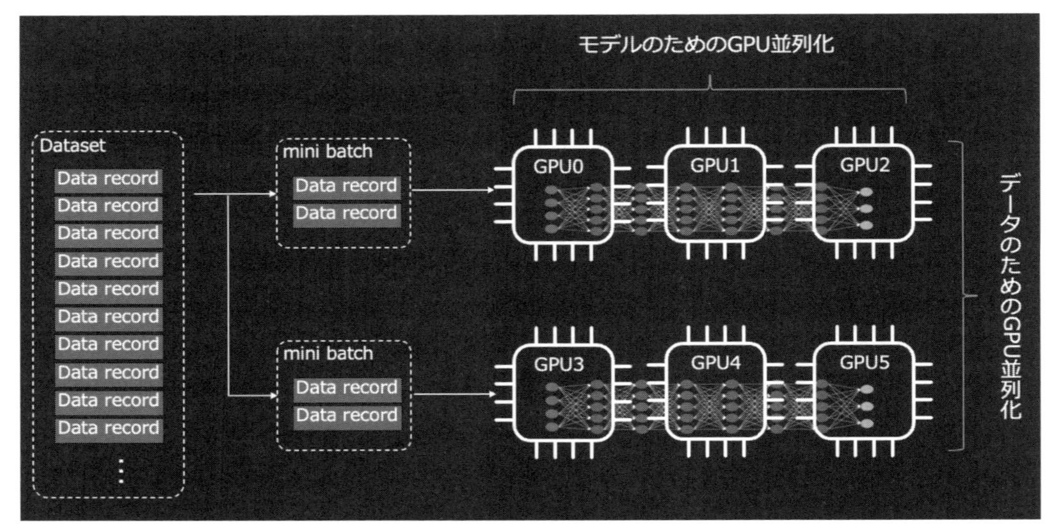

図5.6　モデル並列およびデータ並列を行った分散学習

分散学習には、モデルを複数のアクセラレータに分散させるモデル並列（model parallel）と、学習データの処理を複数のアクセラレータに分散させるデータ並列（data parallel）とがあります。多くの場合この二つを併用することで、大きなモデルをより早く学習させます。

分散学習によって構成が複雑かつ大規模化すると、学習における様々な問題が出てきます。問題が表面化する最大の原因は、基盤モデルの学習は大量の計算リソースを使うため、非常に多くのコストがかかるからです。日本円で億単位となることも珍しくありません。

このとき、学習中に高価なGPUを十分に稼働させる（つまりGPUの使用率が100%の状態をなるべく維持する）ことが非常に重要になります。仮に使用率が50%だと、本来の性能の半分しか出せないことになり、学習にかかるコストが2倍になってしまいます。また、仮に使用率が1%向上するだけでも、百万円単位のコスト削減になるので、その重要性の高さがわかります。

ところが、アクセラレータ（GPU）の性能を引き出すことは、実は簡単ではありません。「最新版のアクセラレータを使用すれば、常に最高の性能が出る」というような単純な話ではないのです。

GPUが学習データを処理し、パラメータの更新を行うまでには、その前段に様々なプロセスがあります。典型的にはストレージ上に置かれた大規模なデータを複数の計算リソースに分配しながら転送し、それぞれの計算リソースの（主に）CPUで前処理を実行してから、最終的にGPUで計算処理を行います。これらのデータ転送や前処理にボトルネックがあると、せっかく後段に高性能なGPUを搭載していても、処理すべきデータが到達するまでGPUが待機してしまうことになり、結果GPUの使用率が下がります。これを防ぐためには、データがストレージからGPUへと運ばれて処理される一連のパイプライン全ての箇所においてボトルネックを作らず、GPUが常にフル稼働するようにしなければなりません。パイプラインを慎重に設計することに加え、ストレージやCPU、そしてGPUそのものなど、インフラストラクチャの全ての部分で、ボトルネックを生じさせない程度に高性能なものを使う必要があります。また、分散学習では、それぞれのGPUで処理された結果が複数の計算リソースで共有・統合して使われるので、計算リソース間でのデータ転送に関するネットワークも重要になります。

さらに、分散学習では、学習を止めない（中断させない）ことが肝要です。重要な点として、現在主流の分散学習の技術仕様では、1台でもアクセラレータが停止すると全ての学習が止まってしまいます。例えば2000台のGPUの分散学習構成で学習を行なっているときに、1台のGPUが故障すると、残りの1999台が正常でも学習を続けることができません。故障したGPUを入れ替えて学習を再開するのに1時間要したとすると、述べ2000時間分の学習時間が失われたことになります。仮に従量課金制の料金体系だとすると2000時間分の金銭的損失につながります（実際には学習を再開したときに、直近のモデルの保存ポイントまでロールバックすることになるため、損失はさらに大きくなります）。

これを解決するには、信頼性の高いインフラストラクチャを使うことが根本的に重要になります。とはいえ、特に数百台、数千台の計算リソースを使う場合は、学習期間中に何らかのハードウェア不良が起こって学習が中断することは、ありえると考えるべきです。その前提のうえで、学習中断のダウンタイムを短くするための対策をとることも重要です。具体的には、エラーによる学習中断の検出と、計算リソース不良の場合における、リソースの入れ替えと環境の再構成、学習の自動再投入、保存ポイントの間隔の最適化などがあります。

以上、基盤モデルの学習の特徴と、取り組むべき課題を説明しました。分散学習の構成は複雑なので、特にモデル作成にかかるコストを最適化するためにも、高性能・高信頼性のインフラストラクチャを使う必要があります。また、ここでは主に学習に関して取り上げましたが、推論においても（特に複数のアクセラレータを使う分散推論では）学習の時と同じような状況が発生するので対策が必要です。

次節では、基盤モデルの学習および推論に関連するインフラストラクチャの構成要素について、対応するAWSのサービスを交えながら説明します。

5.3 インフラの構成要素

前節までででは、基盤モデルのインフラが果たすべき役割について述べました。その役割を果たすには、基盤モデルの計算処理を高速化するための計算リソース、データの高速通信を下支えするネットワーク、大量データのI/Oに対応したストレージが重要になります。本節ではこれらの構成要素について説明します。

●計算リソース

本章での計算リソースとは、生成AIのトレーニングや予測に必要な計算を行うCPUやGPUといった演算装置と、計算結果を保持するためのメモリを指しています。CPUは様々な計算を順番に高速実行するのが得意であるのに対して、GPUは情報量の多い画像などをまとめて一気に並列処理するのが得意です。基盤モデルのトレーニングのように、大量データを読み込んで、同時にパラメータを更新する際や、推論を短時間で完了するためには 、GPUによる計算が必要不可欠になります。しかし、CPUもまた前処理・後処理において必要であり、どちらかを欠くことはできません。

同様にメモリも重要な要素となります。特にGPUなどのアクセラレータに付随するメモリは、大規模な基盤モデルとその更新のための情報を保持し続けなければなりません。しかし、1つのGPUだけではこれらの情報を全て保持するのに十分なメモリ容量をもっていないため、通常は複数のGPUを同時に利用し、基盤モデルを分割したり、保持する情報を取捨選択したりすることによって、情報を保持するようにします。基盤モデルを細かく分割したり、データを細切れにしてトレーニングに利用したりすれば、少ないGPUメモリでも対応できますが、非常に効率が悪くなります。そのため、大容量のメモリを有したGPUが必要とされています。因みにAWSではアクセラレータとして、GPU以外にも、トレーニングや推論に特化したAWS TrainiumやAWS Inferentiaを開発し提供しています。

上述したように、CPUとアクセラレータは互いに連携しながら稼働するので、一方だけが最新の構成であっても性能を発揮し切ることができません。生成AIのコストパフォーマンスを高くするには、適切な組み合わせを選ぶ必要があります。AWSでは、これらの計算リソースをあらかじめ組み合わせて構成し、インスタンスとして提供しています。ユーザーは、ワークロードに応じて新しく構成を考える必要はなく、インスタンスを選択して利用することができます。

●ネットワーク

基盤モデルを高速にトレーニングするためには、計算リソースとして複数のインスタンスを用意して並列計算を行う、分散トレーニングが必要不可欠です。分散トレーニングでは、インスタンス間をネットワークで接続し、互いにトレーニングの情報を共有しながら進めます。そのため、GPUなどのアクセラレータの計算性能が飛躍的に向上するなか、ネットワーク間のレイテンシーが大きかったり帯域幅が不十分だったりすると、ネットワークがボトルネックとなる場合があります。また、巨大な基盤モデルをホスティングして推論を行なう場合には、推論を実行する計算リソースがボトルネックになることが多いのですが、近年は高速に動作する軽量な基盤モデルも登場しており、生成AIをリアルタイムに利用するうえで、高速なネットワークの重要性が増しています。

生成AIに限らずHPC（High Performance Computing）などの用途では、高速なネットワーク接続を実現する手段としてInfiniBandが利用されてきました。InfiniBandはRemote Direct Memory Access（RDMA)とよばれる技術、すなわちローカルのコンピューターのメモリから、異なるリモートのコンピューターのメモリへデータを転送する技術を利用しています。それぞれのコンピューターのOSを経由せずに、メモリ間で直接データを転送することで、低レイテンシー、高スループットを実現しています。

AWSは大規模で高速なネットワークの提供を安定的に維持するために、EFA（Elastic Fabric Adapter）というAWSに適したネットワークアダプタを開発・提供しています。EFAはAWSが開発した独自プロトコルであるScalable Reliable Diagram (SRD)を使用しており、データセンターの複数のネットワーク経路を活用するなどして、高いパフォーマンスを実現しています。

●ストレージ

前節で述べたように、ストレージは基盤モデルのトレーニングにおいて重要な役割を果たします。基盤モデルのトレーニングにはテラバイト級以上のデータが利用されるので、それらを保存して、いつでも取り出せるデータレイクが必要となります。データサイズが巨大なので、全てのデータをメモリ上に読み込んで、メモリからCPUやGPUなどにロードしていくことはできません。読み込める範囲のデータを逐次ストレージから読み込んで、学習を繰り返します。そのためのストレージI/Oが発生することから、I/Oのスピード（IOPS：input/output operations per second）やスループットも重要になります。

AWSではAmazon S3（Amazon Simple Storage Service)というオブジェクトストレージサービスを提供しています。Amazon S3は非常に高いスケーラビリティ、データ可用性、セキュリティ、パフォーマンスを兼ね備えており、生成AIで利用されるテキストデータや画像データの保存に有用です。より高いIOPSやスループットを求める場合には、Lustreと呼ばれるファイルシステムが利用されています。AWSが提供しているAmazon FSx for Lustreというサービスは、Amazon S3とリンクさせることができ、簡単なセットアップで、Amazon S3のデータに対する高速なアクセスを可能にします。

5.4 AWSを利用するメリット

生成AIのために、計算リソース、ネットワーク、ストレージが重要であると述べました。クラウドだけでなくオンプレミスにおいても多数の選択肢があり、ユーザーはそれぞれの利点を評価して選択する必要があります。本節ではAWSを利用するメリットについて説明します。

●使いやすい

AWS TrainiumやAWS Inferentiaなどを利用すると、基盤モデルを効率よくトレーニングしデプロイすることができます。こうした目的特化型のアクセラレータは、CPUなどの汎用的な計算リソースとはアーキテクチャが異なるので、扱いが難しいことがありますが、AWSではAmazon SageMakerやAmazon BedrockなどのAWSマネージドサービスを利用して、アプリケーションに容易に統合できます。SageMakerを使えば、特定のユースケースとデータに合わせて基盤モデルをカスタマイズし、本番環境にデプロイすることで、データサイエンティストやML開発者に提供できます。Bedrockは、APIを介して基盤モデルを使用し、生成系AIアプリケーションを構築するためのサーバーレス環境を利用者に提供します。

●高性能

Amazon EC2 P5やP4dインスタンス、Amazon EC2 Trn1インスタンスは、生成AIのトレーニングに最適なGPUやAWS Trainiumを搭載しています。推論の実行については、第2世代Inferentia2を搭載したAmazon EC2 Inf2インスタンスが、前世代のInferentiaベースのインスタンスよりも4倍高いスループットと最大10分の1のレイテンシーを実現しています。

●高い費用対効果

幅広い選択肢のなかから、予算に合った適切なインフラストラクチャサービスを選択できます。AWS TrainiumベースのAmazon EC2 Trn1インスタンスでは、トレーニングコストを50%節約できます。また、AWS Inferentia2ベースのAmazon EC2 Inf2インスタンスは、同等のAmazon EC2インスタンスよりも最大40%優れたコストパフォーマンスを実現します。削減したこれらのコストを再投資してイノベーションを加速し、ビジネスを成長させることができます。

●持続可能

AWSは「2040年までにネットゼロカーボンにする」というAmazonの目標を達成すべく取り組んでいます。AWS TrainiumやAWS Inferentia2などのアクセラレータを搭載したAmazon EC2インスタンスは、他の同等の性能をもつAmazon EC2インスタンスよりも、ワットあたりのパフォーマンスを最大50%向上できます。また、機械学習のためのフルマネージドサービスあるAmazon SageMakerは、これらのアクセラレータを容易に利用できるようにしています。

●スケーラブル

AWS上の膨大なコンピューティング(計算資源)、ネットワーク、およびストレージにアクセスして、スケールすることが可能です。必要に応じて、1つのGPUまたはML（機械学習）アクセラレータから数千まで、およびテラバイトからペタバイトのストレージまで、スケールアップまたはスケールダウンできます。クラウドを利用すれば、インフラストラクチャに事前投資する必要がなくなり、伸縮自在なコンピューティング、ストレージ、およびネットワーキングのメリットを享受できます。

●人気のある機械学習（ML）フレームワークのサポート

AWSコンピューティングインスタンスは、TensorFlowやPyTorchなどの主要なMLフレームワークに対応しています。また、幅広いMLのユースケース向けに、Hugging Faceなどのモデルライブラリやツールキットも利用できます。AWS Deep Learning AMI（AWS DLAMI）とAWS Deep Learning Container（AWS DLC）には、クラウドでの機械学習を加速するために最適化されたMLフレームワークとツールキットがインストールされています。

5.5 コンピューティングのサービス

5.5.1 コンピューティングインスタンス

AWSではコンピューティングのためのサービスとしてAmazon EC2を提供しており、ユーザーは様々な種類のCPU、アクセラレータ、メモリ、ネットワークなどで構成されたインスタンスを選んで利用できます。また、生成AIに関する様々な設定をコンテナの形で利用したい場合には、コンテナオーケストレーションサービスであるAmazon Elastic Container Service（Amazon ECS）やAmazon Elastic Kubernetes Service（Amazon EKS）を利用できます。

生成AIを利用する際には、アクセラレータとしてGPUやAWS独自のTrainiumやInferentiaが搭載されたインスタンスを活用できます。生成AIでも活用できるAmazon EC2インスタンスの例を**表5.1**に示します。

表5.1　生成AIに活用できるAmazon EC2インスタンスの例

インスタンスサイズ	アクセラレータの種類	アクセラレータ数	アクセラレータメモリ	vCPU	メモリ	アクセラレータ間P2P転送速度
p5.48xlarge	H100 GPU	8	640 GB	192	2 TiB	900 Gbps
p4d.24xlarge	A100 GPU	8	320 GB	96	1152 GiB	600 Gbps
p4de.24xlarge	A100 GPU	8	640 GB	96	1152 GiB	600 Gbps
g5.48xlarge	A10 GPU	8	192 GB	192	768 GiB	−
dl1.24xlarge	Habana Gaudi	8	256 GB	96	768 GiB	100 Gbps
trn1.2xlarge	AWS Trainium	1	32 GB	8	32 GiB	−
trn1.32xlarge	AWS Trainium	16	512 GB	128	512 GiB	384 Gbps
trn1n.32xlarge	AWS Trainium	16	512 GB	128	512 GiB	768 Gbps
inf2.xlarge	AWS Inferentia	1	32 GB	4	16 GiB	−
inf2.8xlarge	AWS Inferentia	1	32 GB	32	128 GiB	−
inf2.24xlarge	AWS Inferentia	6	192 GB	96	384 GiB	192 Gbps
inf2.48xlarge	AWS Inferentia	12	384 GB	192	768 GiB	192 Gbps

以下ではAmazon EC2で利用できる、生成AIのためのアクセラレータについて説明します。

●GPU搭載のインスタンス

機械学習モデルの訓練には大量の計算リソースが必要ですが、GPUによる並列計算を使用することで高速に結果を得ることができます。自分でGPUを購入しセットアップするのには時間がかかりますが、クラウドを利用すれば、すぐにGPUにアクセスしてトレーニングを始めることができます。

最先端のGPUを開発しているNVIDIAとAWSは10年以上にわたる連携のもと、強力でコスト効率と柔軟性に優れたGPUベースのソリューションを継続的に提供しています。Amazon EC2 P5インスタンスはNVIDIA H100 Tensor Core GPUを搭載し、Amazon EC2 P4インスタンスはNVIDIA A100 Tensor Core GPUを搭載し、業界トップクラスの高スループットと低レイテンシーのネットワークを実現します。P5とP4はNVIDIA NVSwitchによってGPU間の高速通信を可能にしており、特に複数GPUを利用したトレーニングを効率化する際に重要となります。

●Habana Gaudi搭載のインスタンス

Amazon EC2 DL1インスタンスは、インテルのHabana LabsのGaudiアクセラレータを搭載しており、自然言語処理、物体検出、画像認識などの用途向けに、低コストで機械学習モデルを訓練することができます。このDL1インスタンスには、TensorFlowやPyTorchなどの主要な機械学習フレームワークと統合されたHabana SynapseAISDKが含まれています。AWS Deep Learning AMIsやAWS Deep Learning Containers、またはコンテナ化されたアプリケーション向けのAmazon EKSやECSを使用することで、DL1インスタンスの利用を簡単に開始できます。

●AWS Trainium搭載のインスタンス

Amazon EC2 Trn1インスタンスはAWS Trainiumチップを搭載しており、大規模言語モデル（LLM）やDiffusionモデルなど、生成AIモデルのトレーニングを目的として設計されています。Trn1インスタンスを使用すると、テキスト要約、コード生成、質問応答、画像・動画生成、レコメンデーション、不正検知などの幅広いアプリケーションにおいて、1000億を超えるパラメータを持つ深層学習モデルおよび生成AIモデルをトレーニングできます。

AWS Neuron SDKは、開発者がAWS Trainiumでモデルをトレーニングし、後述のAWS Inferentiaを搭載したインスタンスにそのモデルをデプロイできるようサポートします。PyTorchやTensorFlowなどのフレームワークとネイティブに統合されているので、既存のコードやワークフローを使ってTrn1インスタンス上でモデルをトレーニングできます。

●AWS Inferentia搭載のインスタンス

AWS Inferentiaを搭載したインスタンスには、第一世代のAmazon EC2 Inf1インスタンスと、第二世代のAmazon EC2 Inf2インスタンスがあります。Inf2インスタンスはInf1の性能を3倍に高め、アクセラレータメモリを4倍に拡大し、スループットを最大4倍、レイテンシーを最大10分の1に短縮しています。また、Inferentiaチップ間の超高速接続によるスケールアウト分散推論をサポートする、Amazon EC2で初の推論最適化インスタンスです。これにより、数百億ものパラメータを持つモデルであっても、それらを複数のチップにまたがって、効率的かつ低コストでデプロイできるようになります。AWS Neuron SDKを使うことによって、開発者はAWS Inferentiaチップ上でモデルを容易にデプロイすることができ、Trainiumの場合と同様にPyTorchやTensorFlowなどのフレームワークとネイティブに統合されています。

5.5.2 モデルトレーニングのためのインスタンスセットアップ

それでは、Amazon EC2インスタンスを起動してモデルをトレーニングする手順を説明します。ただし、大規模な基盤モデルのトレーニングやホスティングの手順は複雑なので、これらを自動化し簡略化したマネージドサービスを利用するのが一般的です。マネージドサービスについては4.4.4項で説明しました。以下ではtrn1.2xlargeを利用して、言語モデルであるBERTをファインチューニングする例を説明します。この詳細な手順はAWS Neuronのチュートリアルページに記載されています。

https://awsdocs-neuron.readthedocs-hosted.com/en/latest/frameworks/torch/torch-neuronx/tutorials/training/finetune_hftrainer.html

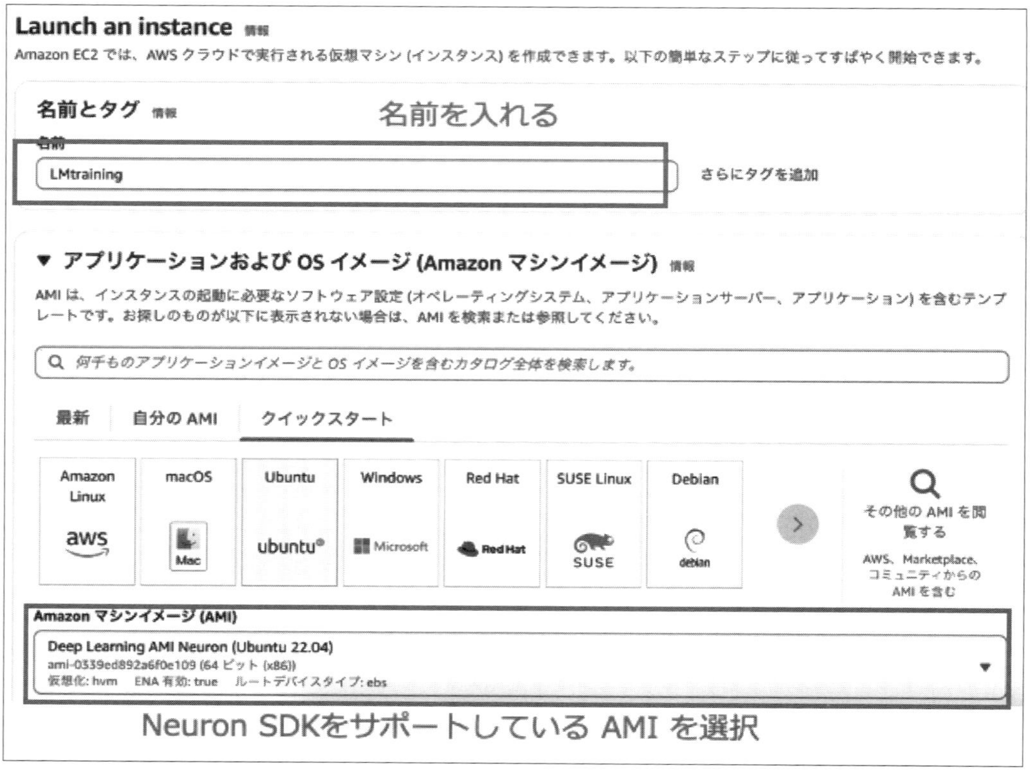

まず、Amazon EC2のコンソールに入って、trn1.2xlargeインスタンスを起動します。その際、Neuron SDKなどが利用可能になっているAmazon Machine Image（AMI）を検索して選択します。

その下の項目ではインスタンスタイプを選択します。使用するtrn1.2xlargeを選択します。

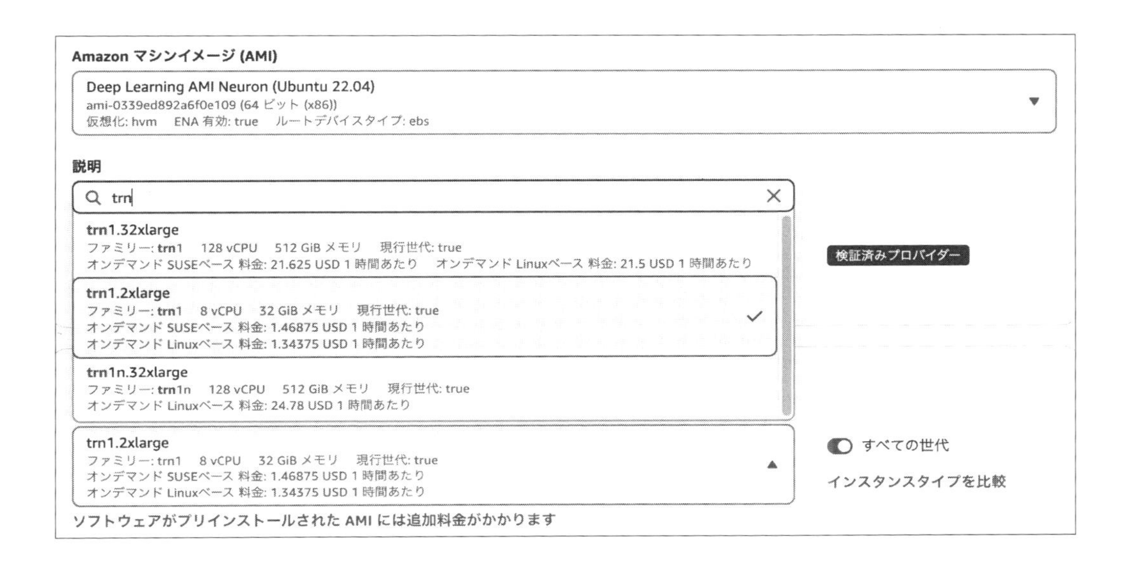

AMIの選択が終わると元のEC2の画面に戻りますので、ページ右下の「インスタンスを起動」をクリックします。その際、EC2にアクセスするためのキーペアに関する選択肢が表示されますので、自身の環境に合ったものを選んでください。以下では、キーペアを作成せず、コンソール上からEC2のシェルに接続できるEC2 Instance Connectを利用します。

EC2に接続するとシェルが表示されるので、neuron-lsとコマンドを打ってみます。するとインスタンスタイプや、搭載されているアクセラレータの詳細を確認することができます。

```
ubuntu@ip-172-31-17-2:~$ neuron-ls
instance-type: trn1.2xlarge
instance-id: i-030aa51e7f862b6ca
+--------+--------+--------+---------+
| NEURON | NEURON | NEURON |   PCI   |
| DEVICE | CORES  | MEMORY |   BDF   |
+--------+--------+--------+---------+
| 0      | 2      | 32 GB  | 00:1e.0 |
+--------+--------+--------+---------+
ubuntu@ip-172-31-17-2:~$
```

AMIにはNeuron SDKなどを利用できますが、そのためには仮想環境をactivateする必要があります。sourceコマンドでactivateしましょう。

続いて最新バージョンのHugging Face Transformers、scikit-learn、およびevaluateパッケージをインストールします。このインストールされたバージョンで実行できるトレーニングのソースコードをダウンロードします。この例では、Hugging Face Transformersのサンプルコードからテキスト分類のコードをダウンロードして使用します。

```
ubuntu@ip-172-31-17-2:~$ source /opt/aws_neuronx_venv_pytorch_2_1/bin/activate
(aws_neuronx_venv_pytorch_2_1) ubuntu@ip-172-31-17-2:~$ export HF_VER=4.27.4
pip install -U transformers==$HF_VER datasets evaluate scikit-learn
cd ~/
git clone https://github.com/huggingface/transformers --branch v$HF_VER
cd ~/transformers/examples/pytorch/text-classification
Looking in indexes: https://pypi.org/simple, https://pip.repos.neuron.amazonaws.com
Collecting transformers==4.27.4
  Downloading transformers-4.27.4-py3-none-any.whl.metadata (106 kB)
     ━━━━━━━━━━━━━━━━━━━━━━━━━━━━━━━━━━━━━━━━ 106.7/106.7 kB 1.2 MB/s eta 0:00:00
Collecting datasets
  Downloading datasets-2.20.0-py3-none-any.whl.metadata (19 kB)
Collecting evaluate
  Downloading evaluate-0.4.2-py3-none-any.whl.metadata (9.3 kB)
Requirement already satisfied: scikit-learn in /opt/aws_neuronx_venv_pytorch_2_1/lib/python3.10/site-packages (1.5.1)
```

今回はテキスト分類のなかでも、GLUE（一般言語理解評価）ベンチマークのタスクの一つであるMRPC（Microsoft Research Paraphrase Corpus）を利用して、ファインチューニングを行います。MRPCは2つの文が同じ意味を示すか示さないかを分類するタスクです。トレーニングのPythonソースコードはrun_glue.pyですが、実行に必要なモデル名、タスク名、エポック数などのハイパーパラメータなどを指定して、run.shというスクリプトを作成しておきます。そしてこのトレーニングがTrainium上で効率よく実行されるように、モデルとスクリプトを事前コンパイルします。

```
(aws_neuronx_venv_pytorch_2_1) ubuntu@ip-172-31-17-2:~/transformers/examples/pytorch/text-classification
$ tee run.sh > /dev/null <<EOF
#!/usr/bin/env bash
export TASK_NAME=mrpc
export NEURON_CC_FLAGS="--model-type=transformer"
XLA_USE_BF16=1 python3 ./run_glue.py \\
--model_name_or_path bert-large-uncased \\
--task_name \$TASK_NAME \\
--do_train \\
--do_eval \\
--max_seq_length 128 \\
--per_device_train_batch_size 8 \\
--learning_rate 2e-5 \\
--num_train_epochs 5 \\
--save_total_limit 1 \\
--overwrite_output_dir \\
--output_dir /tmp/\$TASK_NAME/ |& tee log_run
EOF

chmod +x run.sh
(aws_neuronx_venv_pytorch_2_1) ubuntu@ip-172-31-17-2:~/transformers/examples/pytorch/text-classification
$ neuron_parallel_compile ./run.sh
2024-07-24 06:12:43.000875:  2918  INFO ||NEURON_PARALLEL_COMPILE||: Running trial run (add option to te
rminate trial run early; also ignore trial run's generated outputs, i.e. loss, checkpoints)
2024-07-24 06:12:43.000875:  2918  INFO ||NEURON_PARALLEL_COMPILE||: Running cmd: ['./run.sh']
```

コンパイルには10分程度の時間がかかります。完了したらrun.shを実行して、トレーニングを開始します。下の画面は実行結果の抜粋であり、9分間程度の学習時間でf1スコアが0.9を超えていることを確認できます。

```
***** train metrics *****
  epoch                    =        5.0
  train_loss               =     0.2656
  train_runtime            = 0:09:15.93
  train_samples            =       3668
  train_samples_per_second =     32.989
  train_steps_per_second   =      4.128
                    ⋮
***** eval metrics *****
  epoch                    =        5.0
  eval_accuracy            =     0.8652
  eval_combined_score      =     0.8857
  eval_f1                  =     0.9063
  eval_loss                =     0.8142
  eval_runtime             = 0:09:29.27
  eval_samples             =        408
  eval_samples_per_second  =      0.717
  eval_steps_per_second    =       0.09
```

5.6 ネットワークのサービス

5.6.1 AWSのネットワークの特徴

Amazon Virtual Private Cloud（Amazon VPC）を利用することで、AWSアカウント専用の仮想ネットワークに対して、Amazon EC2インスタンスなどのAWSリソースを起動できます。独自のIPアドレス範囲の選択、サブネットの作成、ルートテーブルやネットワークゲートウェイの設定など、仮想ネットワーキング環境を完全に制御できます。これにより、オンプレミスのデータセンターと同じようにAWSのネットワークを管理でき、AWSのスケーラブルなインフラストラクチャを管理するのに十分な機能が提供されます。

このようにAWSのネットワークはスケーラビリティや柔軟性に優れており、生成AIのように、ネットワークに高いパフォーマンスが求められる場合にも対応しています。AWSではこれまで、EC2インスタンスのネットワークパフォーマンス、具体的には低いCPU負荷で高いI/O性能を発揮するために、拡張ネットワーキング（Enhanced networking）を提供してきました。Amazon EC2 T2インスタンスを除く現在のインスタンスタイプは 拡張ネットワーキングをサポートしており、追加費用なしで利用できます。拡張ネットワーキングは、Elastic Network Adapter（ENA）やIntel 82599 Virtual Function（VF）interfaceを使用しており、ENAは最大100 Gbps、Intel 82599 VF interfaceは最大10 Gbpsのネットワークスピードをサポートしています。

生成AIではさらに低いレイテンシー、高いスループットが求められることがあります。そこで、ENAに機能を追加したElastic Fabric Adapter（EFA）が開発され、提供されるようになりました。EFAを使用すると、HPCおよび機械学習を高速化できます。本書では生成AIの観点からEFAについて以下で説明します。

5.6.2 Elastic Fabric Adapter（EFA）の概要

EFAではENAの全ての機能にOSバイパス機能が追加されています。OSバイパスとは、HPCや機械学習のプロセスが、ネットワークインターフェイスハードウェアと直接通信して、レイテンシーが低く、信頼性の高い転送機能を実現できるようにするアクセスモデルです。

従来、HPCアプリケーションは、Message Passing Interface（MPI）を使用して、システムのネットワーク転送と通信していました。AWSクラウドでは、アプリケーションがMPIと通信することを意味します。MPIはオペレーティングシステムのTCP/IPスタックとENAデバイスドライバーを使用して、インスタンス間のネットワーク通信を行います。

EFAの場合、HPCアプリケーションはMPIまたはNCCLを使用して、Libfabric APIと連携しま

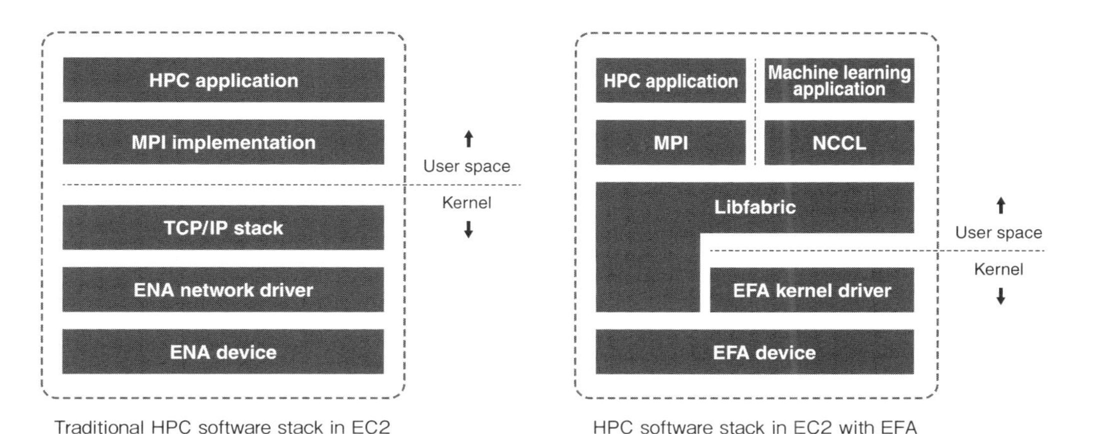

図5.13　従来型のHPCソフトウェアスタック（左）とEFA搭載したHPCソフトウェアスタック

す。Libfabric APIはオペレーティングシステムのカーネルをバイパスし、EFAデバイスと直接通信してパケットをネットワークに送ります。これによりオーバーヘッドが削減され、HPCアプリケーションを効率的に実行できるようになります。

EFAはOpen MPI 5以降のバージョン、Gravitonプロセッサの場合はOpen MPI 4.0以降のバージョン、Intel MPI 2019 Update 5以降のバージョン、NVIDIA Collective Communications Library（NCCL）2.4.2以降のバージョンをサポートしています。また、サポートされている80以上のインスタンスタイプにアタッチできます。

5.6.3　EFAの作成と利用

まずはEFAの作成方法を説明します。

Amazon EC2のコンソールに移動して、左のメニューの「ネットワークインターフェイス」をクリックして、一覧画面を開きます。右上の「ネットワークインターフェイスの作成」をクリックして以下のような作成画面を開き、ネットワークインターフェイスの説明と、作成するサブネット、IPv4アドレスに関して記入を行い、Elastic Fabric Adapterを有効化します。最後にセキュリティグループを指定して作成を完了します。

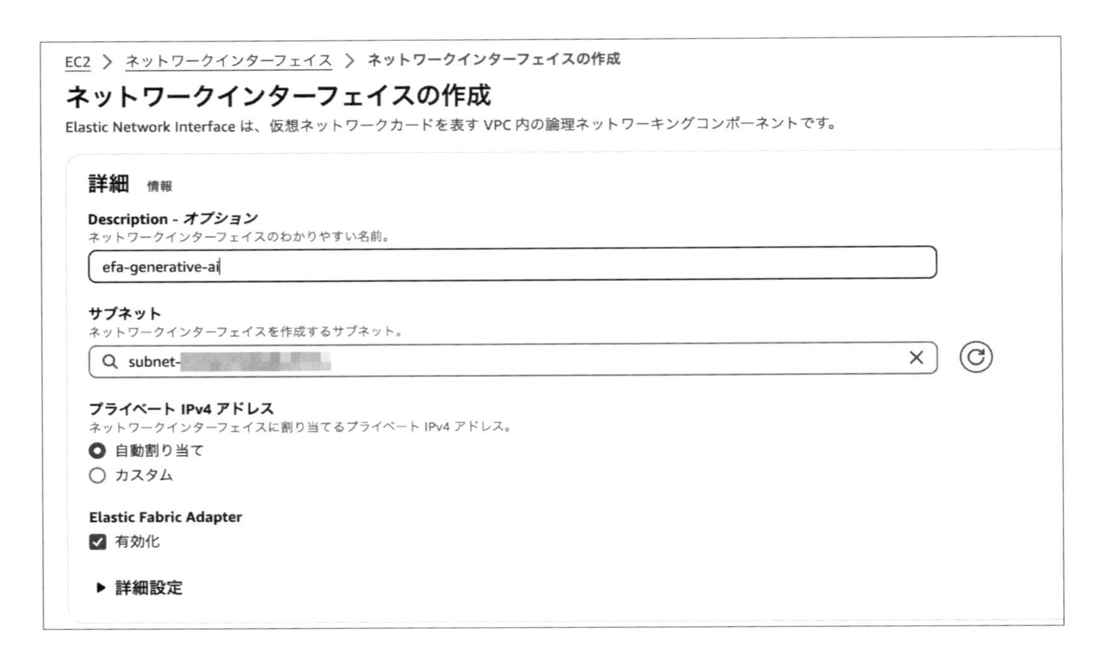

EFAの作成が完了したら、EFAをサポートしているAmazon EC2インスタンスにアタッチします。アタッチする際には、インスタンスが停止（Stopped）状態である必要があります。

AWS CLIを使用してインスタンスを起動するときには、run-instancesコマンドで既存のEFAを指定してアタッチしたり、新規作成してアタッチしたりできます。コンソールからアタッチする場合は、ネットワークインターフェイス一覧の画面からEFAを選択して、アクションメニューから「アタッチ」を選んで以下の画面を開き、VPCとアタッチするインスタンスを指定してアタッチします。EFAをデタッチする場合は、同様の手順で一覧からEFAを選択してデタッチします。デタッチする場合もインスタンスが停止している必要があります。

ネットワークインターフェイスをアタッチ
ネットワークインターフェイス
eni-06361a4df79f70ff1
VPC
vpc-
インスタンス
i-0a4c615aac987435c
ENA Express - optional
ENA Express
選択したインスタンスタイプ (g4dn.12xlarge) は ENA Express をサポートしていません。
ENA Express
ENA Express を有効にして、ストリームあたりの最大スループットを高め、EC2 インスタンス間のネットワークトラフィックのテールレイテンシーを最小限に抑えます。
有効化
ENA Express UDP
UDP トラフィックに ENA Express を使用します。
有効化
キャンセル
アタッチ

5.7 ストレージのサービス

5.7.1 生成AIのためのデータ保存・活用

AWS上のコンピューティングワークロードでは、データセットをS3へ段階的に取り込んでいくのが一般的です。S3は高い耐久性、低コスト、様々なデータ取り込み方法、データ活用のためのツールやサービスを提供しており、データレイクや長期的なデータリポジトリとして有用だからです。次のステップとして、保存したデータに対して機械学習モデルのトレーニングを実行したい場合、そのデータをAmazon EC2のようなコンピューティングインスタンスで利用できるようにします。インスタンスでデータを処理し、チェックポイント等の中間結果や、最終的に構築された機械学習モデルをS3に保存します。その後、処理を終えたコンピューティングインスタンスを終了します。

コンピューティングインスタンスでS3のデータを利用する方法は、一般的に3つあります。

1番目は、EC2インスタンスからAmazon S3のデータに直接アクセスする方法です。この方法では、Amazon S3 APIを使ってデータのアップロードやダウンロードを行い、データをローカルディスクにコピーすることはありません。その代わりに、データはインスタンスのメモリにとどまります。この方法はレイテンシーよりもスループットが重視されるユースケースにおいて、ファイル読み込みなどではなくオブジェクトとしてのアクセスが可能な場合に有効です。

2番目は、データセットをEC2インスタンスストレージやEC2インスタンスに接続されたローカルEBSボリュームにコピーする方法です。この方法を用いると、データはローカルファイルとして見ることができます。この方法は4.4節でAmazon EC2 Trn1インスタンスを起動した際にも利用した方法です。ストレージがアタッチされているインスタンスのみからアクセスできるので、少ないインスタンスで実行する場合は管理も容易ですが、インスタンス数が増えると、データをどこに保存して分散／並列処理するかという、データ配置の計画を立てるのが難しくなります。

3番目は、高パフォーマンスの共有ファイルシステムへデータセットをコピーする方法です。保存されたデータがインスタンスからローカルファイルのように見えるので、2番目の方法と同じようにアクセスできます。加えて、共有ファイルシステムに接続できる複数のインスタンスがデータにアクセスできるので、複数のインスタンスによる分散／並列処理を設計しやすくなります。

以上の特徴から、複数インスタンスを利用して基盤モデルをトレーニングする際は、共有ファイルシステムにコピーする方法が適しているといえます。しかし、こうした共有ファイルシステムでは、高いパフォーマンスを提供するための管理が非常に複雑であり、パフォーマンスや可用性のチューニングなどが必要でした。AWSではこの課題を解決するサービスとして、Amazon FSx for Lustreを提供しています。次項ではAmazon FSx for Lustreの機能を説明します。

5.7.2 Amazon FSx for Lustreの概要

Amazon FSx for Lustreは、高性能なLustreファイルシステムを簡単かつ低コストで起動および実行できるようにするためのAWSストレージサービスです。

Lustreは、高速ストレージが必要なアプリケーション向けに設計されたオープンソースのファイルシステムであり、機械学習以外にも、HPC、映像処理、金融モデリングなどのワークロードに適しています。Lustreは世界中で増え続けるデータセットを迅速かつ低コストで処理するために設計・構築されました。ファイルシステムとしては世界で最も高速であり、サブミリ秒のレイテンシー、最大数百GBpsのスループット、最大数百万IOPSを提供します。

Amazon FSx for Lustreは、Lustreの使用を簡単にするフルマネージドサービスです。Lustreファイルシステムのセットアップと管理における従来の複雑さを排除し、検証済みの高性能ファイルシステムを数分間で起動して実行できるようにします。また、コストを最適化できる複数展開のオプションも提供します。FSx for LustreはPOSIX準拠なので、変更を加えることなく現在のLinuxベースのアプリケーションを使用できます。さらに、ネイティブのファイルシステムインターフェイスを提供し、Linuxオペレーティングシステムのファイルシステムと同様に動作します。また、書き込み後の読み取り一貫性をサポートし、ファイルロックをサポートします。

以下では、Lustreが提供する基本的な機能やオプションを個別に説明します。

●デプロイメントオプション

Amazon FSx for Lustreは2種類のファイルシステムを提供しています。スクラッチファイルシステムは、一時的なデータ処理に最適で、データは複製されず、ファイルサーバーが失敗した場合は永続化されません。一方、永続ファイルシステムは、長期的なストレージと処理能力重視のワークロードに適しています。データが複製され、ファイルサーバーが失敗した場合は交換されるからです。

●ストレージオプション

FSx for Lustreは、SSDとHDDの2種類のストレージタイプを提供しており、それぞれデータ処理要件に最適化されています。SSDストレージは低レイテンシーでIOPS集約型のワークロードに適しており、他方、HDDストレージは処理能力重視の大規模な順次ファイル操作のワークロードに適しています。HDDを選択した場合、HDDストレージ容量の20%サイズのリードオンリーSSDキャッシュをオプションで設定できます。これにより、頻繁にアクセスされるファイルに対してサブミリ秒のレイテンシーと高いIOPSが提供されます。

●データリポジトリとの統合

FSx for Lustreは、Amazon S3バケットやオンプレミスのデータストアにリンクできます。S3バケットにリンクすると、S3オブジェクトがファイルとして表示されます。ファイルシステム作成時に既存のファイルがインポートされ、後からS3に追加されたファイルもインポート設定次第でインポートできます。また、ファイルシステムのデータをS3に書き戻すこともできます。データリポジトリタスクにより、ファイルシステムとS3リポジトリの間でのデータやメタデータの転送が簡素化されます。オンプレミスからの場合は、AWS Direct ConnectやVPNを使ってデータをインポートし、クラウド上でデータ処理ワークロードをバーストできます。

●ファイルシステムへのアクセス

FSx for Lustreファイルシステムへは、様々なインスタンスタイプやLinux AMIからアクセスできます。EC2インスタンス、ECSコンテナ、EKSコンテナなどからオープンソースのLustreクライアントを使ってアクセスします。EKSからはFSx for Lustre CSIドライバを使います。オンプレミスからは、Direct ConnectやVPNでデータをインポートしてクラウド上のインスタンスからファイルシステムにアクセスできます。Amazon Linux 2やRHEL、CentOS、Ubuntu、SUSEなどの主要Linuxディストリビューションに対応しています。

5.7.3　Amazon FSx for Lustreの利用

Amazon EC2インスタンスからAmazon FSx for Lustreのファイルを読み込むまでの流れを説明します。

まず、Amazon FSxのコンソールに移動して、ファイルシステムの作成を行います。次頁の図はファイルシステム作成の最初の画面であり、4種類のファイルシステムから選択できるようになっています。ここではAmazon FSx for Lustre を選択します。

続いて、Amazon FSx for Lustreに関する設定を行います。まず、4.6.3項で述べたデプロイとストレージのオプションを選択します。次に、ストレージ単位当りのスループットとキャパシティを指定します。ファイルシステム作成後は、デプロイとストレージのオプションを変更することはできませんが、スループットとキャパシティは変更可能です。従って、機械学習モデルのトレーニングを試しながら、これらを調整することも可能です。

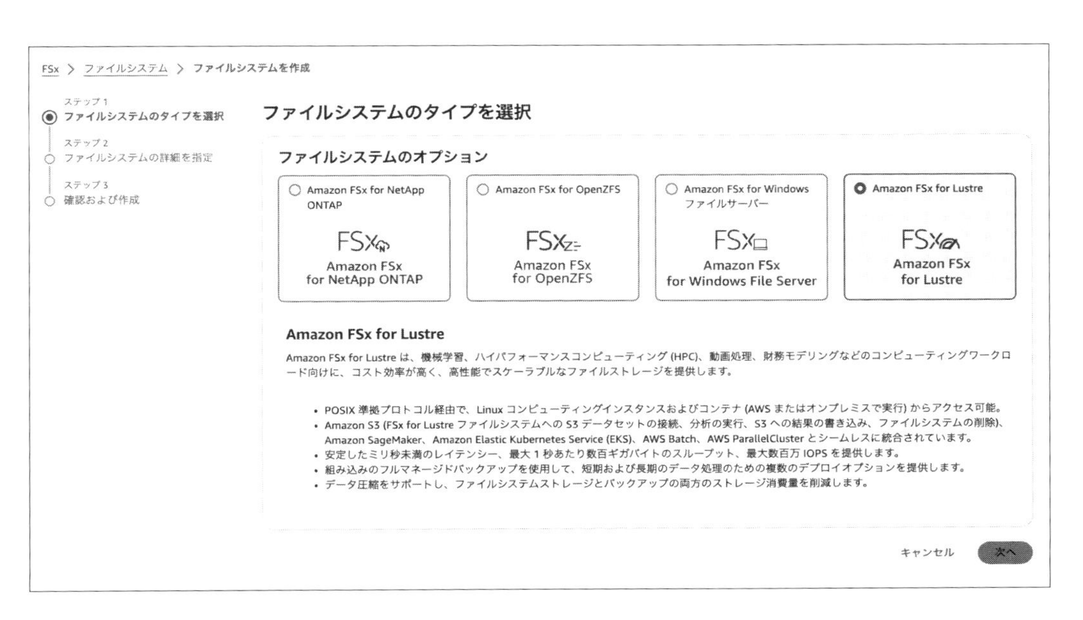
FSx > ファイルシステム > ファイルシステムを作成
ステップ 1
ファイルシステムのタイプを選択
ステップ 2
ファイルシステムの詳細を指定
ステップ 3
確認および作成
ファイルシステムのタイプを選択
ファイルシステムのオプション
Amazon FSx for NetApp ONTAP
Amazon FSx for OpenZFS
Amazon FSx for Windows ファイルサーバー
Amazon FSx for Lustre
Amazon FSx for NetApp ONTAP
Amazon FSx for OpenZFS
Amazon FSx for Windows File Server
Amazon FSx for Lustre
Amazon FSx for Lustre
Amazon FSx for Lustre は、機械学習、ハイパフォーマンスコンピューティング (HPC)、動画処理、財務モデリングなどのコンピューティングワークロード向けに、コスト効率が高く、高性能でスケーラブルなファイルストレージを提供します。
POSIX 準拠プロトコル経由で、Linux コンピューティングインスタンスおよびコンテナ (AWS またはオンプレミスで実行) からアクセス可能。
Amazon S3 (FSx for Lustre ファイルシステムへの S3 データセットの接続、分析の実行、S3 への結果の書き込み、ファイルシステムの削除)、Amazon SageMaker、Amazon Elastic Kubernetes Service (EKS)、AWS Batch、AWS ParallelCluster とシームレスに統合されています。
安定したミリ秒未満のレイテンシー、最大 1 秒あたり数百ギガバイトのスループット、最大数百万 IOPS を提供します。
組み込みのフルマネージドバックアップを使用して、短期および長期のデータ処理のための複数のデプロイオプションを提供します。
データ圧縮をサポートし、ファイルシステムストレージとバックアップの両方のストレージ消費量を削減します。
キャンセル
次へ

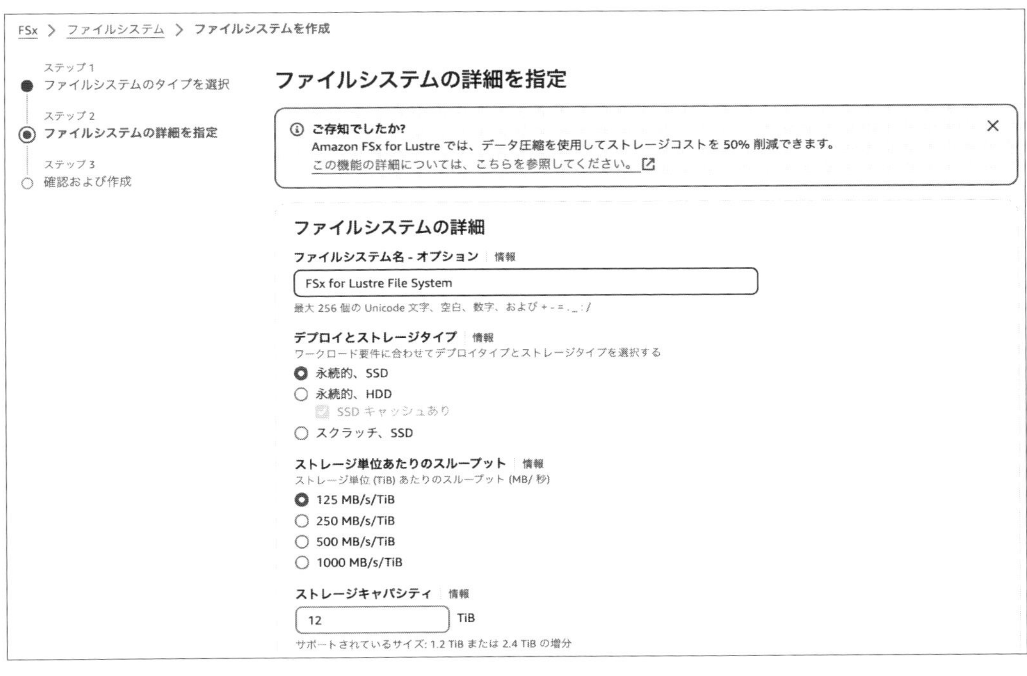
FSx > ファイルシステム > ファイルシステムを作成
ステップ 1
ファイルシステムのタイプを選択
ステップ 2
ファイルシステムの詳細を指定
ステップ 3
確認および作成
ファイルシステムの詳細を指定
ご存知でしたか?
Amazon FSx for Lustre では、データ圧縮を使用してストレージコストを 50% 削減できます。
この機能の詳細については、こちらを参照してください。
ファイルシステムの詳細
ファイルシステム名 - オプション　情報
FSx for Lustre File System
最大 256 個の Unicode 文字、空白、数字、および + - = . _ : /
デプロイとストレージタイプ　情報
ワークロード要件に合わせてデプロイタイプとストレージタイプを選択する
永続的、SSD
永続的、HDD
SSD キャッシュあり
スクラッチ、SSD
ストレージ単位あたりのスループット　情報
ストレージ単位 (TiB) あたりのスループット (MB/ 秒)
125 MB/s/TiB
250 MB/s/TiB
500 MB/s/TiB
1000 MB/s/TiB
ストレージキャパシティ　情報
12
TiB
サポートされているサイズ: 1.2 TiB または 2.4 TiB の増分

次に、ネットワークとセキュリティを設定します。ファイルシステムをマウントするインスタンスと同じVPCとサブネットを選択します。セキュリティグループはLustreのトラフィックを許可するように設定します。

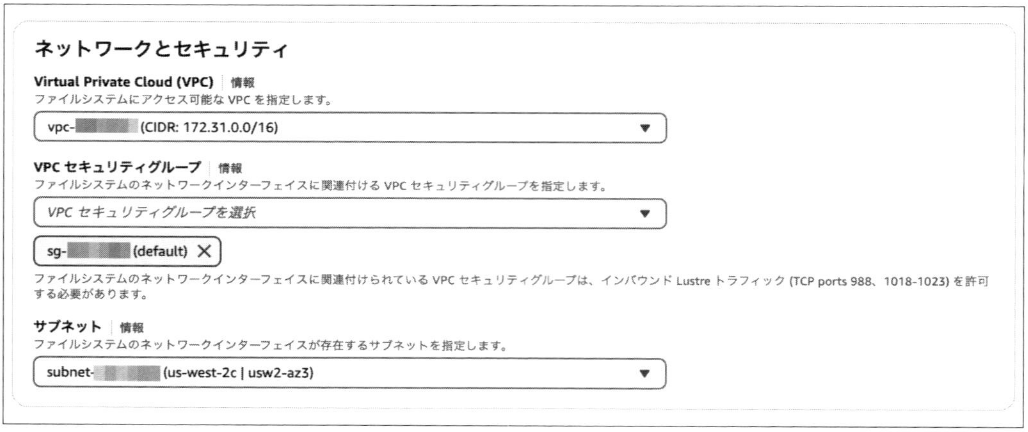

ネットワークとセキュリティ
Virtual Private Cloud (VPC) 情報
ファイルシステムにアクセス可能な VPC を指定します。
vpc-　(CIDR: 172.31.0.0/16)
VPC セキュリティグループ 情報
ファイルシステムのネットワークインターフェイスに関連付ける VPC セキュリティグループを指定します。
VPC セキュリティグループを選択
sg-　(default)
ファイルシステムのネットワークインターフェイスに関連付けられている VPC セキュリティグループは、インバウンド Lustre トラフィック (TCP ports 988、1018-1023) を許可する必要があります。
サブネット 情報
ファイルシステムのネットワークインターフェイスが存在するサブネットを指定します。
subnet-　(us-west-2c | usw2-az3)

最後の設定は、Amazon S3とFSx for Lustreの関連づけです。Amazon S3のパスを指定すると、そのファイルをFSx for Lustreにインポートしたり、逆にFSx for LustreからAmazon S3にエクスポートしたりできます。特に、既にAmazon S3にデータセットを蓄積していて、FSx for Lustreで高速にアクセスしたい場合、インポートを設定すると便利です。

ここまでの設定が完了したら、「次へ」をクリックし、最後に「確認」をクリックして作成へと進みます。

数分待つと、FSx for Lusterのファイルシステムが作られます。ファイルシステムの一覧画面から、作成したファイルシステムを選択すると、表示された画面から詳細を確認できます。

このあと、Amazon EC2インスタンスから読み込むために、マウント名とDNS名が必要になります。

▼ データリポジトリの Import/Export - オプション
S3 からのデータのインポートと S3 へのデータのエクスポート 情報
データリポジトリの関連付け情報
ファイルシステムのパス 情報
/dataset
データリポジトリのパス 情報
s3://
このファイルシステムと関連付けられる S3 バケットまたは S3 プレフィックスの名前。データリポジトリの関連付けが不要な場合は、ファイルシステムとデータリポジトリパスの両方を空白のままにします。
リポジトリからメタデータをインポート – オプション 情報
設定をインポート
このセクションでは、データリポジトリの更新をファイルシステムにインポートする方法を設定できます。
ポリシーをインポート 情報
データリポジトリのどの更新をファイルシステムに反映するかを選択
すべて選択解除
新規
新しいファイルがリポジトリに追加されたときにメタデータをインポート
変更済み
リポジトリでファイルが変更されるとき、ファイルメタデータを更新し、ファイルシステム上の既存のファイルコンテンツを無効化
削除済み
対応するファイルがリポジトリから削除されると、ファイルシステム上のファイルを削除

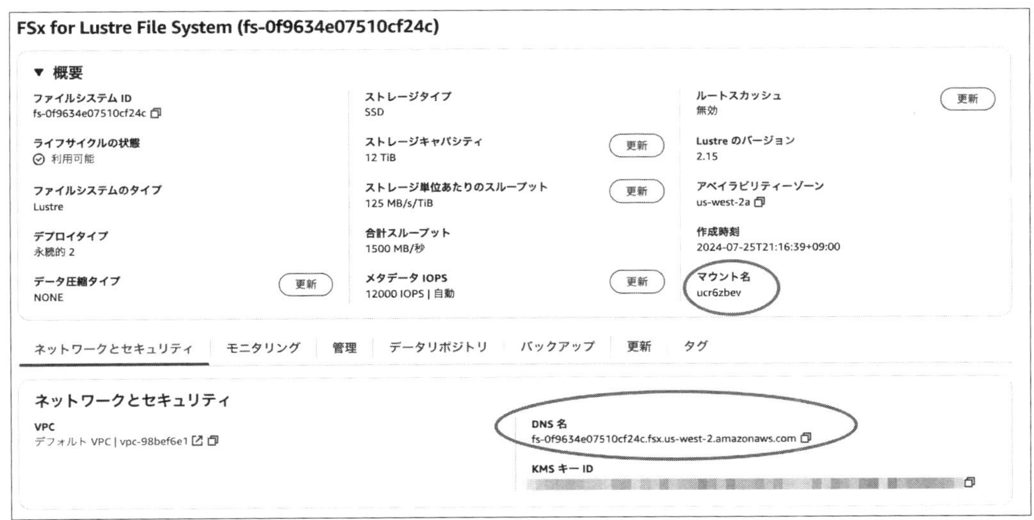
FSx for Lustre File System (fs-0f9634e07510cf24c)
▼ 概要
ファイルシステム ID
fs-0f9634e07510cf24c
ライフサイクルの状態
利用可能
ファイルシステムのタイプ
Lustre
デプロイタイプ
永続的 2
データ圧縮タイプ
NONE
ストレージタイプ
SSD
ストレージキャパシティ
12 TiB
ストレージ単位あたりのスループット
125 MB/s/TiB
合計スループット
1500 MB/秒
メタデータ IOPS
12000 IOPS | 自動
ルートスカッシュ
無効
Lustre のバージョン
2.15
アベイラビリティーゾーン
us-west-2a
作成時刻
2024-07-25T21:16:39+09:00
マウント名
ucr6zbev
更新
ネットワークとセキュリティ
モニタリング
管理
データリポジトリ
バックアップ
更新
タグ
ネットワークとセキュリティ
VPC
デフォルト VPC | vpc-98bef6e1
DNS 名
fs-0f9634e07510cf24c.fsx.us-west-2.amazonaws.com
KMS キー ID

それでは、EC2からファイルシステムにアクセスするために、EC2インスタンスのシェルを開き、ファイルシステムをマウントします。そのためには、まずLustreのクライアントをインストールする必要があります。インストール手順は、FSx for Lustreのページを確認してください

https://docs.aws.amazon.com/fsx/latest/LustreGuide/install-lustre-client.html

インストールが完了していれば、lustreタイプのファイルシステムをマウントできます。それには、さきほど確認したマウント名とDNS名を使って、以下のコマンドを実行します。

```
sudo mkdir -p /fsx
sudo mount -t lustre -o relatime,flock file_system_dns_name@
tcp:/mountname /fsx
```

下の画面は、マウントを実行して中身を表示したときの出力画面です。S3のパスとともに設定したファイルシステムのパスがディレクトリとして見え、その下にS3に保存されているファイルの一覧を確認することができます。

```
ubuntu@ip-172-31-17-2:~$ sudo mkdir -p /fsx
ubuntu@ip-172-31-17-2:~$ sudo mount -t lustre -o relatime,flock fs-0f9634e07510cf24c.fsx.us-west-2.amazonaws.com@tcp:/ucr6zbev /fsx
ubuntu@ip-172-31-17-2:~$ ls /fsx
dataset
ubuntu@ip-172-31-17-2:~$ ls /fsx/dataset
apple_pie        bibimbap           carrot_cake          chocolate_cake    croque_madame   escargots          french_toast     grilled_ch
baby_back_ribs   bread_pudding      ceviche              chocolate_mousse  cup_cakes       falafel            fried_calamari   grilled_sa
baklava          breakfast_burrito  cheese_plate         churros           deviled_eggs    filet_mignon       fried_rice       guacamole
beef_carpaccio   bruschetta         cheesecake           clam_chowder      donuts          fish_and_chips     frozen_yogurt    gyoza
beef_tartare     caesar_salad       chicken_curry        club_sandwich     dumplings       foie_gras          garlic_bread     hamburger
beet_salad       cannoli            chicken_quesadilla   crab_cakes        edamame         french_fries       gnocchi          hot_and_so
beignets         caprese_salad      chicken_wings        creme_brulee      eggs_benedict   french_onion_soup  greek_salad      hot_dog
ubuntu@ip-172-31-17-2:~$
```

5.8 クラスター管理ツール

生成AIのインフラストラクチャとして、コンピューティング、ネットワーク、ストレージが重要であることと、それらの利用方法を説明しました。これらを生成AIで利用するためには、インスタンスを同時に立ち上げたり、ネットワークやストレージを関連づけたりと、様々な作業を行う必要があります。

AWSではこれらのサービスを操作するためのAPIを提供しているので、ユーザーはAPIを使って必要な作業を自動化できます。クラスターの構築・管理に必要なリソースやツールのデプロイを自動化するオープンソースとして、AWS ParallelClusterが開発されています。

https://github.com/aws/aws-parallelcluster

AWS ParallelClusterを使い、インスタンスのタイプや数、ネットワーク、共有ストレージなどの設定をconfigファイルに記載すれば、クラスター作成コマンドを実行するだけで自動的にクラスターを作成できます。以下の図はParallelClusterの構成の概略を示しています。

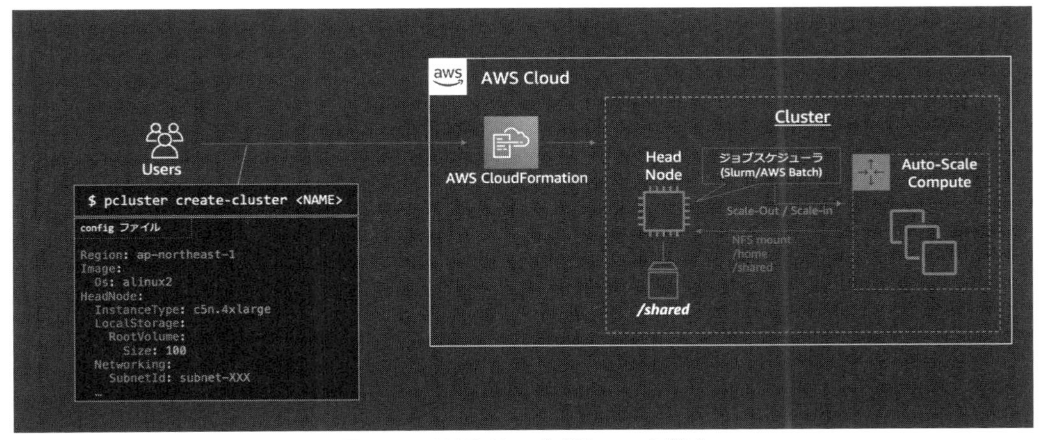

図5.22　AWS ParallelClusterの構成

ユーザーがconfigファイルを作成して、pcluster create-clusterコマンドを実行すると、AWS CloudFormationテンプレートが生成され、configファイルに記載されたクラスターの構成がデプロイされます。クラスターはHead nodeとオートスケールするコンピューティングリソースで構成されており、共有ストレージがマウントされます。

クラスターを作成すると、**図5.23**のようにEC2のコンソール上でHead nodeを確認できます。クラスターに対する操作はHead nodeのシェルから実行します。ジョブスケジューラとしては

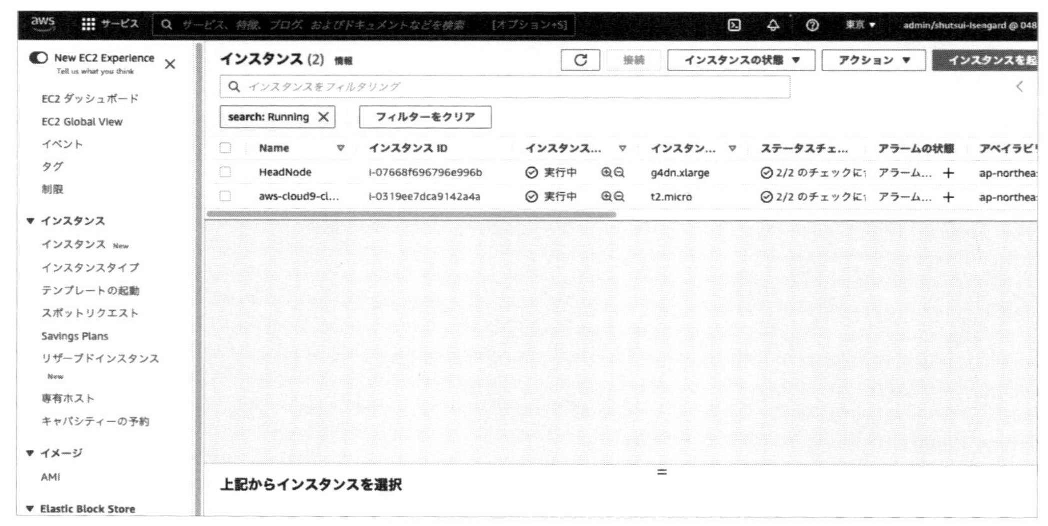

図5.23　EC2のコンソール上でのHead nodeの表示

SlurmやAWS Batchを利用でき、Head nodeからSlurmでトレーニングジョブの実行を指示すると、コンピューティングリソースでジョブが実行されます。

4.4.2項のように単一のインスタンスを利用した場合は、インスタンスのアクセラレータを複数利用するPythonスクリプトを用意し、それをtorchrunというPyTorchスクリプトから実行していました。今回のように複数のインスタンスを活用する場合は、スクリプトの実行を複数のインスタンスに割り当てる必要がありますが、ParallelClusterではSlurmのようなジョブスケジューラを使ってこれを実現しています。

5.9 マネージドサービス

5.9.1 Amazon SageMakerの概要

4.7節で述べたAWS ParallelClusterは、クラスターの作成を自動化するツールとして非常に有用です。オープンソースでもあるので、ユーザーがカスタマイズして利用することも可能です。一方で、ParallelClusterの実行・管理の責任はユーザー側にあり、実行時に生じるエラーの対応などもユーザー側が中心となって行う必要があります。このような性質から、ユーザー自身で管理を行うSelf-managed service（セルフマネージドサービス）と呼ばれることがあります。

これに対し、利用の前提条件を満たせばエラーを生じないように、AWS側が管理・提供するサービスとしてManaged service（マネージドサービス）があります。Amazon SageMakerは生成AIを含む機械学習モデルの構築・利用のためのマネージドサービスとして提供されています。

Amazon SageMakerはあらゆる用途に対応できるよう、高性能かつ低コストな機械学習を実現するためのツールを幅広く統合しています。機械学習を対話的に試すためのノートブック、不具合の検出を支援するデバッガー、効率性などを分析できるプロファイラー、データ準備などの処理と連携するパイプライン、モデルの監視・改善などを実現するMLOpsといった様々なツールを活用でき、全てが1つの統合開発環境に集約されています。生成AIの基盤モデルに対しても、事前学習、継続学習、ファインチューニング、デプロイを目的とした専用ツールを提供しており、基盤モデルを含めて数百のトレーニング済みモデルにアクセス可能です。以下では生成AIに関わるAmazon SageMakerの機能群を中心に説明します。

5.9.2 Amazon SageMaker JumpStart

SageMaker JumpStartは、機械学習を始めるのに役立つ、多くの種類のトレーニング済みのオープンソースモデルを提供しています。これらのモデルは段階的にトレーニングとチューニングを行うことができます。JumpStartには、機械学習のモデルに合わせてインフラストラクチャを設定するためのソリューションテンプレートや、SageMakerでの機械学習の実行可能なサンプルノートブックも用意されています。トレーニング済みモデルに対して、デプロイ、ファインチューニング、評価を行うことができ、これらの機能はAmazon SageMaker StudioのJumpStartページから利用できます。同様の機能は、SageMaker Python SDKを用いてプログラムから利用することも可能です。以下では、Amazon SageMaker StudioからJumpStartのモデルにアクセスする方法を示します。

まず、Amazon SageMaker Studioにログインすると、Home画面が表示されます。画面左側の

メニューにJumpStartが表示されているので、クリックしてJumpStartの画面に移動します。

JumpStartの最初に表示されるページでは、モデルのプロバイダーを選択します。利用したい生成AIモデルを提供するプロバイダーをクリックして、モデルを操作する画面に移動します。

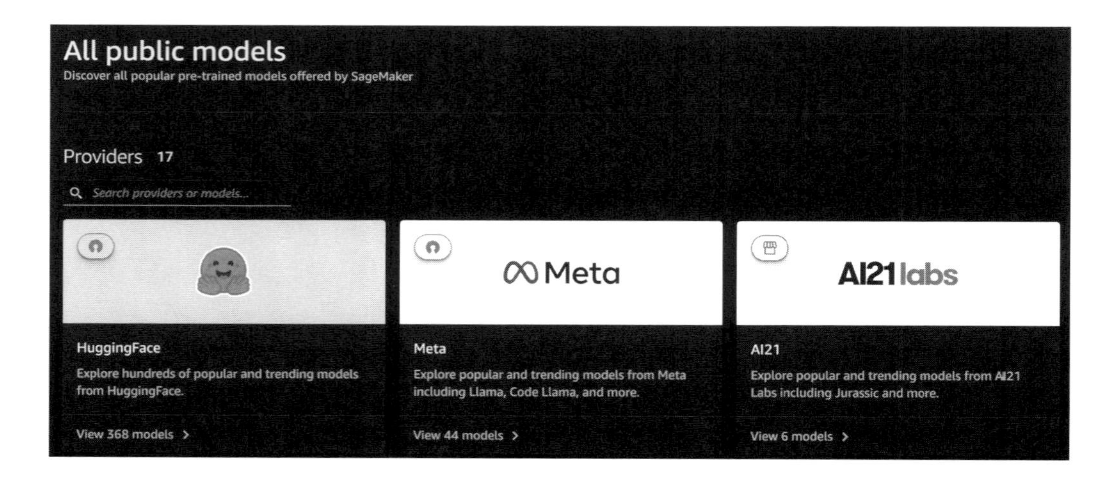

今回は、生成AIモデルとしてMeta社のLlama3 8Bを選択した場合を示します。画面にはモデルの詳細が表示され、モデルを試すためのノートブックへのリンクが用意されています。画面右上には、トレーニング、デプロイ、推論のための最適化、評価を行うためのメニューが配置され

ています。これらの機能の役割はモデルの種類によって異なります。以下では、基盤モデルを扱う場合について、これら4つの機能について紹介します。

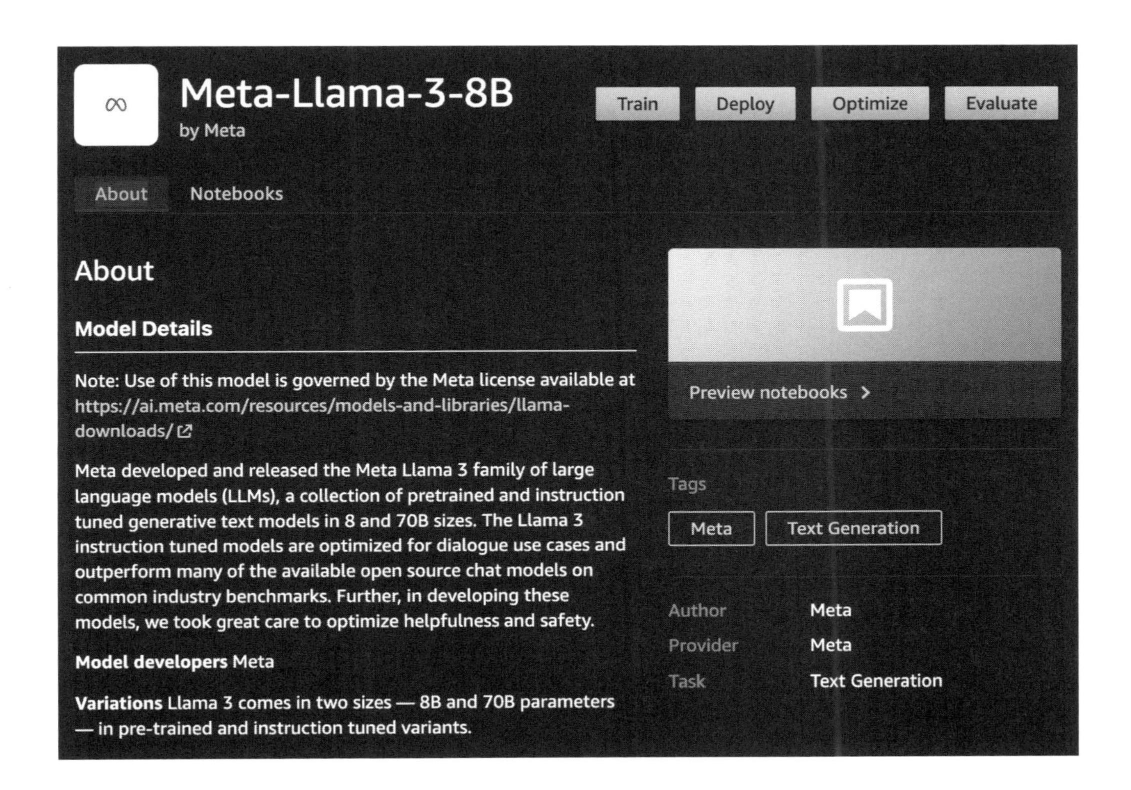

●トレーニング

SageMaker JumpStartにおける基盤モデルのトレーニングは、基盤モデルを最初から学習する事前学習ではなく、学習済みのモデルをカスタマイズするファインチューニングです。2種類のファインチューニングが用意されており、一つはドメイン適応ファインチューニング（Domain adaptation fine-tuning）であり、継続事前学習（Continual pre-training）とも呼ばれるものです。もう一つはインストラクションによるファインチューニング（Instruction-based fine-tuning）です。

ドメイン適応ファインチューニングの場合は、ラベルのないテキストデータが必要であり、インストラクションによるファインチューニングの場合は、入力（Prompt）と出力（Completion）のペアとなるデータを必要とします。必要なデータをAmazon S3にアップロードし、SageMaker JumpStartのトレーニングの画面から、データに対するAmazon S3のパスとハイパーパラメータを指定して、トレーニングを実行することができます。

●デプロイ

デプロイとは、基盤モデルによる推論をリアルタイムに提供するエンドポイントを作成することです。エンドポイントのAPIに推論リクエストを送ると、エンドポイントは推論結果を返します。リアルタイムに推論結果を返すためには、エンドポイントに十分なパフォーマンスをもつインスタンスタイプやインスタンス数を選択する必要があります。

JumpStartで提供されているモデルは事前にテストされており、推奨されるインスタンスタイプがJumpStartの画面に表示されます。ユーザーはこれを選ぶことも、また、要件にあわせて変更することも可能です。インスタンス選択画面の下部には、インスタンスタイプに応じて想定されるレイテンシーやスループットが表示されるので、その値を参考にしてインスタンスを決定します。

●推論のための最適化

投機的デコーディング、量子化、コンパイルなどの最適化手法を適用すると、生成AIモデルの推論性能を向上させ、コストパフォーマンスを改善できます。一部のモデルでは、レイテンシーやスループットの要件に合わせた最適化済みのバージョンが用意されており、自分で最適化する必要がありません。

投機的デコーディングは、大規模言語モデルのデコーディングプロセスを高速化する手法です。生成されるテキストの品質を損なうことなく、モデルのレイテンシーを最適化します。量子化は、モデルの重みやアクティベーションを、より低精度のデータ型で表現することで、求められるハードウェアの要件を下げる手法です。コンパイルは、精度を維持したまま、ハードウェアの性能を最大限に引き出す最適化手法です。

デプロイする先のインスタンスによって選択肢は異なり、例えば、Inf1インスタンスを選択すると、Inferentiaに最適化するためのコンパイルを選択することができます。

●評価

SageMaker Clarify Foundation Model Evaluations (FMEval) では、テキストベースの基盤モデルを評価できます。これらのモデル評価を使用して、モデルの品質と責任に関する評価値を比較すれば、モデルリスクを定量化できます。

FMEvalはテキスト生成、テキスト要約、質問応答、分類などのタスクを実行するモデルを評価できます。自動評価では**表5.2**のように、タスクのタイプに応じて、正確性、意味的頑健性、事実知識、プロンプトのバイアス、有害性などの側面でLLMをスコアリングできます。また、人間による評価を使って、モデル応答を手動で評価することもできます。

FMEval UIは、モデルの選択、リソースのプロビジョニング、評価者の手配と指示の作成などのワークフローをガイドします。

表5.2 FMEvalによるLLMの自動評価

モデルのタスクと自動評価の側面	正確性	意味的頑健性	事実知識	プロンプトのバイアス	有害性
テキスト要約	○	○			○
質問応答	○	○			○
テキスト分類	○	○			
テキスト生成		○	○	○	○

5.9.3 Amazon SageMaker Training

Amazon SageMaker Trainingは様々なMLモデルを効率的にトレーニングするためのフルマネージドな機能により、MLワークロードのコンテナ化とコンピューティングリソースの管理を主に行います。トレーニングのためのインフラストラクチャのセットアップと管理をSageMaker Trainingが行うので、ユーザーはモデルの開発、トレーニング、チューニングに集中できます。

SageMaker Trainingは前項で説明したSageMaker JumpStartのトレーニングでも内部的に利用されており、複数の機能から呼び出して使われます。生成AIのチューニングやトレーニングの観点からは、以下の3つの機能から使うことができます。

●ローコード／ノーコードの最少手順で基盤モデルをチューニングする

Amazon SageMaker Canvasを使えば、コーディングをすることなく機械学習モデルをトレーニングでき、基盤モデルのファインチューニングが可能です。SageMaker Canvasでファインチューニングを開始する方法はいくつかあり、My modelの画面からNew modelを選択する方法や、基盤モデルでチャットを行っている際に表示されるファインチューニングのアイコンをクリックする方法があります。下の画面はSageMaker CanvasのMy modelから開始する場合を示しています。

基盤モデルをファインチューニングするには、サンプルのプロンプトとモデルの出力からなるペアのデータセットを用意する必要があります。Canvasの機能を利用してデータセットをインポートし選択すると、次頁の画面（**図5.28**）に移動します。ファインチューニングの元となるBase modelsを選択してFine-tuneのボタンをクリックすると、ファインチューニングを開始できます。

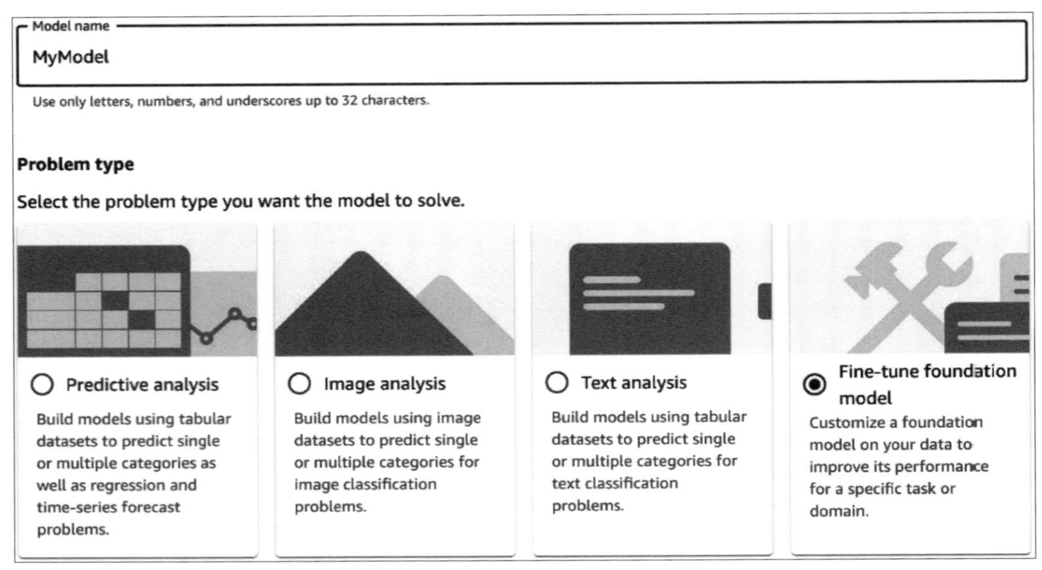

図5.27　SageMaker CanvasのMy modelからファインチューニングを開始する画面

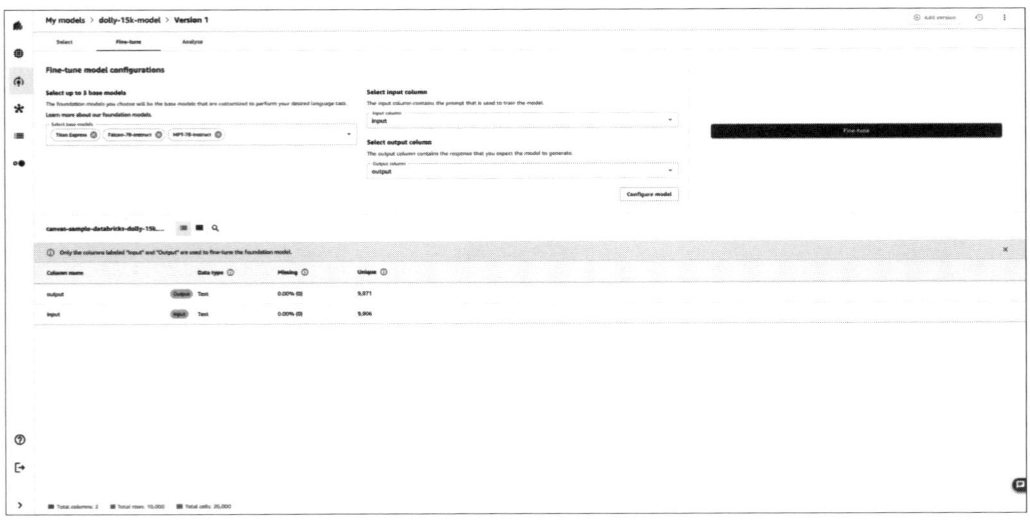

図5.28　ファインチューニングの実行画面

●ローコード／ノーコードで設定を柔軟に変更しながら基盤モデルをチューニングする

SageMaker Canvasよりも柔軟な設定でチューニングしたい場合や、ドメイン適応ファインチューニングを実行したい場合は、SageMaker JumpStartが選択肢になります。SageMaker JumpStartは複数の基盤モデルへのアクセスを可能にし、ファインチューニング、評価、デプロイを容易に実行できます。**図5.29**はSageMaker JumpStartのトレーニングの画面を示しています。Amazon S3のデータのパスを指定し、SageMaker Canvasでは設定ができなかったHyperparametersの設定が可能です。

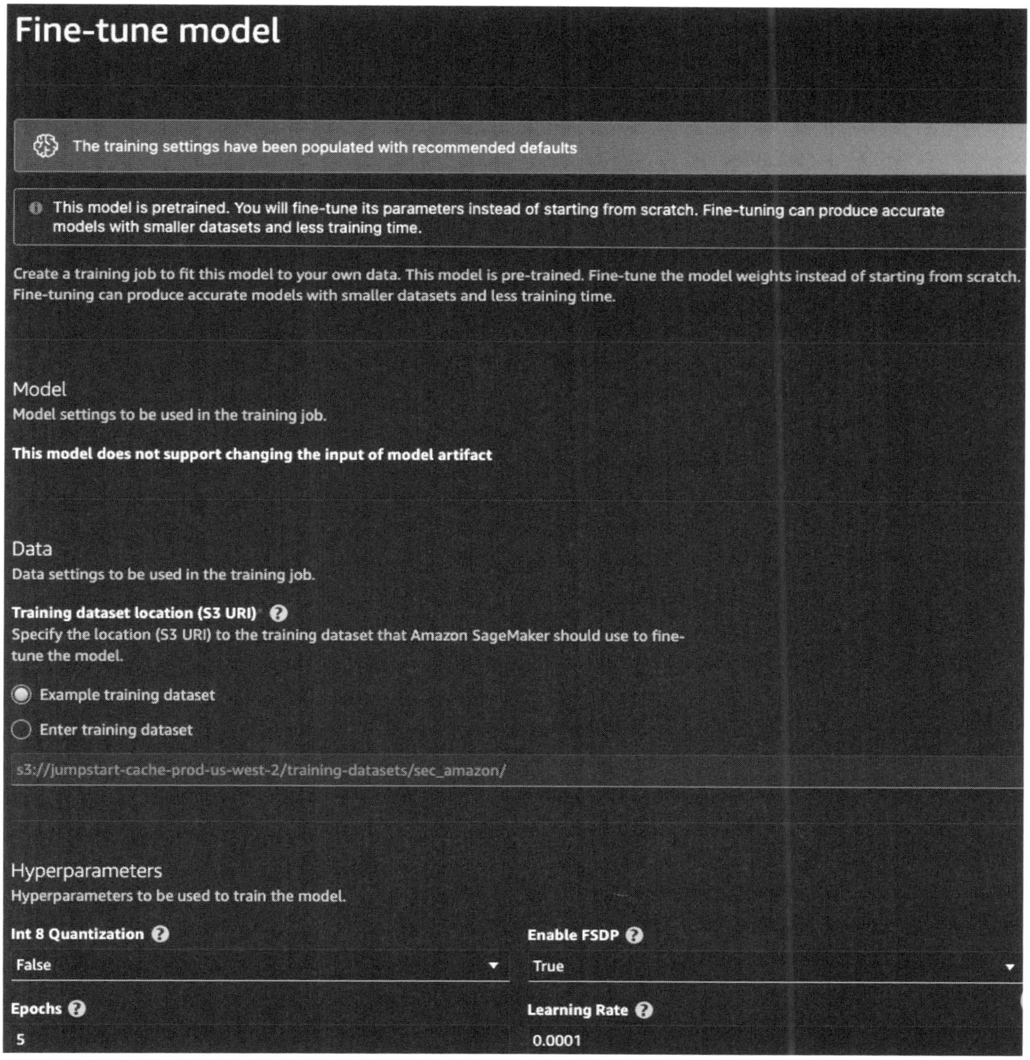

図5.29　SageMaker JumpStartのトレーニング画面

●コードを実装して最も柔軟に基盤モデルのトレーニングを行う

Amazon SageMaker TrainingにはBring your own scriptの機能があり、実行環境となるコンテナを準備すれば、任意のコードとデータでトレーニングを行うことができます。AWSでは主要な機械学習フレームワークを含めたSageMaker Distributionというコンテナを提供しており、それを利用することも可能です。その場合、データをAmazon S3に保存しておく点はJumpStartと同じですが、コードは別途ユーザー自身が作成・準備する必要があります。

例えば、**リスト5.1**のような学習用のPythonコードtrain.pyを用意します。

リスト5.1　学習用の Python コード train.pyの内容（抜粋）

```
import argparse
...
def train(model, optimizer, lr_scheduler, model_config, start_train_
path_index, start_batch_index,
    num_params, total_steps, args, param_id_to_buffer):
    """Eval model."""
    if args.enable_memory_profiling > 0:
        memory_status_cpu(msg="before train step")

    model.train()
    if args.parallel_proc_data_processing:
        pool = ProcessPoolExecutor(1)
...
```

次に、このコードをSageMakerで実行するためのコードを準備します。SageMaker Python SDKというSageMakerの機能をPythonで呼び出すSDKを利用して、**リスト5.2**のようにコードを書きます。

リスト5.2　train.pyをSageMakerで実行するためのコード：run_sagemaker.py

```
smp_estimator = PyTorch(
    entry_point="train.py",
    source_dir=os.getcwd(),
    role=role,
    instance_type="ml.p4d.24xlarge",
    instance_count = 2,
    sagemaker_session=sagemaker_session,
```

```
    distribution={
        "mpi": {
            "enabled": True,
            "processes_per_host": processes_per_host,
            "custom_mpi_options": mpioptions,
        },
        "smdistributed": {…
                },
            }
        },
    },
    framework_version="2.0",
    py_version="py310",
    …
)

smp_estimator.fit(inputs=data_channels, logs=True)
```

ここでPyTorchという関数は、SageMakerのPyTorchを実行するためのコンテナを呼び出すよう指定し、そのコンテナの実行について引数で指定しています。例えば、上記のtrain.py（**リスト5.2**）をエントリーポイントとして実行することや、指定したインスタンスタイプとインスタンス数で実行すること、smdistributedという分散トレーニングを実行することなどを記述します。最後に、smp_estimator.fit（inputs=data_channels, logs=True）で、data _channelsに対してAmazon S3のデータのパスなどを記述した情報を渡します。

fitを実行すると指定したインスタンスが起動し、コンテナイメージやデータセットのダウンロードが終了すると、トレーニングスクリプトが実行されます。トレーニングが終了するとインスタンスは自動停止しますので、トレーニングスクリプトには学習結果をAmazon S3などのストレージに保存するコードを記載しておく必要があります。

5.9.4 Amazon SageMaker HyperPod

Amazon SageMaker Trainingは、必要なときにだけインスタンスを起動して基盤モデルをトレーニングできる効率的で経済的な選択肢であり、SageMaker CanvasやSageMaker JumpStartといった使いやすいインターフェイスも提供されています。一方で、大規模な基盤モデルをゼロから学習したい場合などは、数百台のインスタンスを使ったクラスターが必要になる場合があります。そのようなクラスターの起動・停止は非常に時間がかかる上に、基盤モデルのトレーニングには試行錯誤が必要なので、起動・停止を繰り返すのではなく、ユーザー側でクラスターの起動・停止を判断したい場合があります。また、SageMaker Trainingで複数ノードの学習を行う場合は、SageMakerの分散トレーニングライブラリに依存しますが、Slurmを使って分散トレーニングを実行したい場合もあります。Amazon SageMaker HyperPodは特に大規模な基盤モデルのトレーニングを想定して、これらの要求に対応する機能を提供しています。

SageMaker HyperPodのアーキテクチャを**図5.30**に示します。基本的な構成は4.7節で説明したParallelClusterと似通っており、クラスターの作成をSageMaker HyperPodに指示すると、Head nodeとCompute nodeが作成されます。基盤モデル開発者はデータをFSx for Lustreからアクセス可能にしておき、Head nodeから学習を実行します。

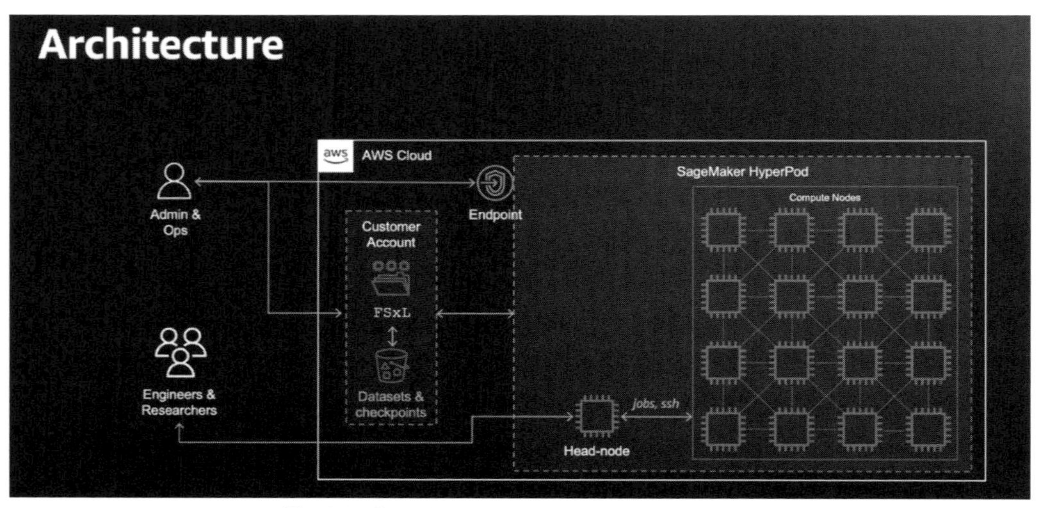

図5.30　SageMaker HyperPodのアーキテクチャ

ParallelClusterとの違いは、SageMaker HyperPodがマネージドサービスであり、AWS CLIやコンソールの操作でAPIを実行すれば、SageMakerがクラスターを作成する点です。**図5.31**のように、SageMakerのコンソール画面からHyperPodクラスターのメニューを選択すると、クラスター一覧の画面に移動します。この画面からクラスターの作成を開始することができます。

図5.31 SageMakerのコンソールからHyperPodクラスターを作成

まず、クラスターの名前を指定し、次にインスタンスグループを**図5.32**の画面から作成します。インスタンスグループでは、主に、インスタンスタイプとその数を指定します。インスタンスグループの設定が完了したら、続いてVPCなどを設定し、クラスターの作成を完了します。

クラスターの起動が完了すると、AWS Systems Manager（SSM）を使用してクラスターにアクセスできます。具体的には、aws ssm start-sessionコマンドを実行し、SageMaker HyperPodクラスターのホスト名をsagemaker-cluster:[cluster-id]_[instance-group-name]-[instance-id]の形式で指定します。クラスターID、インスタンスID、インスタンスグループ名は、SageMaker HyperPodコンソールから取得するか、またはAWS CLIコマンドのdescribe-clusterとlist-cluster-nodesを実行して取得します。

SSMでクラスターにアクセスすると、トレーニングジョブを実行できます。それには、標準のSlurmのsbatchまたはsrunコマンドを使用します。例えば、8ノードのトレーニングジョブを起動するには、以下のコマンドを実行します。

```
srun -N 8 --exclusive train.sh
```

インスタンスグループを作成 ×

インスタンスグループ名
このインスタンスグループの名前を指定します。
LLM-instance-group

インスタンスタイプを選択
ml.trn1.32xlarge ▼

数量
新しいインスタンスグループに割り当てるインスタンスの数を指定します。
24

ライフサイクルスクリプトファイルへの S3 パス
s3://bucket/prefix/directory　表示　S3 を参照

on-create ライフサイクルスクリプトへのディレクトリパス
クラスターの作成後にインスタンスグループの各インスタンスで実行するライフサイクル設定スクリプトへのパスを入力します。これは、以下で指定したライフサイクル設定ファイルの S3 パスに対する相対パスにしてください'ライフサイクルスクリプトファイルへの S3 パス'.

IAM ロール
Amazon SageMaker では、ユーザーに代わって他のサービスを呼び出すための許可が必要です。ロールを選択するか、または AmazonSageMakerClusterInstanceRolePolicy IAM ポリシーがアタッチされたロールを作成することを AWS に許可してください。
AmazonSageMaker-ExecutionRole-20230919T220700 ▼

▶ 高度な設定

図5.32　インスタンスグループの設定

train.shはトレーニングを行うスクリプトであり、例えば、torchrunからpythonのトレーニングコードを実行するようなときに用います。4.7節で紹介したParallelClusterを使う場合も同様に、Slurmを使って複数ノードにジョブを割り当ててtorchrunを利用しますので、利用方法はお互いに共通しています。

SageMaker HyperPodは、conda、venv、docker、enrootなど、様々な環境でのトレーニングをサポートしています。SageMaker HyperPodクラスターでライフサイクルスクリプトを実行することで、必要な機械学習の環境を構成できます。また、Amazon FSxなどの共有ファイルシステムを接続することもでき、基盤モデルのトレーニングを加速します。トレーニングが開始されたら、neuron-topコマンドを実行することで、**図5.33**のようにリソースの使用状況を確認できます。

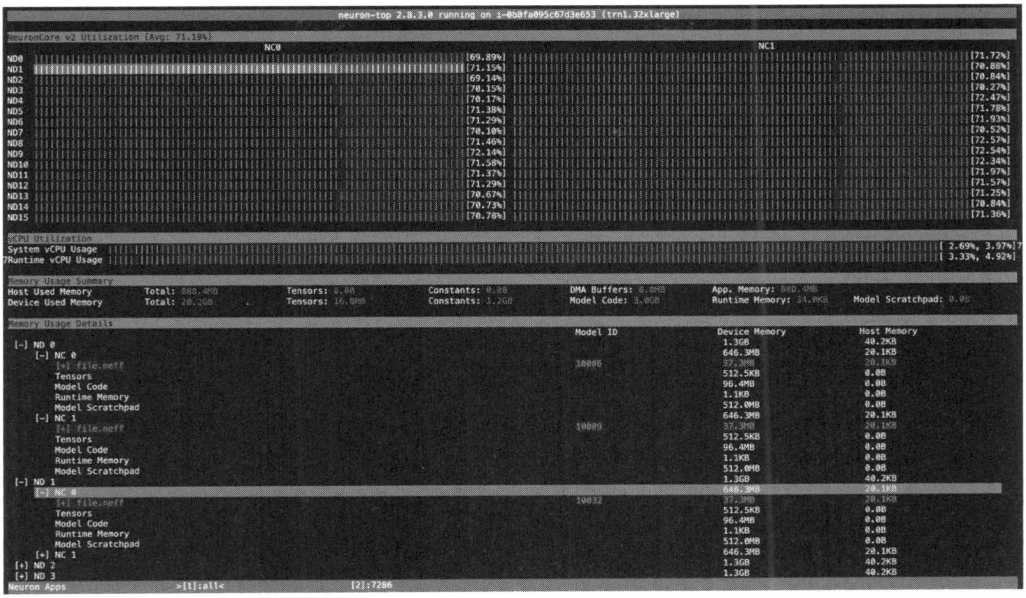

図5.33　モデルトレーニング中のリソース使用状況

5.9.5 Amazon SageMaker Inference

Amazon SageMaker Inferenceを使えば、学習済みの機械学習モデルから予測や推論を行うことができます。SageMaker Inferenceでは、学習済みのモデルとそれを動かすためのコンテナイメージを用意することで、オートスケールなどの効率的な運用方式を簡単に実装し、かつユースケースに合わせた推論方法を選んで利用できます。推論方法のオプションとしては、低レイテンシーの推論に適したリアルタイムエンドポイント、フルマネージド環境と自動スケーリングに対応したサーバーレスエンドポイント、バッチリクエスト向けの非同期エンドポイントなどなどが提供されています。

SageMaker Inferenceを利用するプロセスを**図5.34**に示します。まず、ユーザーは学習済みのモデルをAmazon S3のバケットに保存し、そのモデルを利用して推論を行うための環境やスクリプトをコンテナイメージとして用意します。SageMakerのCreateModel APIを利用して、これらをまとめたAmazon SageMaker Modelを作成します。

次に、推論方法のオプションとして、リアルタイムエンドポイント、サーバーレスエンドポイントなどを選択し、それぞれに応じたインスタンスのタイプや数などを決定します。最後に、これらの情報をもとに、推論オプションに応じたAPIを実行します。エンドポイントを作成する場合は、リアルタイム推論を受け付けるURIが発行され、そのURIにリクエストを送信することで、推論結果をいつでも受け取れるようになります。

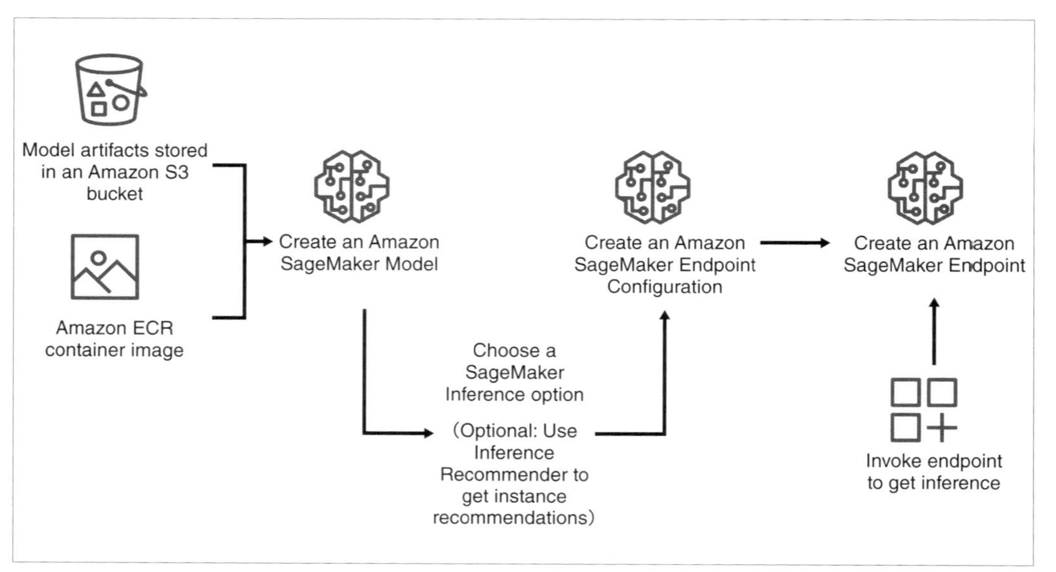

図5.34　SageMaker Inferenceを利用するプロセス

SageMaker Inferenceの機能はSageMaker Trainingと同様に、他のSageMakerの機能から呼び出すことができ、上記の作業を省略して簡易的に実行したり、あるいは、他のAWSサービスと同時に利用して本番環境のデプロイに利用したりできます。以下に代表的な選択肢を2つ示します。

(1) ローコード／ノーコードで推論を実行する

SageMaker CanvasやSageMaker JumpStartは、ローコード／ノーコードで利用できます。SageMaker Canvasの場合、デフォルトで提供されているLLMやファインチューニングしたLLMは、Ready-to-use modelから選択でき、チャット形式でLLMの推論を試せます。次頁の**図5.35**はSageMaker Canvasのチャットの画面であり、複数のモデルを同時に並べて推論し、出力を比較評価することができます。

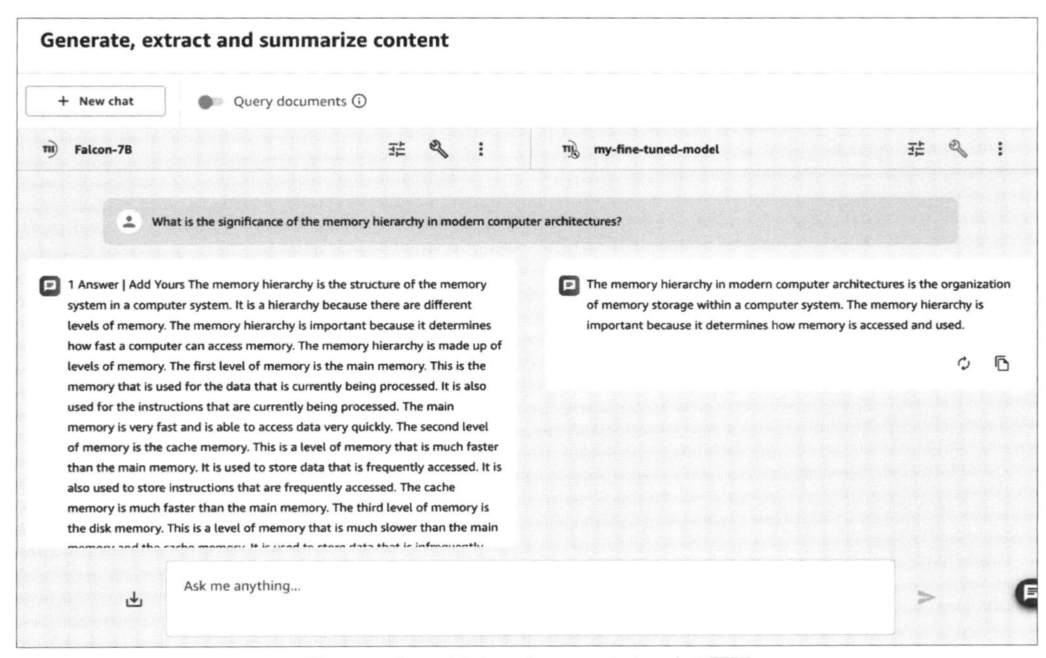

図5.35　SageMaker Canvasのチャットの画面

上記のチャットはSageMaker Canvasの中でしか利用できませんが、他のシステムと連携して推論を行いたい場合は、SageMaker Inferenceの機能をさらに利用して、モデルのデプロイを行います。SageMaker CanvasのMy modelsの画面からモデル一覧を表示して、デプロイして推論結果を得られるようにしたいモデルを選択します。すると**図5.36**のように、モデルのバージョンの一覧が表示されるので、バージョンを選択してAdd to Model Registryをクリックします。

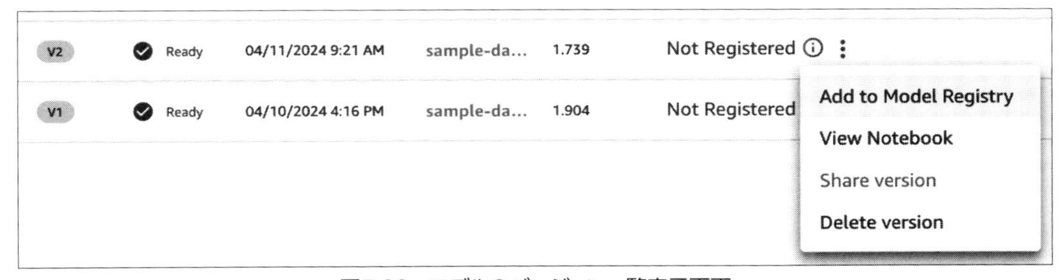

図5.36　モデルのバージョン一覧表示画面

すると、SageMakerのModel RegistryにCanvasのモデルが追加されます。モデルを選択してエンドポイントの作成をクリックし、インスタンスタイプなどのエンドポイント設定を入力していくと、エンドポイントの作成が完了します(図5.37)。

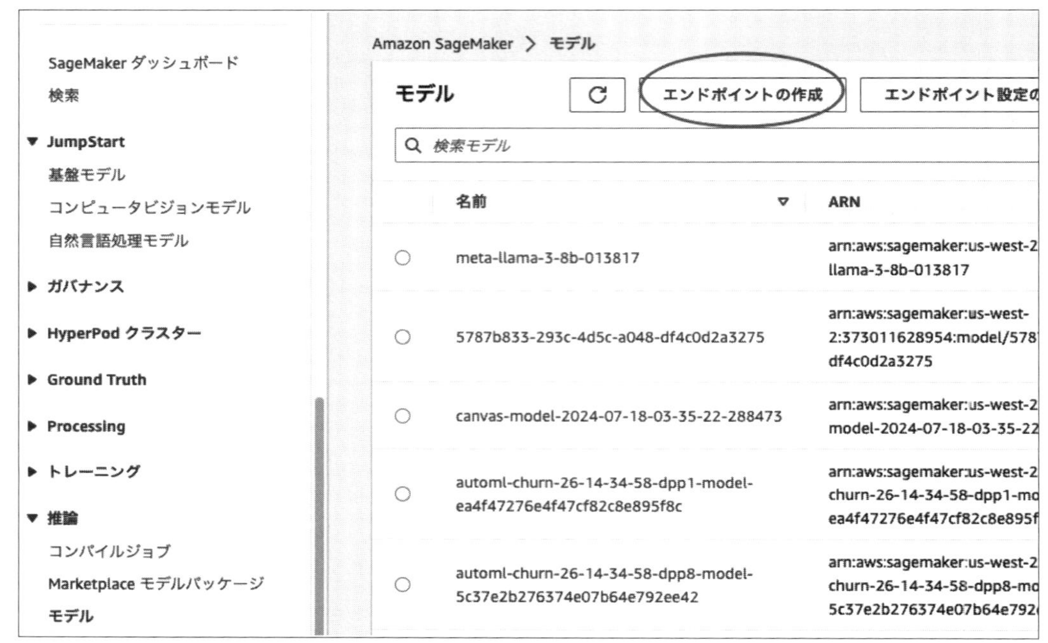

図5.37　エンドポイントの設定・作成

SageMaker JumpStartを利用する場合は、モデル選択後に、右上に表示される4つのメニュー(Tain, Deploy, Optimize, Evaluate)からDeployを選ぶことで、図5.38のような画面を表示します。SageMaker Canvasと同様にインスタンスのタイプや数を選ぶだけでエンドポイントを作成できます。

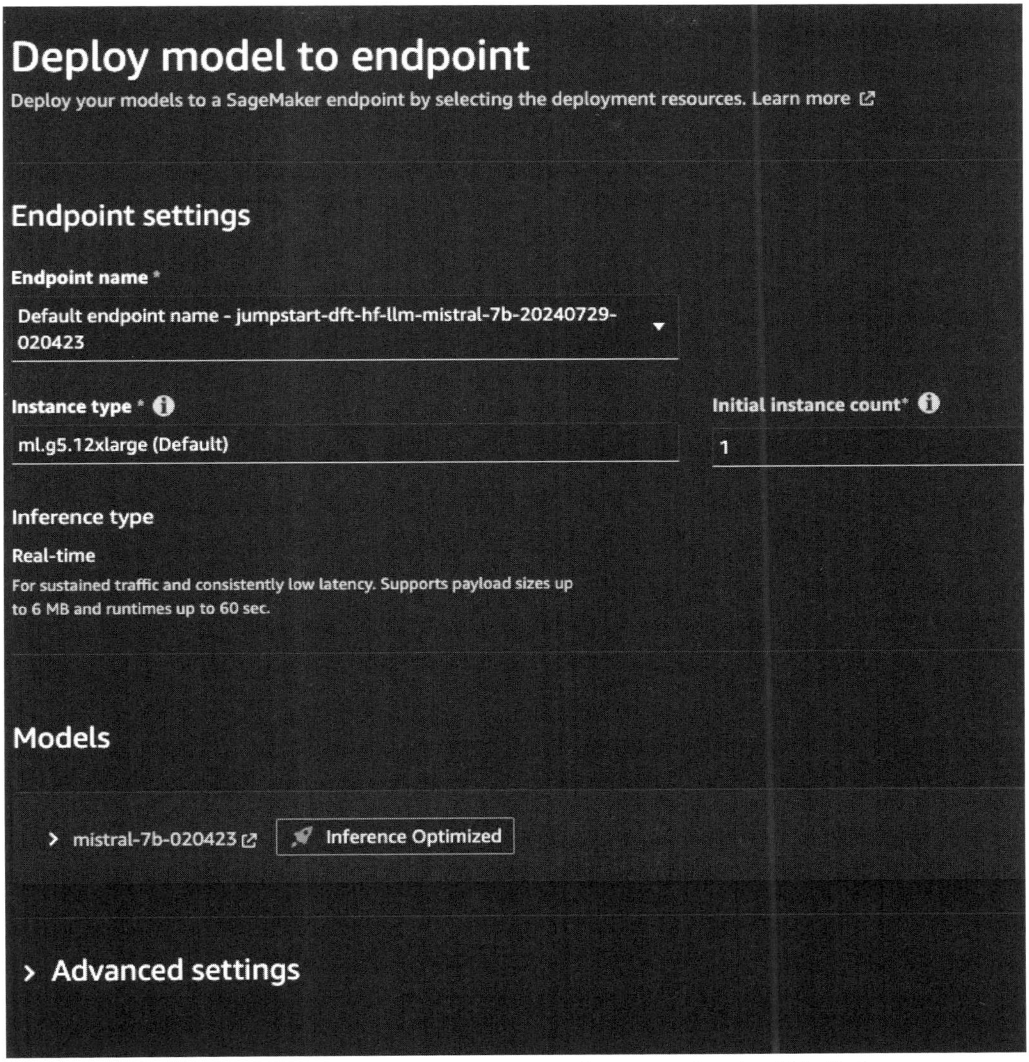

図5.38　SageMaker JumpStartからのモデルのエンドポイントの設定・作成

(2) コードを実装して推論環境を柔軟に構築する

Amazon SageMaker CanvasやAmazon SageMaker JumpStartでは、提供されているモデルやそれらをチューニングしたモデルを使い、ローコード／ノーコードで推論を実行できるのに対して、コードを書いて実装する方式には、任意のモデルやコンテナの持ち込みが可能になるという柔軟性の利点があります。トレーニングのときと同様に、SageMaker Python SDKを利用すると、実装量を少なく抑えることができます。

例えば、SageMaer Python SDKのModelBuilderを利用すると、SageMaker Modelから、すぐにデプロイできるSageMaker-deployable modelを作成できます。下の**リスト5.3**は、モデルとしてSageMaker Modelが与えられている場合にModelBuilderを使用するサンプルコードです。入力と出力の例をinput, outputとして指定すると、自動的に入出力に必要な変換を推定します。関数build()を利用してSageMaker-deployable modelを作成すると、関数deploy()によってデプロイを行うことができ、エンドポイントを作成できます。

リスト5.3　Amazon SageMaker（ModelBuilderを使ってデプロイを行うためのサンプルコード）

```
from sagemaker.serve.builder.model_builder import ModelBuilder
from sagemaker.serve.builder.schema_builder import SchemaBuilder

model_builder = ModelBuilder(
    model=model,
    schema_builder=SchemaBuilder(input, output),
    role_arn="execution-role",
)

model = model_builder.build()

predictor = model.deploy(
    initial_instance_count=1,
    instance_type="ml.c6i.xlarge"
)
```

上記のようにコードでデプロイできるようにしておくと、AWS CDKやAWS CloudFormationなどのInfrastructure as Code（IaC）を利用して、デプロイの構成をコードで確認し追跡できるようにしたり、より大規模なデプロイを自動化したり、必要に応じてロールバックしたりが可能になります。

ローコード／ノーコードでエンドポイントを作成する場合も、コードを書いてエンドポイントを作成する場合も、推論を行うためには、AWSのPython SDKであるboto3を利用して、**リスト5.4**のようなコードを実装します。同様の実装はSageMaker Python SDKでも可能です。

エンドポイントを作成するとエンドポイント名が発行されるので、関数invoke_endpointの中でそのエンドポイント名を指定し、推論リクエストを送ることで、出力を得ることができます。推論リクエストの入力は、ModelBuilderで指定したものに合わせる必要があります。

リスト5.4 サンプルコード:エンドポイントを用いた推論

```
import boto3

# Create a low-level client representing Amazon SageMaker Runtime
sagemaker_runtime = boto3.client(
    "sagemaker-runtime", region_name='aws_region')

# The endpoint name must be unique within
# an AWS Region in your AWS account.
endpoint_name='endpoint-name'

# Gets inference from the model hosted at the specified endpoint:
response = sagemaker_runtime.invoke_endpoint(
    EndpointName=endpoint_name,
    Body=bytes('{"features": ["This is great!"]}', 'utf-8')
    )

# Decodes and prints the response body:
print(response['Body'].read().decode('utf-8'))
```

第6章 アーキテクチャ図に見るユースケース

ブルームバーグの調査では、「生成AIは2032年までに約1.3兆ドル（約201.6兆円）のグローバル産業になる」と予想されており、わが国でも経営層や業務部門が生成AIに高い関心を示し続けています。ゴールドマンサックスの調査は、「生成AIは10年間で世界GDPを7%＝約7兆ドル（約1085.6兆円）増加させ、生産性成長率を1.5ポイント押し上げる可能性がある」と報告。さらにIDCの調査は、「5000人以上の従業員を抱える組織の半数において、生成AIが既にビジネスに大きな変革をもたらしており、今後18カ月以内に全組織の80%が同じ変革に直面する」と指摘しています。

どのような新しい革新的なテクノロジーでも、初期の実験に始まり、対象を絞った実装を経てから広範な導入へと進み、やがてあらゆる事業活動の先端にまで自然に浸透していきます。本章では、十万社を超える事例の中から、生成AIの代表的なビジネスユースケースをピックアップします。

6.1 顧客体験の向上

ユースケースの切り口は様々ですが、AWSでは「対外的な業務と社内向けの業務に分けて捉えることが重要だ」と考えています。対外的な業務では、消費者や利用者との接点を再構築し、顧客体験を向上させるために生成AIを活用します。社内向けの業務では、従業員の創造性と生産性を高めるために生成AIを利用します。ただし、単に文章や画像を生成するに留まらず、これまでも企業が進めてきたRPA（Robotic Process Automation）の採用や自動化推進等と連動して、バックエンドプロセスの最適化・効率化・コスト削減を目指します。

第1章ではAmazon.comにおけるカスタマーレビューの要約、買い物アドバイザーRufusの提供、出品商品の説明文作成、背景画像・レイアウト配置の支援を紹介しました。これらはAmazon.comを利用する消費者や出品者の顧客体験の向上に、生成AIが活用されている実例です。このほかにも毎週数十億のやりとりを行うAlexa、迅速な処方薬とサポートを提供するAmazon Pharmacy等を通じ、よりよい顧客体験を提供するために生成AIが活用されています。

一般的に生成AIは様々な業界で利用されていますが、特に以下のような事業での活用が目立っています。建築・設備・機器等のメンテナンス事業では、生成AIチャットボットを訓練し、迅速な技術サポートを提供しています。金融事業では、生成AIポートフォリオ管理において、特定の金融目標に合わせた投資戦略を作成するアプリを提供しています。アパレル事業では、生成AIによる仮想フィッティングにより、オンラインショッピングの体験を向上させるサービスを提供しています。これら対外的なサービスを提供するソリューションとして、チャットボット、バーチャルアシスタント、会話分析、パーソナライゼーションの技術が利用されています。

本節では代表例として、コンタクトセンターでの通話要約文生成のユースケースを取り上げます。コンタクトセンター業務では、生成AIを活用して、よりよい顧客体験とビジネスの差別化を実現することに大きな期待と関心が集まっています。これまでもコンタクトセンターの責任者は、自動音声応答、Web画面連動、モバイル対応等、時代に合わせて最先端の技術を取り入れながら、より少ないリソースでより多くの成果を上げるよう求められてきました。コンタクトセンター向け生成AIは、チャットボットやセルフサービスのバーチャルアシスタント、エージェントアシスト、パーソナライズされたエクスペリエンスやレコメンデーションなどを改善することにより、人間のような会話機能を駆使して顧客体験を強化します。

6.1.1 ユースケース1：コンタクトセンターでの通話要約文生成

コンタクトセンターは、消費者・利用者からの商品注文、電話によるサポート依頼や予約など、顧客と企業をつなぐ存在です。電話応対がうまくいけば、消費者・利用者は企業ブランドに対してポジティブなイメージを持ち、再来店したり、他の人に勧めてくれたりする可能性が高くなります。

よりよい体験を消費者・利用者にしてもらうために、2つの考慮点があります。まず、スーパーバイザーが消費者・利用者の体験の質をリアルタイムで評価できるようにする必要があります。例えば、最初は不機嫌だった消費者・利用者が、エージェント（通話オペレータ）との通話が進むにつれて印象が変わるかどうかをスーパーバイザーが把握できれば、通話終了前に改善アクションをとることができます。

次に、エージェントが通話の質を上げるための支援をする必要があります。例えば、リアルタイムの通話書き起こしメモや、3分ごとの通話要約を自動化できれば、エージェントがメモをとる必要がなくなり、通話の文脈に関連した情報やガイダンスを活用できるので、エージェントは消費者・利用者のポジティブな反応を引き出すことに集中できるようになります。

●サンプルアーキテクチャ

それでは、上記2点を考慮したアーキテクチャをデザインしてみましょう。図6.1はその構成例です。

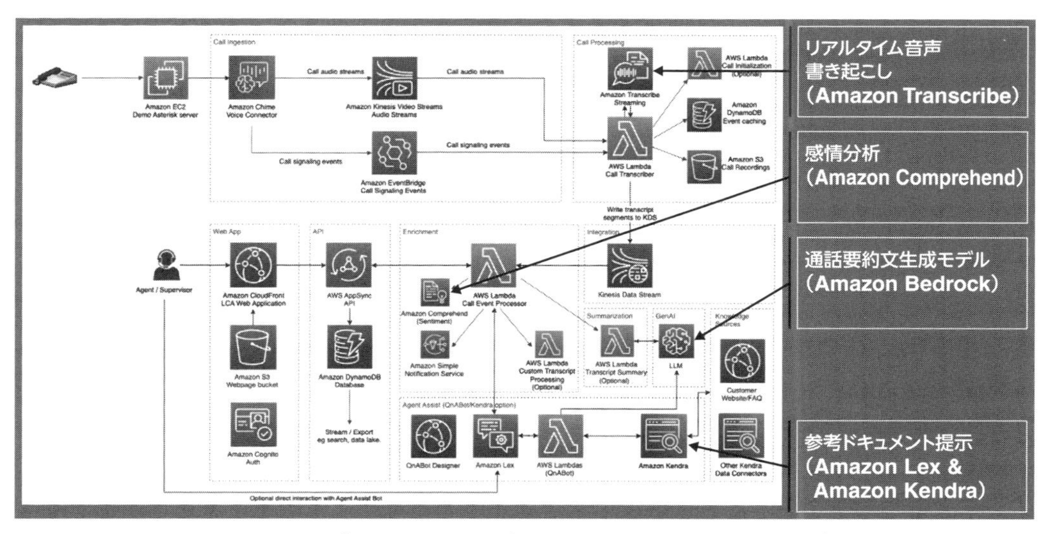

図6.1　サンプルアーキテクチャ（コンタクトセンターでの生成AI活用）

図6.1で使用する主なBuilding Blockを、業務の流れに沿って紹介します。

コンタクトセンターが受電すると、左上のCall Ingestionブロックから音声がストリームに乗って流れていきます。はじめに右上のCall Processingブロックで、Amazon Transcribeによりリアルタイムで音声の書き起こしが実行されます。次に真ん中のEnrichmentブロックで、Amazon

Comprehendにより感情分析が実施されます。

続いてSummarization/Gen AIとして、Amazon Bedrock上でAnthropic社の基盤モデルClaudeを利用して、通話の要約文を生成します。さらにAgent Assistブロックとして、Amazon LexとAmazon Kendraを活用して、会話型検索でクエリの曖昧さの解消と質問応答生成を実現し、通話中の推奨事項の品質と文脈の関連性を向上します。

これらのBuilding Blockは、GUIからワンクリックでAWS環境に生成AIモデルをデプロイすることで実現できます。なお、本サンプルアーキテクチャは、2021年12月にAWS Machine Learning Blogに掲載されて以降、生成AIの進化に合わせて日々機能拡張されています。デプロイ方法の詳細については、脚注[1]のリンクを参照してください。

●分析ダッシュボード

本ユースケースでは、スーパーバイザーとエージェントはそれぞれ、**図6.2**のような分析ダッシュボードを受電中に確認することができます。その使い方を説明します。

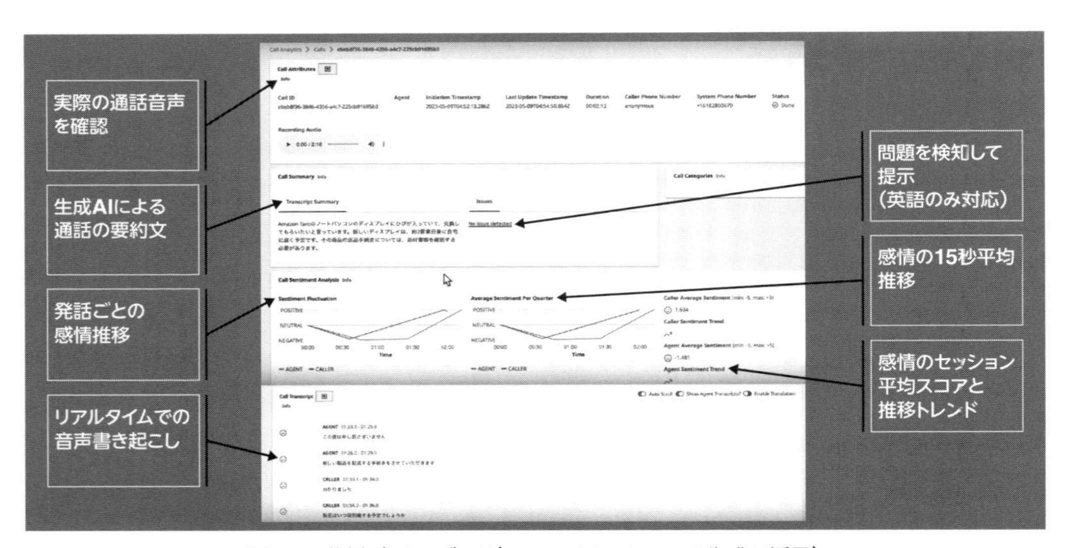

図6.2　分析ダッシュボード（コンタクトセンターでの生成AI活用）

1）AWS Machine Learning Blog "Live call analytics and agent assist for your contact center with Amazon language AI services"
https://aws.amazon.com/jp/blogs/machine-learning/live-call-analytics-and-agent-assist-for-your-contact-center-with-amazon-language-ai-services/
Amazon Web Services ブログ「Amazon言語系AIサービスによるコンタクトセンターのライブ通話分析とエージェントアシスト」
https://aws.amazon.com/jp/blogs/news/live-call-analytics-and-agent-assist-for-your-contact-center-with-amazon-language-ai-services/

コンタクトセンターが受電すると、エージェントは画面右上のCall IDをクリックします。消費者・利用者の発話内容は、Call Transcript欄にリアルタイムで音声書き起こしされて、Call Sentiment Analysisで15秒ごとに感情分析結果の推移が表示されていきます。

今回のサンプルでは、顧客（CALLER）である太郎さんのノートPCの交換対応の場合、太郎さんの感情はネガティブから始まっています。このとき、エージェントがスーパーバイザーに分析ダッシュボードを共有すれば、スーパーバイザーはリアルタイム分析を観察できます。エージェントはアシスト機能を活用して、適切に商品の手配、2営業日以内の発送、故障品の返却方法についての案内を行います。その結果、太郎さんの顧客体験が向上し、それを表す発話が確認されると、Call Sentiment Analysisの示す感情がポジティブに上昇します。

最後に、通話終了後、生成AIによる要約文の作成が開始され、要約文が完成すると、左上のTranscript Summaryに表示されます。この分析ダッシュボードのデモ動画は、脚注[2)]のリンクから参照できます。

上記のアーキテクチャと分析ダッシュボードは、あくまで一例です。AWS上では、生成AI機能をコンポーネントとして利用できるようにアプリケーションを構成し、柔軟な試行錯誤を行うことができます。また、生成AI を他のAIサービスと組み合わせることで、自由に機能を拡張できます。

実際の生きた消費者・利用者と向き合ううえで、重厚長大な最新の基盤モデルが顧客体験を向上させる最適解とは限りません。業務要件を満たすには、どこまで大規模なモデルが必要なのか検討することが重要です。業務や時代の求めに合わせて、Amazon BedrockやAmazon SageMakerに最新あるいは最適なサイズの基盤モデルをデプロイすることで、企業は自社のAWS 環境内でデータの流れを作ることができます。

2) 「AWS で簡単に作る生成系 AI モデル(デモ)」コールセンターの通話要約文生成デモ
https://aws.amazon.com/jp/blogs/news/aws-aiml-generative-ai-strategy/

6.2 社員の創造性と生産性向上

第2章の「責任あるAI」で見たように、生成AIを利用するには、抑止・管理していかねばならないリスクがあります。多くの企業では、リスクを回避しつつ、生成AIの豊かな表現力と圧倒的な処理スピードを業務に取り入れるために、限られた社内データで実験を開始しました。便宜上、実験は主に4つのタイプに分類できます。

①会話型検索インターフェイスを作ることで、専門的な技術文書や特許情報のドキュメント処理、テキスト要約を行う実験
②Amazon Q for Developerのようなツールを使って、コード生成やコンテンツ制作を高速化し、従業員の生産性を高める実験
③組織としてよりよい意思決定を行うために、大量の文書から洞察データを抽出し、組織全体で知識を共有し、プロセスを最適化する実験
④製品のアイデア出しや、従来型のAIモデル開発に必要なデータ拡張のために生成AIを活用する実験

これらの実験を経て、生成AIの社内利用は様々な業界で進んでいますが、特に以下のような事業での活用が注目されます。

医療事業では、生成AIが医療画像の高精細化と再構築を行うことで、より正確な診断に役立てています。医薬品開発事業では、タンパク質合成に特化した基盤モデルを、企業や組織をまたがる研究機関や医療機関が利用。これにより、新しい分子構造を生成する開発プロセスの加速と、コスト削減を両立しています。製品設計事業では、生成AIを使って、制約条件を考慮しながら新製品のデザインを生成し、設計期間短縮に取り組んでいます。輸送事業では、AIによる故障検知に必要な膨大な学習データを、生成AIによるデータ合成により実現しています。金融事業では、生成AIを使って投資調査レポートや保険書類などを迅速に作成しています。製品販売事業では、生成AIを使って最適な価格戦略を見つけ出したり、製品データに基づく独自の高品質な製品説明を自動生成したりしています。

本節ではこれらを代表して、社内ドキュメントからの回答文生成のユースケースを取り上げます。2023年、生成AIのテクノロジーを実際の業務でどのように活用したらよいか、日本企業が最初に取り組んだ実験が、エンタープライズAIアシスタントやエンタープライズ検索を通じた従業員の生産性向上でした。そこで特に注目を浴びたのが、RAG（Retrieval Augmented Generation）を活用したリアルタイム検索です。

6.2.1　ユースケース2：社内ドキュメントからの回答文生成

RAGは「検索拡張生成」と訳されます。ピンと来ない人は、RAGの頭文字Rのレトリバーバルと、犬のレトリバー種（ラブラトルレトリバーやゴールデンレトリバー等）を重ねて想像してみてください。元々猟犬であり獲物の回収が巧みなレトリバー犬は、ほぼ無傷で獲物を捕らえることのできる軟らかい口を持っており、険しい道の移動や水中の狩猟を行う運動神経に優れ、知性的で聞き分けがよく、機敏な気質を持っている、とされています。次の単語（トークン）を予測するという特性から、生成AIは事実と異なる回答を出力してしまうリスクを持っています。このときRAGは、生成AIが参照すべきデータを自社データの中から安全に運んでくる、補助犬のような役割を果たします。

企業はRAGを介して自社データを活用することで、より関連性が高く、コンテキストを意識した情報を社員に提供できます。生成AIは大量のデータで事前トレーニングされており、どのような質問に対しても自然で流暢な回答が可能です。しかしながら、事前学習の範囲外にある、最新情報、専門的なデータ、自社固有のトピックに関する質問には、正確なデータに基づいて答える能力に限界があります。これに対しRAGは、誤った情報で回答するハルシネーションを軽減するだけでなく、データの出自をもとに利用者の意思決定の根拠を確認できるようにすることで、回答のトレーサビリティも向上させます。

AWSのサービスだけでも、Amazon Bedrock、Sagemaker、Amazon Kendra、Amazon Q for Quicksight/Businessと何種類もの組み合わせでRAGを実装することができますが、ここでは最もシンプルなAmazon Kendraを取り上げてみます。

●サンプルアーキテクチャ

図6.3は、ユーザーからの質問に対して、社内ドキュメントを生成するためのBuilding Blockの例です。この働きを業務の流れに沿って紹介します。

①まず、右上のユーザーが社内向け質問文を生成AIアプリケーションに入力します。

②③次に生成AIアプリケーションは、Amazon Kendraを利用して、ユーザー質問に関連するドキュメントを抽出（Retrieve）します。Amazon Kendraが検索する範囲は、自社に特化したインデックス（索引）と、指定したデータへのコネクターにより限定されます。

④⑤生成AIアプリケーションは、抽出されたドキュメントをAmazon BedrockまたはAmazon SageMaker上の基盤モデル（LLM）に入力し、人間の回答に近い自然な言葉で出力された回答を受領します。

⑥最後に、ユーザーは生成AIアプリケーションから、丁寧な回答と、出典元となった参考ドキュメントのリンクを得ます。

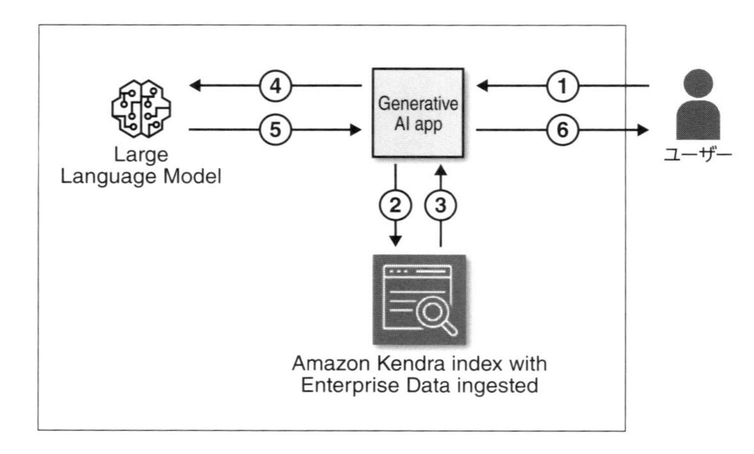

図6.3　サンプルアーキテクチャ(社内ドキュメントの自動生成)

本アーキテクチャはNaive RAGと呼ばれ、2024年5月現在最もシンプルな構成です。ユーザーの質問は多岐にわたり、必ずしも検索対象のデータを意識した質問を出してくれるわけではありません。そうしたことから、ユーザーの質問を検索に適した形に整形する前処理・後処理を含めたAdvanced RAGという呼称がでてきました。生成AIの進化に合わせて、RAGの精度は日々向上しています。

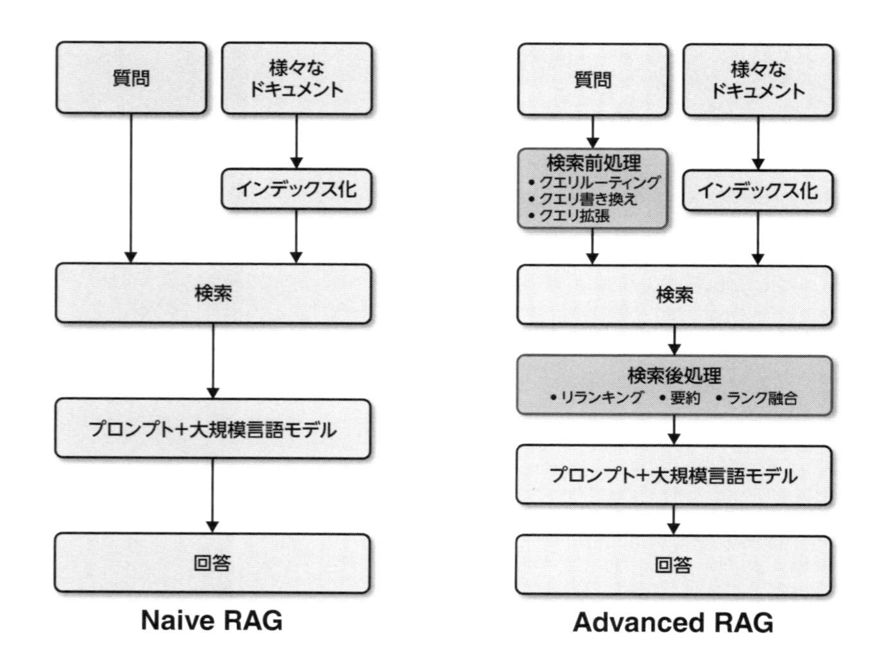

図6.4　Naive RAGとAdfvance RAGの違い

このようにAWS環境では、RAGもコンポーネントとして扱えるので、柔軟なアプリケーションの組み換えと試行錯誤が可能です。本サンプルアーキテクチャのデプロイ方法の詳細やAdvanced RAG最新情報については、脚注[3)]のリンクを参照してください。

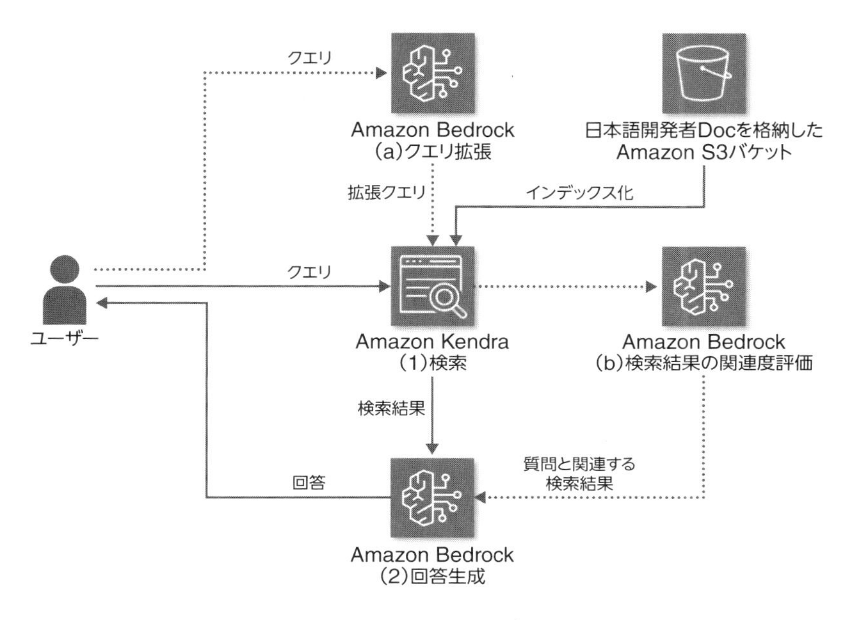

図6.5　AWSでのAdvanced RAGアプリケーションの構成例

3)　・AWS Machine Learning Blog "Quickly build high-accuracy Generative AI applications on enterprise data using Amazon Kendra, LangChain, and large language models"
https://aws.amazon.com/jp/blogs/machine-learning/quickly-build-high-accuracy-generative-ai-applications-on-enterprise-data-using-amazon-kendra-langchain-and-large-language-models/
・Amazon Web Services ブログ「Amazon Kendra と Amazon Bedrock で構成した RAG システムに対する Advanced RAG 手法の精度寄与検証」
https://aws.amazon.com/jp/blogs/news/verifying-the-accuracy-contribution-of-advanced-rag-methods-on-rag-systems-built-with-amazon-kendra-and-amazon-bedrock/

6.3 生成AIアプリケーションに取り組むには?

6.3.1 生成AI向きのユースケース

対外的な顧客体験の向上と、社内の従業員の生産性の向上を支援する2つのユースケースを見てきました。ここからは業務に根ざし、実行可能で影響力のあるユースケースを特定し、選択しましょう。

最初のユースケースを選択する際は、実現可能性が最も高いものを選びましょう。それを実践することで、技術への自信と、経営陣や組織全体からの支持を得ることができます。その後、実現可能性は合理的でありつつ、価値が最大限高いユースケースに移行してください。これにより、継続的な開発と計画の拡大を正当化するのに十分なROI/価値を生み出すことができます。

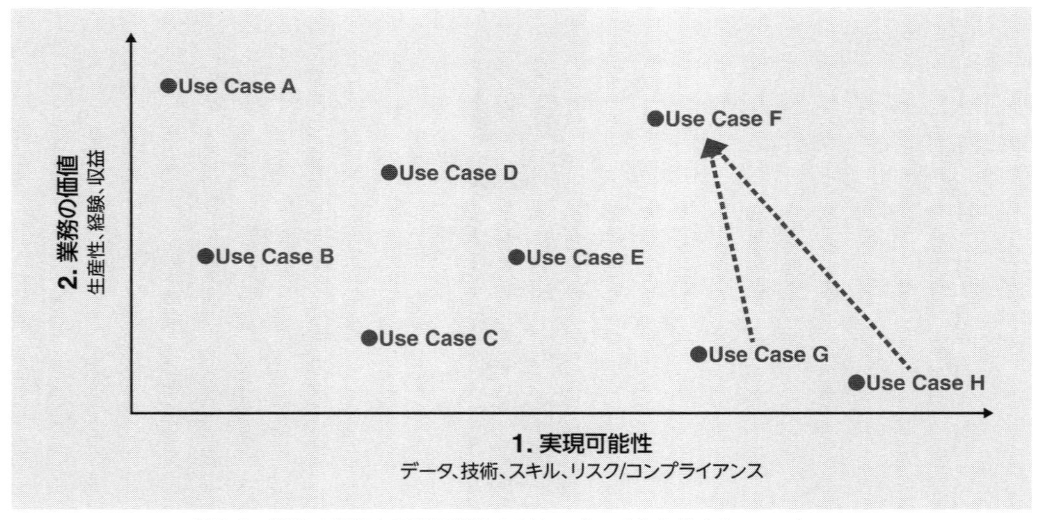

図6.6 業務の価値と実現可能性の2軸でプロットした様々なユースケース

ユースケースが決まれば、集めるべきデータソースが何か定まります。生成AIのポテンシャルを最大化するための鍵は、データにあります。ところが、実際に生成AIの実験を開始すると、多くの企業が現在の自社IT環境では、ユーザーが必要とする関連性の高いデータにそもそも辿り着けていないことが分かってきます。AWSは、まず「アクセスできる社内情報から生成AIの実験を始める」ことを推奨しています。データが既に集まっている業務、集めやすい業務で素早く始め、素早く価値を出すことが重要です。データに辿り着ければ、ユーザーに提供するインターフェイスをどこに置くか決まります。実験の範囲を5名から10名程度のグループに限定することでユーザーの満足度が向上し、信頼できる自社用語集（コーパス）が構築され、検索に関わるデータ戦略・方針が固まります。あとは必要なユーザーデータの収集を開始するだけです。

次に推奨しているのは「業務に効く生成AIに鍛え、慣れること」です。部門内の利用者の拡大と、アクセス頻度の増加に伴い、ナレッジギャップが明らかになってきます。ユーザーの声を収集し、価値の高いユーザーを見極めることで、データに基づく意思決定が可能になってきます。この段階に来ると、これまで死蔵扱いされていた社内データが検索・利用されるようになり、社内データの価値が向上します。

新しいユースケースやプロジェクトを立ち上げる際は、いくつかの考慮事項を検討する必要があります。生成AIの技術だけでなく、影響、リスク、データ、予算、必要なチームについても話し合うようにしましょう。これら全ての要素を選定基準、成功指標、プロジェクト計画に組み込んでください。

最後に「生成AIでデータの価値を向上させる」という段階に入ります。部門単位の生成AI活用から、会社横断で適用可能な業務分野の見極めへと進めます。この段階では、あらかじめ成功の指標を設定し、生成AIに必要なデータと、生成AIで価値が見直されるデータの学びの拡大へとつなぎます。ユーザーの要望への対応範囲を拡大し、社内のマニュアル業務や金食い虫タスクの自動化に生成AIを適用していきます。最終的なゴールは「生成AIによる顧客体験の向上」です。競合他社と差別化を図るためのモデルの構成・設定や、モデル自体のファインチューニングを行う分野を見極めていきます。そのために必要なデータを求める取り組みは続きます。

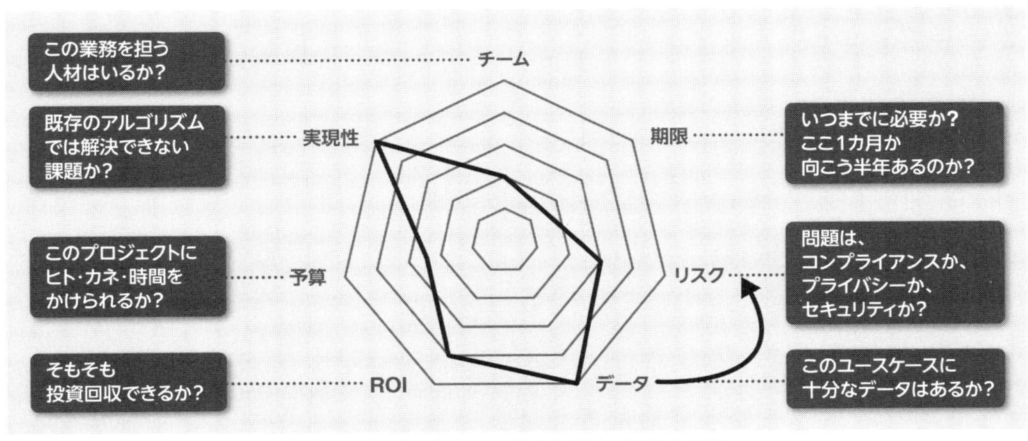

図6.7　プロジェクトを評価・検討する際の指標

実際にAWSでは、国内の多くの企業・団体への支援を通じて、比較的短期間で業務の価値が大きい生成AI向きの6つのユースケースを観測しています。生成AI向きのユースケースは、単体よりも連続的に価値を創出することが分かっているので、自社の環境や条件に応じて、はじめの一歩と次の一歩となるユースケースの2つを選択することを推奨しています。

なかでも起点となりうるのは、「データ読み取り」と「商材作成」です。データ読み取りでは、請求書や決算書等の帳票や議事録音声などをテキストデータ化し、人力での変換を効率化します。実例には、様々な媒体からのデータ抽出を40～90％効率化した企業もあります。商材作成では、商品の背景生成や顧客イメージの具体化により、未熟練者でも営業商材を作成できるようにします。実例には、マーケティング等のための商材作成作業が50％以上効率化したケースもあります。

生成AIに活用できる入力データの量や種類の増加、作成した商材に対する利用者の反応など新たに得たデータは、次のステップとして「対応スキルの底上げ」、「検索性の向上」、「営業支援」のユースケースへの好循環を生みます。対応スキルの底上げでは、製品知識や業務知識、経験知を問い合わせ可能な知識ベースに登録しておき、未熟練者でも高度な対応を可能にします。実例には、専門知識に基づく応対を50～90％の精度で実現した企業もあります。検索性の向上では、商品説明文の生成やユーザー入力クエリを拡張することで 、ユーザーとのエンゲージメント数が向上します。実例には、生成 AI による検索機能の拡張で、クリック率（CTR）が数倍から数十倍に上昇したケースもあります。営業支援では、提案機会の特定、商談内容の分析、営業日報の作成や解析など、営業の機会創出と学びを深めることで、商談数と成約数を伸ばします。実例には、情報抽出・商談要約作業を30～70％近く削減できた企業もあります。

データによる人間の応対改善、商品説明の訴求力の向上、またメタデータ付与に伴う検索性向上の結果、最終的には蓄積されたマルチチャネルでのコンタクト履歴に対して、高精度な監査を実現できるようになります。「コンテンツ監査」では、作成した文書や画像が社内規定やサービス規約に違反していないかなど、審査業務を効率化します。実例には、社内規定やガイドラインに基づくチェックが効率化されたことで、従来の指摘事項に費やす精度を保ちながら、作業時間を90％削減したケースもあります。

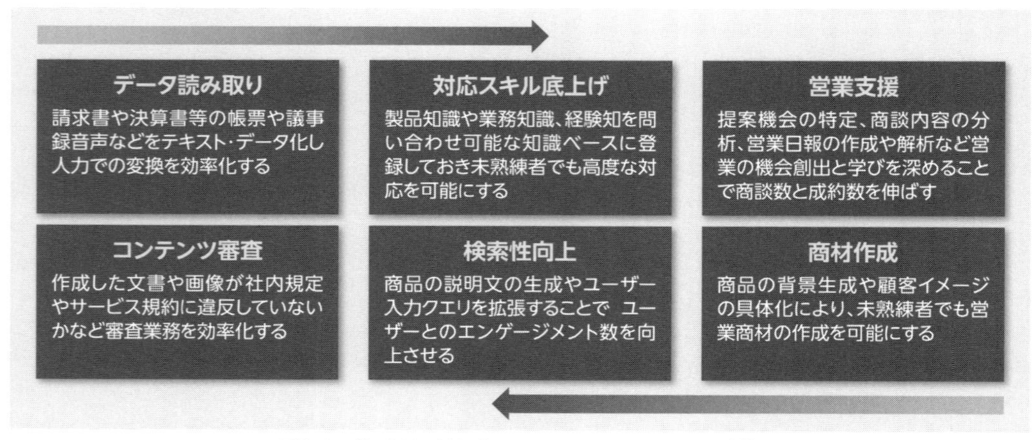

図6.8　生成AIに適した6つのユースケースとその連鎖

誰もがまだ生成AIの初心者です。AIの専門知識の有無にかかわらず、自社に価値ある業務で、素早く始め、素早く価値を生み出しましょう。価値を生み出し続けるためには、データに向き合い続ける必要があります。

6.3.2 データによるカスタマイズ

自社のニーズに合致したユニークな生成AIアプリケーションを構築したい場合、自社のデータが差別化要因となります。消費者・利用者を深く理解したアプリケーションの違いを生み出すのは、データの違いです。考えてみると、全ての企業が同じ生成AIの基盤モデルにアクセスできますが、自社のデータの置き場所は企業によって様々です。企業は時代と共に、異なるストレージ、データレイク、データベース、分析処理基盤、データ統合基盤にデータを置き、それぞれにガバナンスとコンプライアンスを効かせてきました。私たちは生成AIアプリケーションの表面的な部分に惹かれがちですが、企業にとって重要なのは、最適なデータアーキテクチャを使ってデータプロセスとデータ活用を効果的に行うことです。そのためには、以下のような点についての配慮が欠かせません。

まず、生成AIアプリケーションは、基盤モデルを呼び出す以外に、外部システムと連携して顧客体験をサポートするためのデータベースや運用を必要とします。次に、生成AIアプリケーションを自社の業務ドメインに合わせて価値向上を図る場合、データレイクや分析処理基盤に蓄積されたデータやツールとの連動が重要になります。モデルからツールに至る様々な選択肢が、生成AIアプリケーションの長期的な柔軟性と俊敏性につながります。

さらに、生成AIアプリケーションの目的がリアルタイム検索であっても、裏側で取り扱うデータはバッチやストリームで追加・更新されることがあるので、データのアクセス特性や処理方法が異なる可能性があります。異なるデータ特性に対応するパイプラインを設定し、生成AIアプリケーションで違和感なく使えるようにする必要があるわけです。

そして、セキュリティとプライバシーは最初から考慮される必要があります。ガバナンス、データ品質、プライバシーと法令順守、セキュリティとアクセス制御のプロセスを考慮しなければならず、AI活用のためのデータアクセスの維持と常に両立していなくてはなりません。

2024年7月現在、データによる生成AIアプリケーションの価値向上のための手法の多くは、RAG、ファインチューニング、継続的な事前学習の3つに集約されます。

● RAG：拡張検索生成

ユースケースでも見てきたRAGは最も安価で簡単な手法です。基盤モデル自体はそのままに、自社データから情報を抽出する社内検索エンジンを組み合わせます。RAGでは既存の生成AIアプリケーションの出力をカスタマイズし、出典元情報を加えることができます。また、基盤モデル自体に手を加えず、モデルの外部に自社データを置いてやりとりするので、後述のファインチューニングや継続事前学習よりも安価で簡単です。外部データとして、ドキュメントリポジトリ、データベース、APIなど、複数のデータソースを利用できます。RAGは様々なナレッジライブラリから必要に応じてデータを取得し、生成AIアプリケーションの出力を調整・補完するのに役立てます。プロンプト拡張により専門知識を利用できるので、実際の多くのユースケースはRAGの利用で十分対応できます。

●ファインチューニング

ファインチューニングでは、自社でラベル付けしたデータを基盤モデルに学習させることで、より自社の意向に沿う出力が得られます。既存の基盤モデルに対し、タスクに特化した業務ドメイン固有のデータを用いて、モデルの出力フォーマットや応答を自社の要求に合うように改善します。Amazon Bedrockの場合、ファインチューニング可能な基盤モデルを複製し、少数のラベル付きサンプルデータを提供することで、自社の業務ドメインにカスタマイズされた基盤モデルを作成することができます。

●継続事前学習

継続事前学習では、企業が持つラベルなしの膨大な非構造データセットを、複製された基盤モデルに独自に学習させることで、一層自社の期待する出力が得られます。ファインチューニングとは桁違いのデータ量を読み込ませるので、ビジネスドメインに関する汎用的かつ専門的な知識を得ることができます。

AI開発者・提供者の技量によって、上記3つの手法それぞれの学習に要する時間・労力・コストは異なります。消費者・利用者にとっての価値と、自社の技量・コストがバランスする最適解を見つけるために、AWSでは複数の選択肢を用意しています。

例えば、あるオンライン旅行会社では、パーソナライズ化された旅行プランを作成するために、データベース内の顧客プロファイルデータを利用して、過去の旅行、Web閲覧履歴、旅行の好みなどに基づいて、お勧めをカスタマイズしています。ここで実現したいのは、パーソナライズされた顧客体験の向上であって、データ活用の深化ではないことが重要です。データはフライトやホテルの空き部屋情報、プロモーション、旅行詳細など他の外部データと結びつけられて、自社データである顧客の保有ポイントを参照したうえで、業務として決済まで完了します。数百万に及ぶ個々にパーソナライズされた旅行紹介や案内が届けられることで、これまで丁寧に対応されてこなかったリテールの顧客が、安価に個々の好みに合わせて旅行できるようになります。

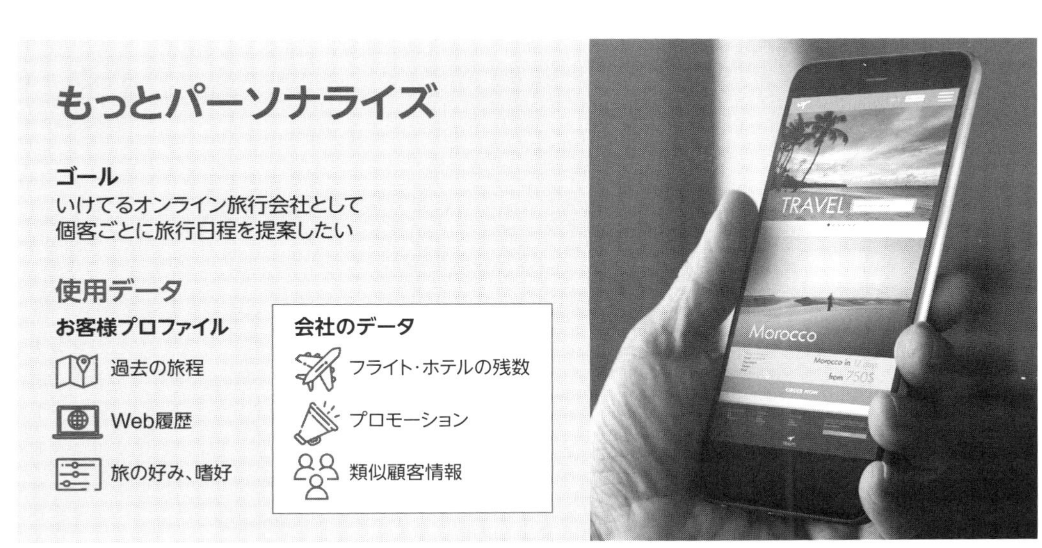

図6.9　よりパーソナライズされた顧客サービスの提供へ

6.3.3 ビジネスで成果を上げるために

2024年・2025年は多くの企業にとって「生成AI実装元年」です。AWSではAI開発者・提供者・利用者の生成AIジャーニーに合わせて伴走するワークショップやパートナーを紹介しています。まだ生成AIを始めていない場合は、潜在的な業務を特定し優先順位を付けるためのワークショップを推奨しています。最初の本番環境への適用を検討している場合は、プロトタイプ／パイロットを作成し、全ての要素を連携させ、コストと効果をより深く評価することを勧めています。初めての業務・タスクを本番移行する準備ができたら、展開戦略について話し合うために、伴走するパートナーと技術支援するプロサーブがあります。

本番環境でリリースし、業務の価値を素早く実現するために、専門的なアドバイスが求められています。AI開発者・提供者・利用者を支援する実績あるAWS生成AI認定パートナーは、エンタープライズレベルのセキュリティとプライバシー、基盤モデルの知識、生成AIアプリケーション、データファーストアプローチ、高パフォーマンスで低コストなインフラストラクチャを提供するノウハウを持っています。AWS生成AI Competencyパートナーは、様々な業界でユーザーとともにアプリケーションを構築し、それを展開しています。知見のあるパートナーや有識者と協業することで、プロジェクト全体のコスト、AIの精度、業務に耐えうる回答速度をバランスさせることができます。

本章の最後に、使用方法やアーキテクチャ以外の話題として、成果をあげるビジネスユースケースに共通する重要なトピックを紹介します。

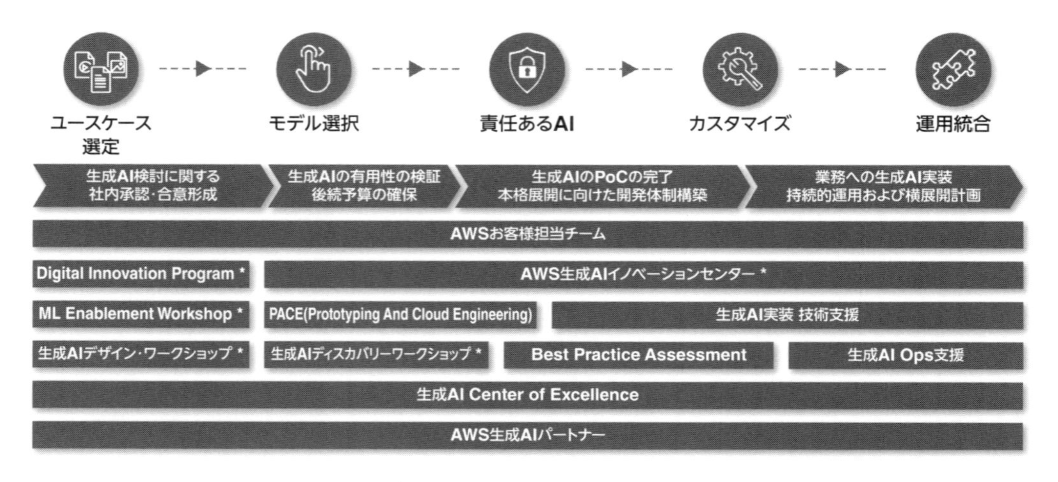

図6.10　AWSが提供する生成AI関連ソリューションの全体構成

● ROI

第1にROI（Return On Investment：投資利益率）です。横展開の際に、業務への価値とROIを測定し追跡する必要があります。適切なメトリクスを測定し追跡するための計画を立てましょう。初期の実験、対象を絞った実装、広範囲な導入へとスケールアップしていく際に、ビジネス価値とROIを評価する必要があります。2023年に熱狂的なブームに押されて生成AIアプリケーションを導入した企業も、2024年現在では、生成AIを活用するための様々なツールやソリューションの選択肢が増えたため、改めて自社のビジネスユースケースにとって適切で測定可能なKPIとメトリクスを設定・追跡し、スケールアップの前に確認するワークショップを開いています。

●最適化

第2に最適化です。AWSは生成AIがブームになる以前から、「どの基盤モデルもそれ一つで全ての業務に適用できるわけではない」と訴え続けきました。実装段階に入るAI開発者・提供者・利用者は、技術の進化と業務の価値を最適にバランスできるモニタリングと改善計画を立てるべきです。基盤モデルについては、最新・最速ばかりにこだわらず、自社のユースケースに必要な精度・コスト・回答速度をもつモデルと、外部システムと連携しやすいツールを選択して最適化すべきです。進化し続ける生成AIテクノロジーをどのタイミングでバージョンアップするか、長期的にデザインしていく必要があります。

●コンプライアンスとガバナンス

第3に、社内のコンプライアンスとガバナンスの体制を整える必要があります。開発時に得られる人材と資金が運用時にも継続されるとは限りません。一方で限られたリソースの中で、リスク管理、信頼の維持、そして責任あるAIとして構築をし続けることは、企業のAI利用にとって不可避です。生成AIアプリケーションを実験から実装へ、より広範囲な業務へとスケールアップするとき、外部の消費者・利用者も社内の従業員もこのことに無関係ではいられなくなります。生成AIアプリケーションについて責任ある使用がなされるよう、次の段階へ進む前に、コンプライアンスおよびガバナンスの担当者とルールを共有しておかねばなりません。適切な法令遵守とガバナンス体制を整える必要があります。

●インフラ

最後に、スケールアップあるいはスケールダウンに耐えうる適切なインフラストラクチャを持つことです。生成AIは豊かな表現力と驚異的なスピードで浸透した画期的技術ですが、広範な企業活動のほんの一部で利用されるにすぎません。実験が成功したら、どのようにそれをスケールアップし、コンプライアンスとガバナンスを効かせ、安全に構築が続けられるかについて、関連する部門、経営層、消費者・利用者の理解を常に得ながら、この革新的なテクノロジーに取り組む必要があります。

企業にとって有益でも社会にとって好ましくない場合、適用範囲を見直し、最適なユーザーと業務範囲に絞り込んで再活用すべきケースもあります。目まぐるしく変わるビジネス環境に適合可能な、柔軟かつ安全なインフラストラクチャでなければ、生成AIアプリケーションの本番利用を支えることはできません。PoCからどのように横展開するか、法令遵守するか、安全に構築するか、一つずつ計画に落とす必要があります。

第7章

Amazon Bedrockで生成AIに触れる

AWSではAmazon Bedrockという生成AIのサービスを用意しており、AWSのアカウントさえ持っていればすぐに利用できます。AWSのマネジメントコンソールや、用意されたユーザーインターフェイスから生成AIを操作できるほか、開発者向けにAPIも用意されているので、容易に自社アプリに組み込むことができます。
本章では、AWSアカウントを作ることから始め、マネジメントコンソールで生成 AIを試し、そしてAPIを使って書いたコードから生成AIを利用するところまでをガイドします。

7.1 Amazon Bedrockを体感する

本章では実際にAWSを利用して、テキストの生成と画像の生成を行います。本章の中にはコードの紹介もありますが、プログラミングをやったことがなくても大丈夫なように構成していますので、どうか怖がらずに試してください。

筆者はソリューションアーキテクトとして様々なお客様と接する機会が多いのですが、非エンジニアの方（プロダクトマネージャーや業務の意思決定者など、エンジニアにアプリケーションの要求を出す人）がコードに触ったことがあるほうが、アプリ開発の質が高く、また開発のスピードが速いように感じます。コードを書いて実行した経験があると、エンジニアから見て無理な要求が減りますし、自身の要求の解像度が上がります。例えば生成AIは一般的に処理が重く、2024年現在で軽量なモデルであっても、1つのリクエストを処理するのに数秒かかってしまいます。アプリケーションの要求定義において、一度も生成AIを扱ったことのない人から、生成AIの出力がミリ秒単位でないと実現できないような要求が出されて、会話が噛み合わずになかなか話がまとまらない場面をしばしば目撃します。一度の経験で見える世界がガラッと変わるので、ぜひ試してください。

図7.1　画像生成の例

7.1.1 改めてAmazon Bedrockとは？

先述のとおり、AWSでは生成AIのために3階層でサービスを提供しています。

一番上はアプリケーションレイヤーです。アプリケーションレイヤーは現在Amazon Qというサービス名に統一されています。そのひとつ、Amazon Q Businessでは、ビジネスユーザー向けにあらかじめ登録されたドキュメントをベースにして、自由にチャットで質問できます。例えば、福利厚生の資料を登録しておけば、初年度の年次有給休暇の日数を答えてくれるといった具合です。また、Amazon Q in Amazon QuickSightでは、Amazon QuickSightというBIツールにインテグレーションして、データを自然言語で可視化できます。Amazon Q Developerには開発者向けの機能が多数用意されています。VSCodeやJetBrains等のアプリケーション統合開発環境にAIコード補完機能をアドオンしたり、AWSマネジメントコンソールからチャット形式でAWSの使い方を問い合わせたりでき、開発工程を幅広く支援します。

これらはOut of the Box[1]で使うことを前提としているため、業務にフィットするのであればすぐに使い始められる便利なものですが、個々の皆様が求める生成AIを用いたアプリケーションとは違うものかもしれません。

そこで用意されているのが、2番目のレイヤーであるAmazon Bedrockというサービスです。Amazon BedrockはAPI経由で生成AIのモデルを呼び出す機能や、モデルを便利かつ安全に使うためのツール群を提供しています。

ところで、生成AIのモデルはText to Text（テキストからテキストを生成）やText to Image（テキストから画像を生成）などの用途に応じて使い分ける必要があり、1つのモデルで全てのアプリケーションの要件を満たすことは不可能です。また同じ機能、例えばText to Textのモデルでも、会話や創作が得意なモデルもあれば、RAG（Retrieval Augmented Generation：検索拡張生成）が得意なモデル、コード生成が得意なモデル、単一の言語が得意なモデル、など多様で、要求に合わせてモデルを選択する必要があります。

Amazon Bedrockには、Amazonが独自に開発したモデルのほか、AnthropicやMistral AI、Metaといったサードパーティーのモデルプロバイダーが開発した生成AIモデルも使用できるようになっており、まさにAmazonの精神に相応しい豊富な品揃えになっています。これから開発しようとしているアプリケーションに合うモデルを選ぶことができます。

しかし、Amazonやサードパーティーのモデルではなく、自前のモデルを必要とするケースもあるでしょう。そのような場合のために用意されているのが一番下のレイヤーであり、ユーザー独自の生成AIモデルを開発・学習・推論するために必要な機能の全てが用意されています。モデルの訓練やホストするための機能だけでなく、コンピューティングリソースのGPUはもちろん、訓練専用のチップや推論専用チップもあり、コストの最適化を図ることができます。本章ではこのあと、2番目のレイヤー Amazon Bedrockの基本的な使い方を紹介します。

1) カスタマイズすることなくそのままサービスを使用すること。IT業界の慣用句であり「導入後、ただちに使用できる」という意味です。

7.2 Amazon Bedrockの利用準備

便利なAmazon Bedrockですが、まずはAWSアカウントを作らないことには何も始まりません。また、AWSではセキュリティが最優先事項であり、ユーザーがAmazon Bedrockを使用するために適切な権限（ポリシー）を割り当てるのが好ましいです。本節ではアカウントを作成して、ポリシーを割り当てるところまでをガイドします。

7.2.1 アカウント作成

AWSでアカウントを作成する方法について、日本語の丁寧なガイドは「AWSアカウント作成の流れ（https://aws.amazon.com/jp/register-flow/）」にまとまっています。そのページを確認しながら、「Sign up for AWS（https://portal.aws.amazon.com/billing/signup）」から、アカウントの作成を行ってください。なお、アカウント作成にあたっては、①メールアドレス、②クレジットカードまたはデビットカード（この章を一通り実行すると10円程度の費用がかかります）、③SMSもしくは音声通話が可能な電話番号が必要です。

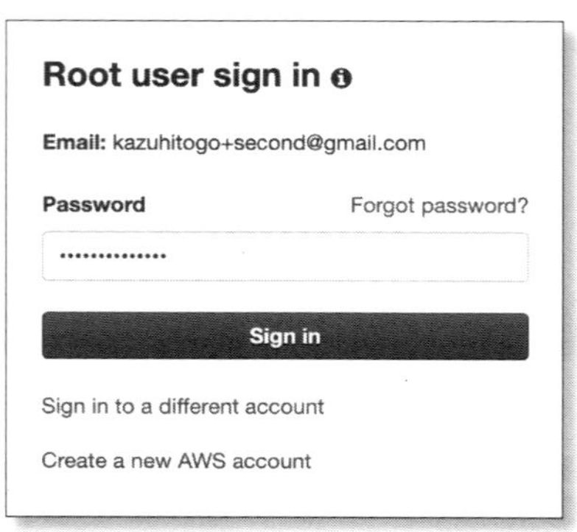

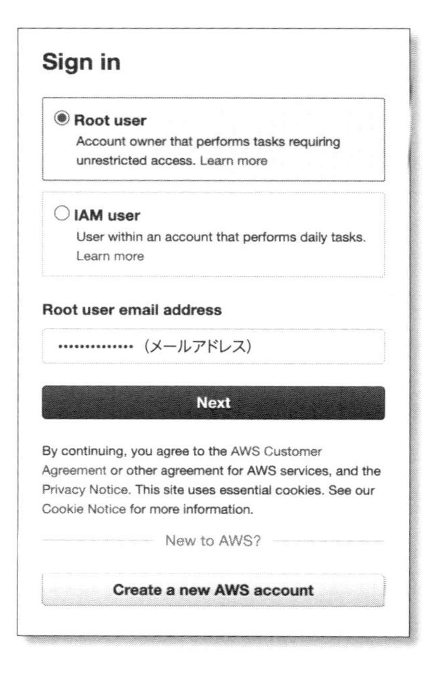

アカウント作成が完了すると、サインアップ完了の画面が出ますので、「AWSマネジメントコンソールにお進みください」を押下してください。その後、アカウント作成時のメールアドレスとパスワードでログインして、AWSマネジメントコンソールのホームの画面に移動します。

最後に、使用するリージョン[2]を選択します。Amazon Bedrockは様々な地域で使えますが、今回は、最新のモデルが最初に反映されることが多いバージニア北部を選択することにします。マネジメントコンソールの右上から「バージニア北部」を選択しましょう。

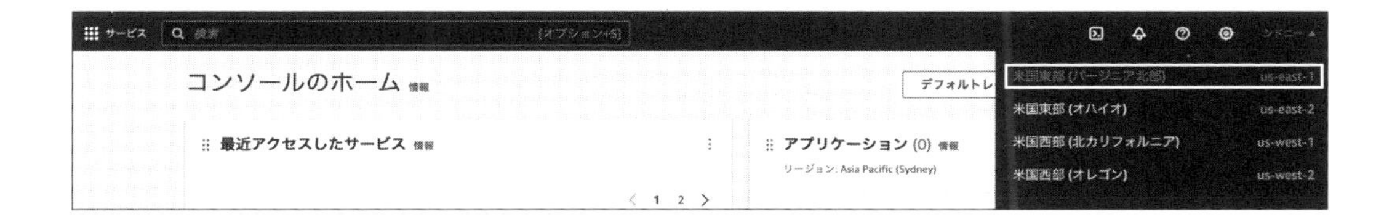

7.2.2 IAMユーザーの作成と設定

以上で、AWSマネジメントコンソールにログインできました。ただし、現在ログインしているユーザーは、「ルートユーザー」と呼ばれるものです。これは自身のAWSアカウント内において、全ての AWS サービスとリソースに対して完全なアクセス権限を持っています。このままルートユーザーを使うのはセキュリティ上好ましくありません。ですので、本章でAmazon Bedrockを扱うのに必要な権限(ポリシー)を持ったユーザーを作成します。

本来はIAMユーザーの作成においても、ルートユーザーではなく、管理者用のIAMユーザーを作成した後、その管理者権限のもとでAmazon Bedrockのアクセスを許可すべきです。しかし、ここでは簡略化のため割愛して、ルートユーザーで IAM ユーザーを作成することにします。

アカウント作成後に本来やるべきことは、「アカウント作成後すぐやるセキュリティ対策」のページ(https://pages.awscloud.com/JAPAN-event-OE-Hands-on-for-Beginners-Security-1-2022-reg-event.html)にまとまっているので、AWSを触ったことがない方はぜひ参照してください。

最初に、マネジメントコンソール画面上部の検索窓に「IAM」と入力します。すると、「IAM」というサービスが表示されるのでクリックします。

2) AWSのサービス提供地域を指します。ただし、日本から海外のリージョンを指定して使うこともできます。あくまでサービスを提供している物理的な地域を指します。

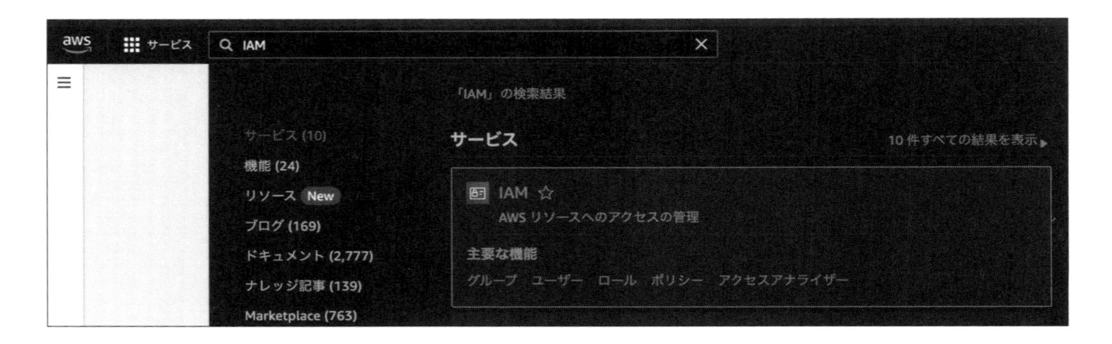

●ユーザーを作成する

続いて、左側のペインから「ユーザー」というリンクをクリックします。

ユーザー一覧画面が表示されます（アカウントを作った直後はユーザーがいないので、「表示するリソースがありません」と表示されます）。画面右上の「ユーザーの作成」をクリックします。

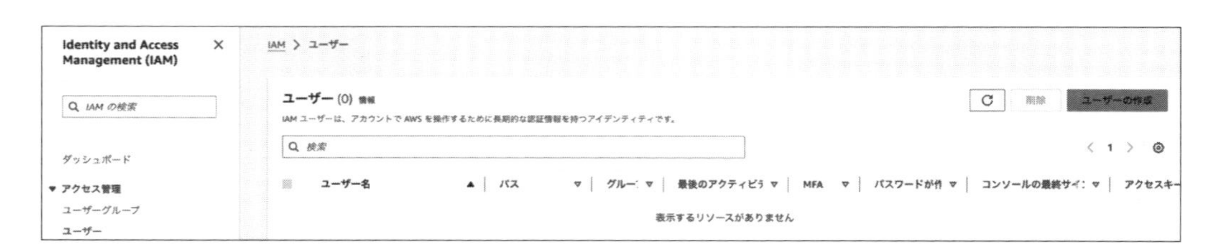

作成するユーザーの詳細設定画面に遷移するので、任意のユーザー名を入力し、「AWSマネジメントコンソールへのユーザーアクセスを提供する」にチェックを入れ、「IAMユーザーを作成します」にチェックし、パスワードを設定して「次へ」をクリックします。

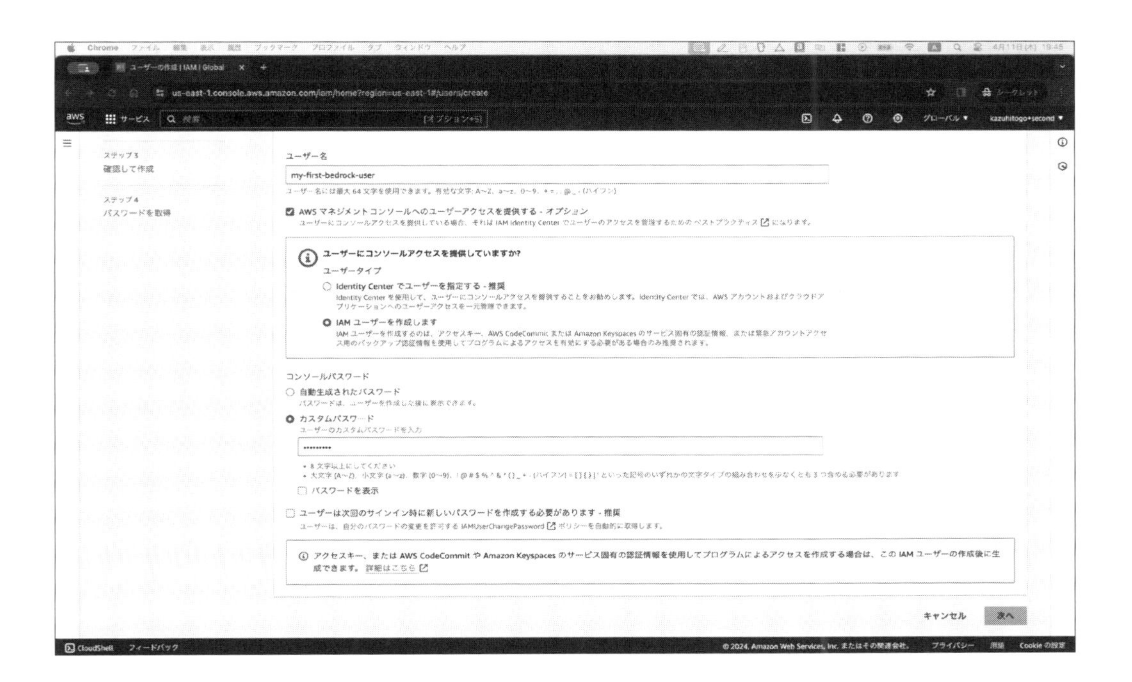

●ポリシーを設定する

次に、ユーザーに付与する権限(ポリシー)を選択します。必要なポリシーは「Amazon Bedrock FullAccess」と「AWS Marketplace Manage Subscriptions」の2つです。

Amazon Bedrock FullAccessでは、文字どおりAmazon Bedrockの操作が何でもできるようになります。もう少し権限を絞ることもできます（例えば今回はモデル呼び出しができればOKで、モデルのカスタマイズ機能などは不要といった場合など）が、ここでは簡単にするためにこのポリシーを使用します。

また、今回はサードパーティーのモデル(Claude)を使いますので、サードパーティのモデルを使えるようにするために、AWS Marketplace Manage Subscriptionsというポリシーを付与します。一度使えるようにしたらこの権限は不要なので、外してしまっても構いません。

それぞれのポリシーにチェックを入れ、「次へ」をクリックします。

許可を設定
既存のグループにユーザーを追加するか、新しいグループを作成します。グループを使用することは、職務機能別にユーザーの許可を管理するためのベストプラクティスの方法です。詳細はこちら
許可のオプション
ユーザーをグループに追加
許可のコピー
ポリシーを直接アタッチする
許可ポリシー (1/1186)
新しいロールにアタッチする 1 つまたは複数のポリシーを選択します。
ポリシーの作成
絞り込み タイプ
Bedrock
すべてのタイプ
3 一致
ポリシー名
タイプ
アタッチされたエンティティ
AmazonBedrockFullAccess
AWS 管理
0
AmazonBedrockReadOnly
AWS 管理
0
AmazonSageMakerCanvasBedrockAccess
AWS 管理
0
許可の境界を設定 - オプション
キャンセル
前へ
次へ

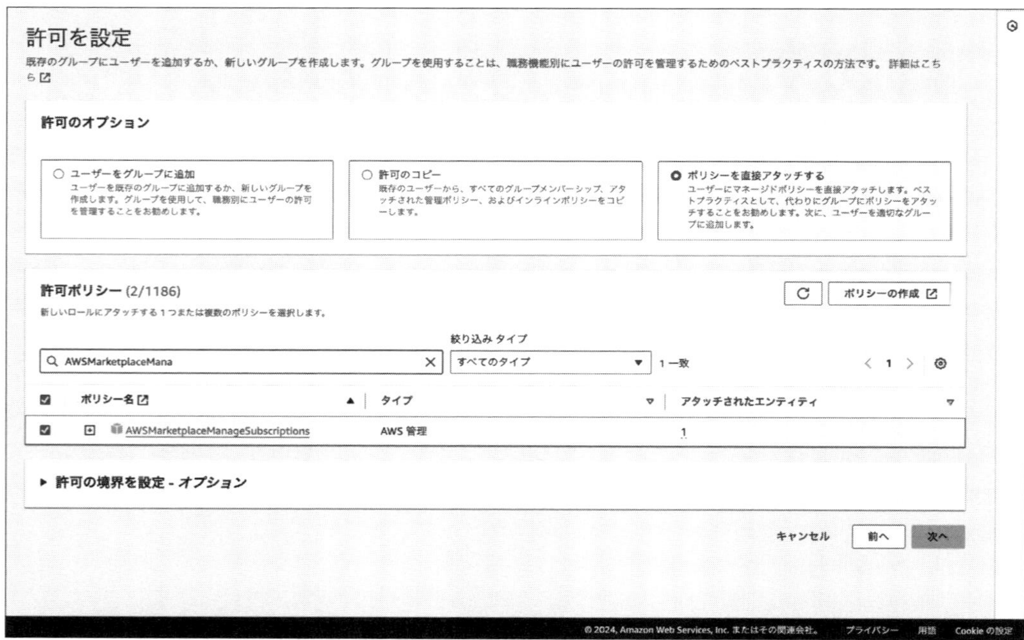
許可を設定
許可のオプション
ユーザーをグループに追加
許可のコピー
ポリシーを直接アタッチする
許可ポリシー (2/1186)
新しいロールにアタッチする 1 つまたは複数のポリシーを選択します。
ポリシーの作成
絞り込み タイプ
AWSMarketplaceMana
すべてのタイプ
1 一致
ポリシー名
タイプ
アタッチされたエンティティ
AWSMarketplaceManageSubscriptions
AWS 管理
1
許可の境界を設定 - オプション
キャンセル
前へ
次へ

確認画面に遷移するので、間違いがなければ「ユーザーの作成」をクリックします。

すると、新しく作成したユーザーのログインURLとユーザー名、パスワードが表示されますので、このURLにアクセスしてログインします。

パスワードを取得

以下のユーザーのパスワードを表示およびダウンロードするか、AWS マネジメントコンソールにサインインするための手順を E メールでユーザーに送信できます。これは、このパスワードを表示およびダウンロードできる唯一の機会です。

コンソールサインインの詳細　　E メールでのサインイン手順

コピー済み

サインイン URL

https://　URL

ユーザー名

my-first-bedrock-user

コンソールパスワード

*************** 表示

キャンセル　.csv ファイルをダウンロード　ユーザーリストに戻る

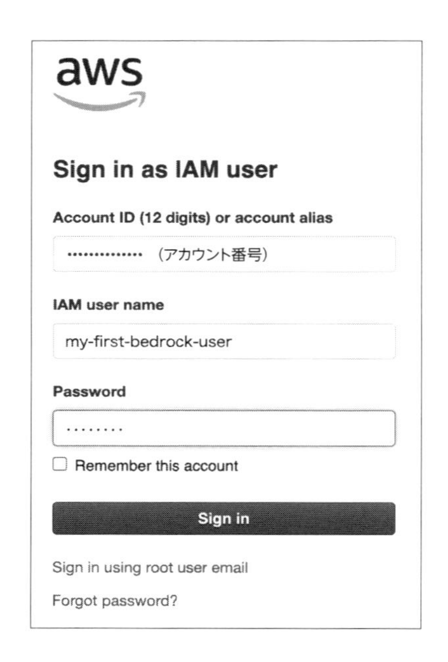

再度、マネジメントコンソールの画面が出ればユーザー作成の完了です。次節はこの画面から続きます。Amazon Bedrockに関する権限のみを付与しているので、ご覧のとおり、管理系の機能へのアクセスは拒否されていることがわかります。

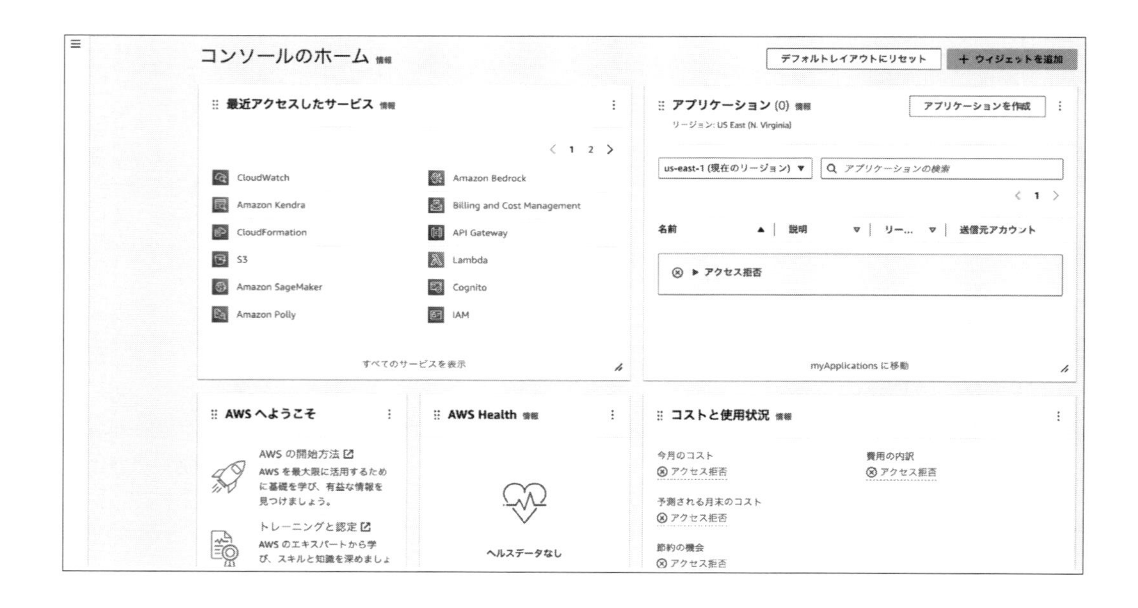

7.3 AWSのコンソールから使う

AWSでは、ほとんどのサービスをマネジメントコンソールから簡単に利用できます。本節では、Amazon Bedrockについても同様にマネジメントコンソールから操作して、どのように使えるのかを試してみましょう。

7.3.1 モデルアクセスの有効化

最初に、使用するモデルを有効化する必要があります。この有効化もマネジメントコンソールからできます。マネジメントコンソールの検索窓に「Bedrock」と打ち込み、Amazon Bedrockのサービスをクリックします。

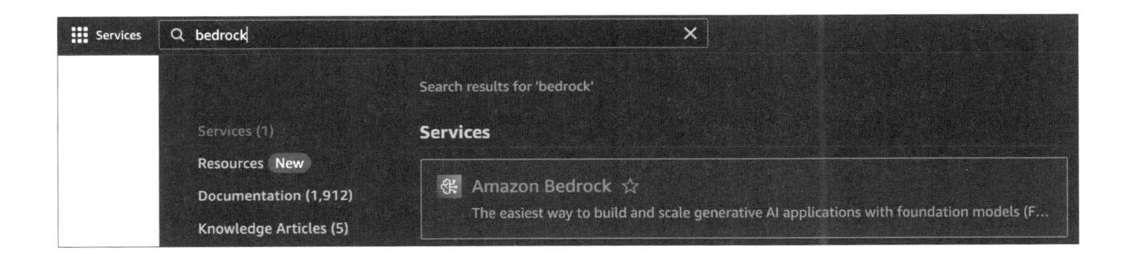

左上のハンバーガーメニューをクリックし、ベースモデルをクリックします。

ベースモデル一覧が表示されるので、「モデルアクセスをリクエスト」をクリックします。

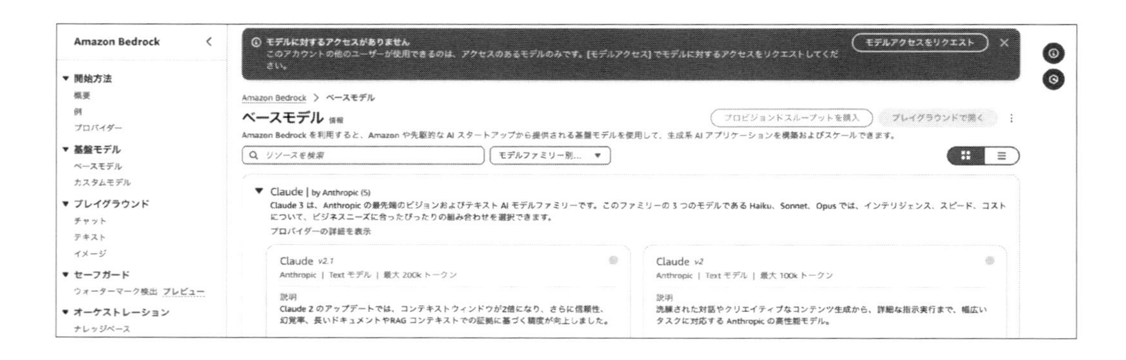

画面右上の「モデルアクセスを管理」をクリックします。

今回使用するモデルの1つであるAnthropic社のClaudeはユースケースの入力が必須なので、「ユースケースの詳細を送信」をクリックします。

それぞれの欄へ適切に入力し、「送信」をクリックします。

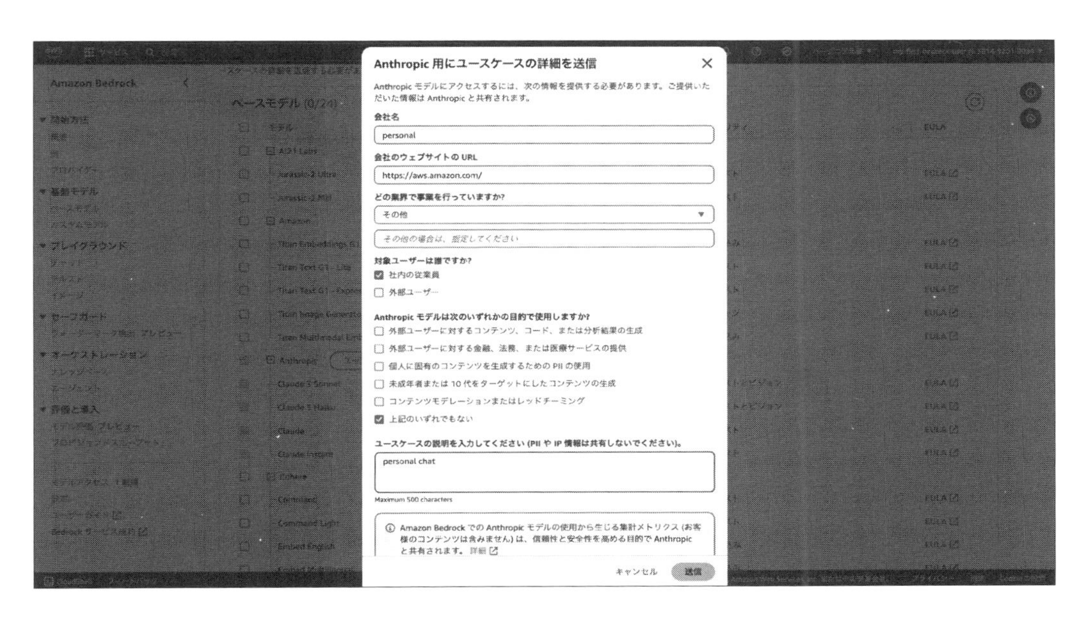

すると、Anthropic社のClaudeにもチェックを入れることができるようになります。今回は「Titan Image Generator G1」と「Claude 3 Haiku」というモデルを使用するので、それぞれにチェックを入れます。

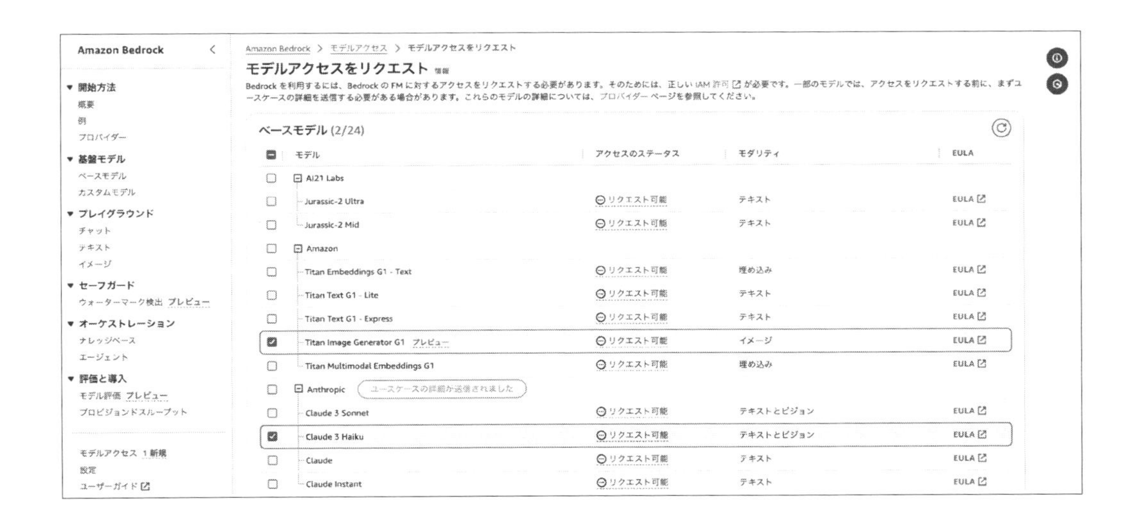

画面の最下部までスクロールし、「モデルアクセスをリクエスト」をクリックします。

それぞれのモデルに「アクセスが付与されました」と表示されれば準備完了です。アクセスが付与されるまでに数分間かかることがありますので、ブラウザをリロードしながら待ちましょう。

7.3.2 Claude 3でチャット

準備が整ったので、いよいよマネジメントコンソールから生成AIを呼び出してみましょう。最初はチャットができるClaude 3 Haikuというモデルを試します。左側のペインから「チャット」をクリックすると、チャットのプレイグラウンドが表示されるので、「モデルを選択」をクリックします。

モデル選択画面で「Anthropic」を選択し、「Claude 3 Haiku」を選択して「適用」をクリックします。

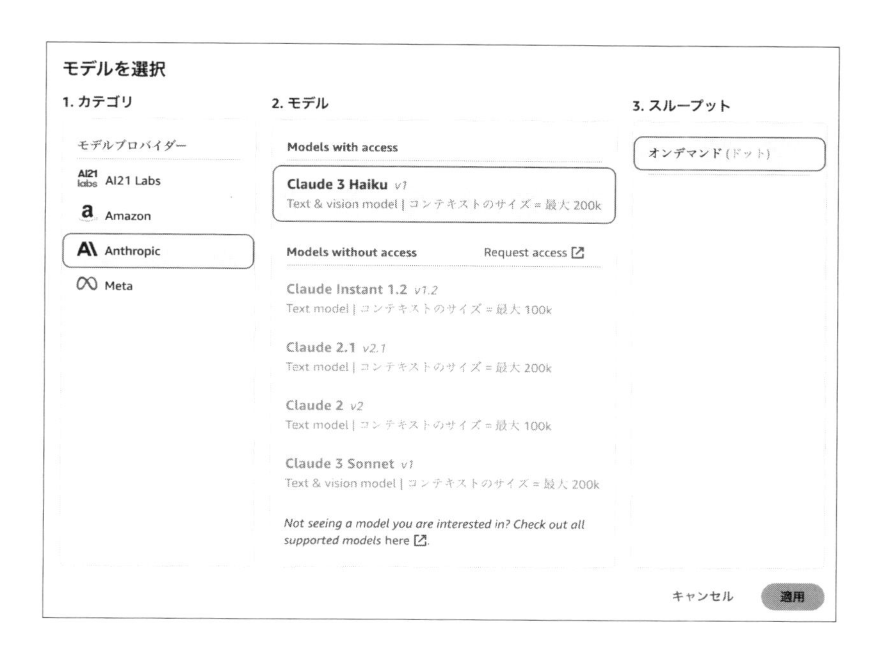

まずはClaude 3 Haikuに人生相談をしてみましょう。筆者の最近の悩みである、「機械学習ソリューションアーキテクトとして活動していますが、Web開発ができなくてキャリアが伸び悩んでいます。Web開発の技術を磨く方法を教えて下さい」と入力して「Run」をクリックしてみます。皆さんは自由にAIに質問か雑談をしてみてください。

すると、なかなかの回答をしてもらえました。

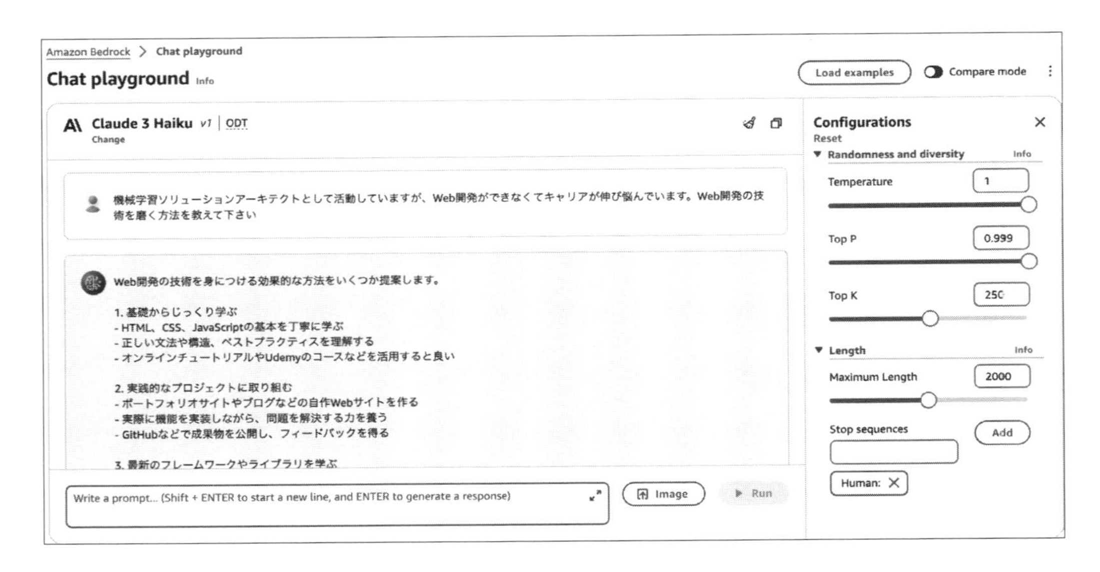

自分にとって、より的確な回答が欲しい場合は、前提条件をいろいろ加えるとよいでしょう。上の例では、「なぜWeb開発が必要なのか」を入れると、より具体的に回答してくれます。筆者の場合は、「機械学習のモデルを動かすことしか考えてこなかったが、エンドユーザーが機械学習のモデルを動かすにはGUIが必要であり、その開発がしたいから」です。すると、機械学習のモデルを動かすためのGUIにフォーカスした話をしてくれるはずです。あるいは自分のWeb開発の現在のスキルや要望を入れてもいいでしょう。「過去にLAMP環境とJQueryをかじったことがある」とか、「フロントはReactを学びたい」などです。詳細な質問をすればそこにフォーカスした回答を返してくれます。

また、AIの回答に対して、重ねて質問することもできますので、AIの回答の詳細を聞きたい場合や、もらった回答が少し期待とズレているなと思ったときは、追加で質問や要望を出すといいでしょう。

Claude 3シリーズ(Haiku, Sonnet, Opus)には、画像を読み込ませて質問することもできます。AWS DeepRacerの写真を与えて質問してみましょう。

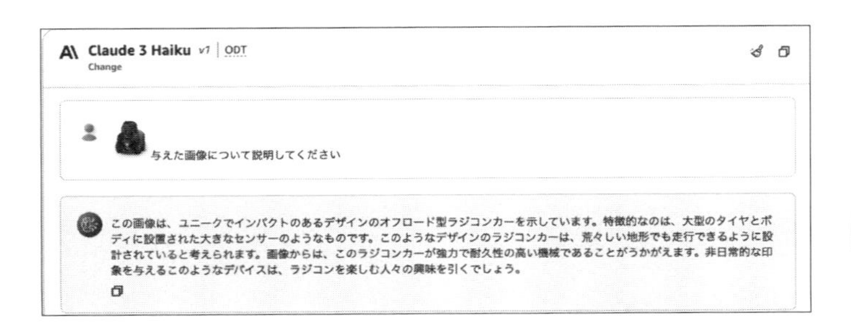

「Image」をクリックしてDeepRacerの画像をアップロードし、「与えた画像について説明してください」と質問してみました。

すると、「ラジコンカー」と回答してくれました。DeepRacerは電波で操作しないので、正確にはラジコンではない(人間によるコントロールではなく、AIが考えて自走します)のですが、知らない人が見たらラジコンに見えるので、写真を読み解く能力が高いことは確かです。

Claude 3シリーズには様々な用途があり、文字の読み取りやシーンの説明、メタデータの生成などいろいろなところで使われています。ぜひ、ご自身のワークロードにも適用してみてください。

7.3.3　Titan Image Generatorで画像生成

生成AIと聞くと、チャットを連想する方が多いと思いますが、画像生成でも生成AIがよく利用されています。本項では、Amazonが開発した画像生成モデルのTitan Image Generatorを使って画像を生成してみましょう。

画面左側のペインから「イメージ」をクリックしてイメージのプレイグラウンドを表示させ、「モデルを選択」をクリックします。

続いて、カテゴリで「Amazon」を選び、モデルで「Titan Image Generator G1」を選んで、「適用」をクリックします。

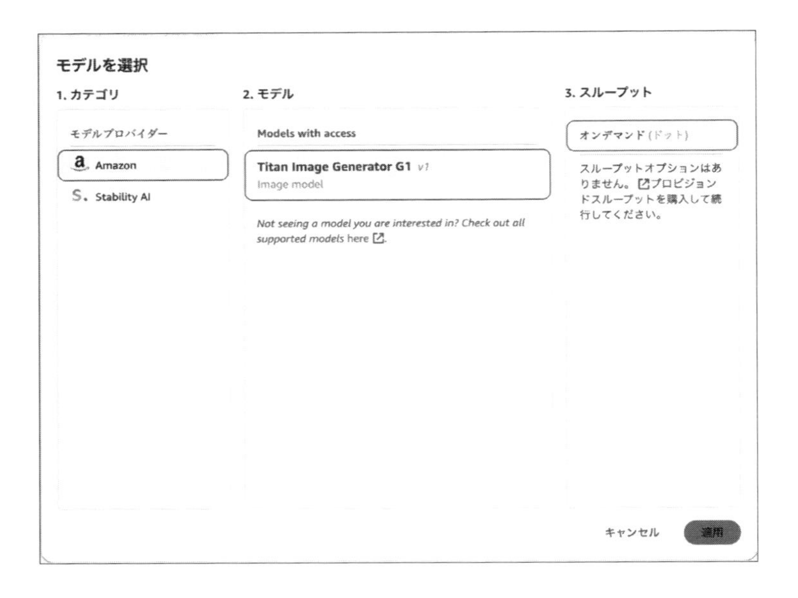

さっそく画像を生成してみましょう。

下のテキストボックスには、AIに対する命令（プロンプト）を入力します。「glass bottle, grapes juice, white table, blue sky, sun」と入力し、さらに負のプロンプト（Negative Prompt）に「ugly, blurry, distorted, low quality, text, logo, watermark」と入力します。Negative Promptとは「こういう画像は生成するな」という命令です。最後に「実行」をクリックすると画像が生成されます。（カラーでお見せできないのが残念ですが）飲みたくなるようなぶどうジュースを生成できました。

プロンプトにphotographicなどと加えると実写ふうになったり、animeと加えるとアニメふうになったりするので、いろいろ試してください。

ここでは割愛しますが、画像をテキストで修正（Inpainting）することもできます。例えばこの生成されたぶどうジュースをオレンジジュースにしたり、背景の空を曇天にしたり、写真の部分を指定して他の画像に変えるなどです。ほかにも、画像の枠外を描画して拡張する機能(Outpainting)や、画像のコンテンツを維持しつつスタイルや背景を変更する機能(Valiation)があるので、ぜひ試してみてください。

7.4 APIからAmazon Bedrockを使う

生成AIをアプリケーションに組み込むとなると、これまでのようにマネジメントコンソールからAmazon Bedrockを使うわけにはいきません。アプリケーションの中から生成AIを呼び出す必要があります。

Amazon BedrockはそのためのAPI（Application Programming Interface）を公開しており、アプリケーションから簡単に呼び出せます。本節ではプログラミング言語のPythonを用い、Amazon BedrockのAPIを利用して生成AIを呼び出す例を紹介します。

7.4.1 実行環境とプログラミング言語

言うまでもなく、プログラミングには実行環境が必要です。APIで公開しているので、Amazon Bedrockに接続できる環境であれば、手元のPCでもAmazon EC2でもAWS Lambdaでもどこでも使えるのですが、ここではAWS CloudShellという環境を使うことにします。

AWS CloudShellは、先ほど7.2節で作成したIAMユーザーがあれば、必ず利用できます。また、AWS CloudShellでは、ログイン中のIAMユーザーの権限でターミナルを使用して、コマンドを打ち込むことができます。

使用言語について、APIはWeb APIなので、httpsでリクエストができればどんな言語でも使えますが、AWSのSDKが用意されている言語（Java、Ruby、Node.js、PHP、.NET、etc…）を用いると認証を意識しなくて済むのでお勧めです。本節ではAIでよく用いられるPythonの例を紹介します。他の言語でも似たような形で使用できますので、普段使っている言語でも試してみてください。

CloudShellはマネジメントコンソールのどこからでも呼び出せます。画面上部にある四角形の中に「>_」と書かれたアイコンをクリックすると、画面下部にCloudShellの画面が現れます。

さっそく使ってみましょう。

CloudShellの画面に「Python」と打ち込んでEnterキーを押下してください。以下のような画面が表示されれば、Pythonを対話的に使用する準備は完了です。

試しにPythonで四則演算をしてみましょう。以下のコードを入力します。「#」以降の文字列はコメントであり、コードの解説のために記載していますが、入力する必要はありません（入力してもコード実行時は無視されます）。

```
print(0.1+0.1+0.1) # 0.3
print(2-3) # -1
print(-3*-2) # 6
print(1/5) # 0.2
```

無事、Pythonで四則演算の結果を出力できたはずです。print()のカッコの中に数式を入れると、計算して結果を画面に出力してくれます。とても簡単ですね。

ちなみに、これらの演算はAIでもなんでもなく、ただの四則演算ですが（といってもAIの中で行っているのは大量の四則演算ですが）、最初の足し算の結果が少しへんです。コンピューターは内部的に数を2進数で扱うのですが、2進数では0.1を正確に表現できないので、その誤差がたまって0.300…4という数字を出力してしまいます。

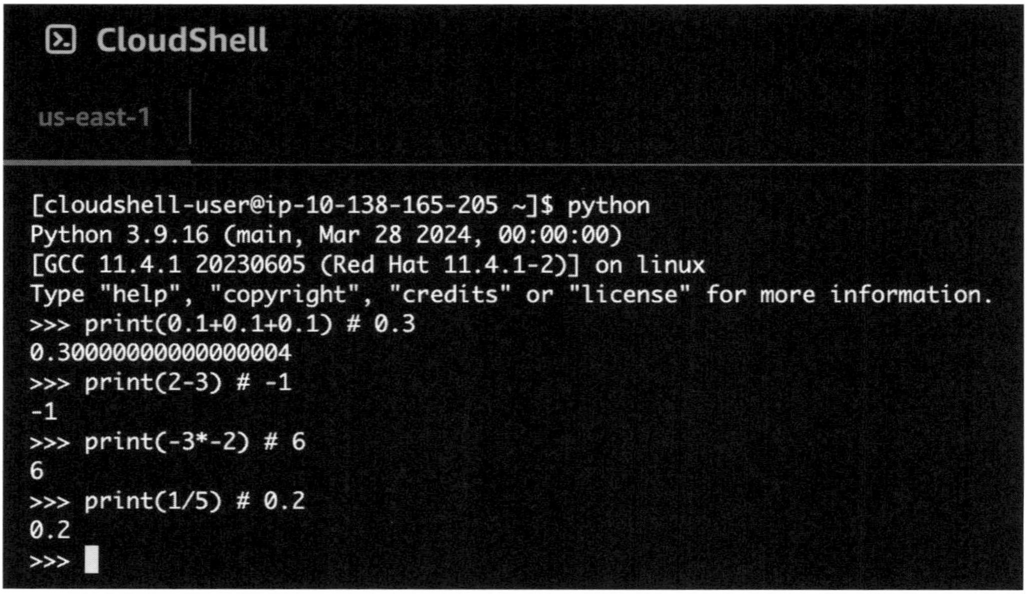

```
CloudShell

us-east-1

[cloudshell-user@ip-10-138-165-205 ~]$ python
Python 3.9.16 (main, Mar 28 2024, 00:00:00)
[GCC 11.4.1 20230605 (Red Hat 11.4.1-2)] on linux
Type "help", "copyright", "credits" or "license" for more information.
>>> print(0.1+0.1+0.1) # 0.3
0.30000000000000004
>>> print(2-3) # -1
-1
>>> print(-3*-2) # 6
6
>>> print(1/5) # 0.2
0.2
>>> 
```

図7.2　Pythonによる四則演算と結果出力

さて、ここで不正確な出力結果の話をしたのには理由があります。よく「AIは嘘をつく」と言われます（いわゆるハルシネーションです）。一方、コンピューターのそもそもの計算自体（この場合は足し算）が人間の意図どおりの出力をしないこともあります。しかし、だからといって、表計算ソフトを使わない人は滅多にいないと思います（一般的な表計算ソフトでも同様の誤った出力をします）。なぜならほとんどの場合、実務上問題がないからです（稀に問題になります[3]）。

AIも全く同じです。AIはたまに誤った出力をします。最新の情報については正確に答えられないというケースもありますし、時間経過によって誤りとなってしまうケース（例えば、昔のAIであれば「AmazonのCEOはジェフ・ベゾス」と回答しますが、2024年4月現在はアンディ・ジャシーです）、さらには最初から雄弁に嘘を語るなど、いくつかのパターンがあります。「だからAIが使えない」と考えると、せっかくの恩恵に与れません。

テストと業務設計を通じて、AI利用までの壁を突破してください。嘘を減らすための工夫や、嘘をついても問題ないように、人間によるチェック体制を整えるなど、できることがあります。生成AIをビジネスに組み込むことができた会社と、できなかった会社では、ビジネスに大きな乖離が生じてまうので、工夫で乗り越えて行きましょう。

3）問題になる場合は、Decimal型を使うなどいくつかの方法があります。

それでは、AWS SDKを使う準備をしましょう。

リスト7.1　AWS SDKを使うための準備

```
import json # json モジュールの読み込み
import boto3 # boto3 モジュールの読み込み
brt = boto3.client('bedrock-runtime') # boto3 モジュールから⏎
    bedrock runtime クライアントを生成
```

まず、import boto3について解説します。boto3は正式名称をAWS SDK for Pythonといい、Pythonを使ってAWSの様々なサービスやリソースを動かし、簡単にコントロールするためのSDKです。import boto3というのは、boto3をPythonで使えるようにする準備です。続けて、brt = boto3.client（'bedrock-runtime'）と打ち込みます。boto3からはAWSのサービスごとにクライアントを呼び出す必要があり、それをbrt = boto3.client（'bedrock-runtime'）で表現しています。

以降、brtで生成AIを呼び出します。冒頭を飛ばしてしまいましたが、bedrockのレスポンスはJSON形式で返されますので、JSONを扱うためにimport jsonして、JSON文字列をPythonで扱うためのモジュールを呼び出しています。次項以降は、ここまでの準備が整っている前提で記載していきます。

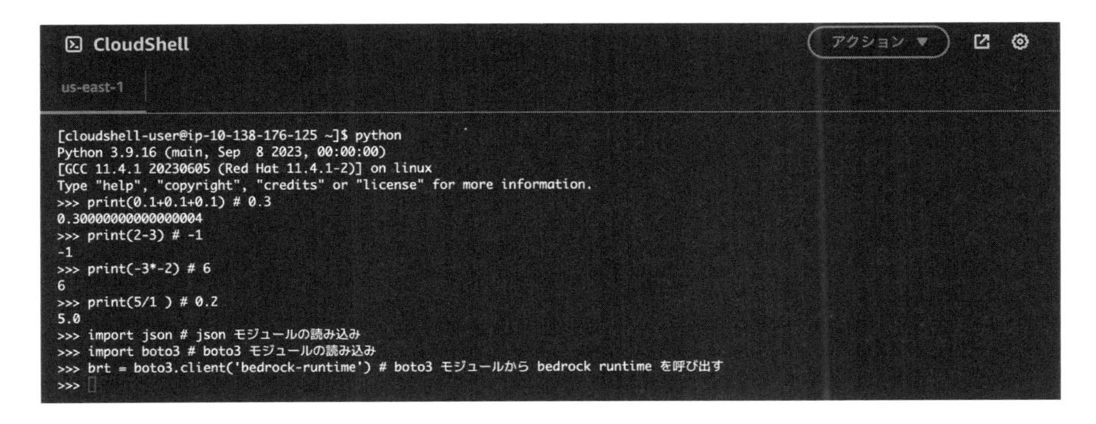

図7.3　AWS SDKを使うための準備（CloudShell画面）

7.4.2 Claude 3でテキスト生成

準備が整ったので、さっそくテキストを生成してみましょう。先ほどは仕事の相談をしましたが、今度は「卵かけご飯」のレシピを訊いてみましょう。先ほどの続きで、以下のテキストを入力してください。

リスト7.2　Claudeによるテキスト生成の例（その1）

```
body=json.dumps({
    'anthropic_version': 'bedrock-2023-05-31',
    'max_tokens': 4096,
    'system': '以下はユーザーと優秀なAIアシスタントのやりとりです',
    'messages': [{'role': 'user', 'content': '卵かけご飯のレシピを教えて'}],
})
response = brt.invoke_model(body=body, modelId='anthropic.claude-3-↩
          haiku-20240307-v1:0')
output = json.loads(response['body'].read())['content'][0]['text']
print(output)
```

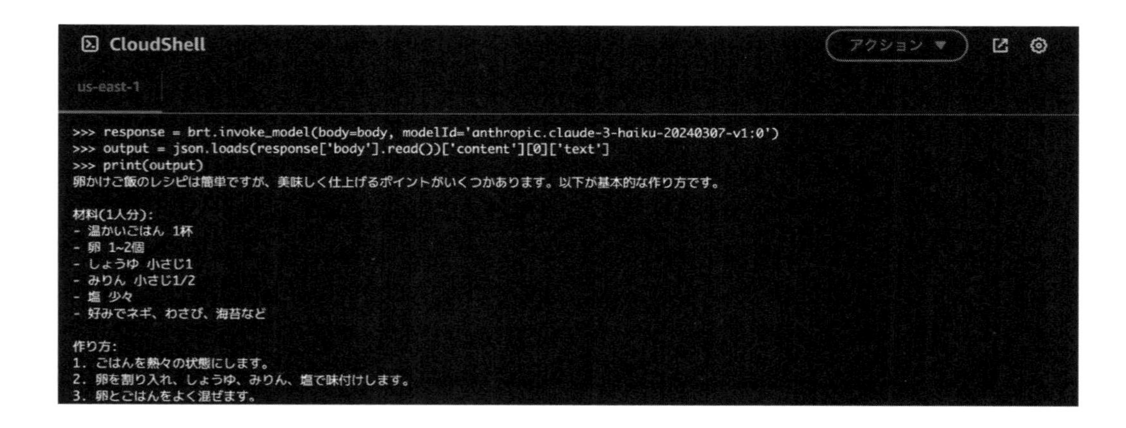

以下のような結果が出力されました（実行する都度、結果は変わります）。

```
卵かけご飯のレシピは簡単ですが、美味しく仕上げるポイントがいくつかあります。以下が
基本的な作り方です。
```

材料(1人分)：
- 温かいごはん 1杯
- 卵 1～2個
- しょうゆ 小さじ1
- みりん 小さじ1/2
- 塩 少々
- 好みでネギ、わさび、海苔など

作り方：
1. ごはんを熱々の状態にします。
2. 卵を割り入れ、しょうゆ、みりん、塩で味付けします。
3. 卵とごはんをよく混ぜます。
4. お好みでネギ、わさび、海苔などをトッピングします。

ポイント：
- 温かいごはんを使うことで卵がよく絡み、なめらかな食感になります。
- 卵の量は好みで1～2個が目安です。
- しょうゆ、みりんで味付けするのがおいしいポイントです。
- トッピングで彩りや風味をプラスするとさらに美味しくなります。

気分に合わせて好みの具材を加えたり、作り方を調整してみてください。簡単でおいしい卵かけご飯が楽しめると思います。

※上の例では、見やすくなるよう一部太字にしていますが、実際の出力は書式のないプレーンテキストです。

期待どおり、卵かけご飯の作り方を教えてくれました(この作り方が美味しいかはしりません)。

コードについて解説すると、肝は'system'と'messages'の部分です。

systemはシステムプロンプトといい、会話やAIの役割を与えるための設定です。設定しなくても動かすことはできますが、欲しい回答をAIから得るには重要ですので、AIに考えてほしいことが決まっている場合は記述するといいでしょう（ちなみに、前節のようにマネジメントコンソールから実行する場合は設定なしです)。

例えば、何かのテキストを単に和訳したい場合は、システムプロンプトに「翻訳したいユーザーと、翻訳スペシャリストAIのやりとりです。ユーザーはテキストを与えるので、AIは与えられたテキストを日本語に訳してください」と入力すると、ユーザーがテキストを与えるだけで和訳結果を返してくれるようになります。

一方、messagesはユーザーがAIに与える指示です。前節では仕事の相談をしましたが、今回は「卵かけご飯の作り方を教えて」という指示を与えました。システムプロンプトで翻訳という役割を与えている場合、messagesに「This is a pen.」とだけ与えれば、AIは「これはペンです。」とだけ返すようになります。systemとmessageを変えて、いろいろ試してみてください。

このようにして、プログラムから生成AIを呼び出せることを確認しましたが、さらに会話を続けることもできます。例えば、お薦めの卵のブランドを訊いてみましょう。以下のようにコードを続けて書くと、質問を追加することができます。

リスト7.3　Claudeによるテキスト生成の例(その2)

```
body=json.dumps({
    'anthropic_version': 'bedrock-2023-05-31',
    'max_tokens': 4096,
    'system': '以下はユーザーと優秀なAIアシスタントのやりとりです',
    'messages': [
        {'role': 'user', 'content': '卵かけご飯のレシピを教えて'},
        {'role': 'assistant', 'content': output}, # 追加
        {'role': 'user', 'content': 'お薦めの卵のブランドを教えて'}, # 追加
    ],
})
response = brt.invoke_model(body=body, modelId='anthropic.claude-3-⤵
          haiku-20240307-v1:0')
output = json.loads(response['body'].read())['content'][0]['text']
print(output)
```

先ほどと違うのは、messagesに会話の履歴を入れていることです（outputという変数に、先ほどのAIの出力が格納されています）。こうすることで、過去の会話履歴を反映させた結果を出力させることができます。出力の例は以下のとおりです(実行する都度、結果は変わります)。

```
卵かけご飯には新鮮で良質な卵が重要です。おすすめのブランドを紹介します。

●平飼い卵
鶏が広い空間で自由に育つ平飼い卵は、卵黄が濃厚でコクがあります。有機飼料を食べた鶏
が産む卵がおすすめです。有名ブランドに「小豆島卵」「みやき卵」などがあります。

●純国産卵
国産鶏のみで作った純国産卵は、卵黄が鮮やかな黄色で、しっかりとした味わいです。「赤卵」
「茨城県産卵」「越後卵」などがあります。
```

●放し飼い卵
自然の中で自由に育った鶏が産んだ放し飼い卵は、深みのある味わいが特徴です。「大山鶏卵」「岡山県産卵」などがあります。

●有機栽培卵
有機飼料で育てた鶏の卵は、化学肥料や農薬不使用なので安心・安全です。「オーガニック卵」などのブランドがあります。

これらのブランド卵は、スーパーやネット通販などで入手できます。新鮮さと品質が高いので、卵かけご飯にぴったりです。お好みのブランドを見つけてみてくださいね。

※上の例では、見やすくなるよう一部太字にしていますが、実際の出力は書式のないプレーンテキストです。

今回の質問には「卵かけご飯」と入れていないのに、しっかりと卵かけご飯に合う卵のブランドを教えてくれました。

もちろん画像を解説させることもできます。詳細は割愛しますが、下記のMultimodal promptsを参考にして、ぜひ試してみてください。

- URL：https://docs.aws.amazon.com/bedrock/latest/userguide/model-parameters-anthropic-claude-messages.html

7.5 アプリケーションでの利用例とユースケース

前節では、Amazon BedrockのAPIを利用して生成AIを使う方法を紹介しました。本節では、実際にAmazon BedrockのAPIを利用したアプリケーションの例を通じて、生成AIの ユースケースを紹介します。

7.5.1 Generative AI Use Cases JPとは？

Amazon Bedrockを用いた生成AIアプリケーションはいくつか公開されていますが、ここではAWSジャパンのソリューションアーキテクトが中心となって開発した日本語のアプリケーションを紹介します(実は筆者も開発メンバーの1人だったりします)。

そのアプリは、Generative AI Use Cases JP、略称GenU（https://github.com/aws-samples/generative-ai-use-cases-jp）という名前でGitHub上で公開されており、MIT-0ライセンスでの商用利用が可能です。GenUはAWSのアカウントを持っていればすぐにデプロイして利用を開始でき

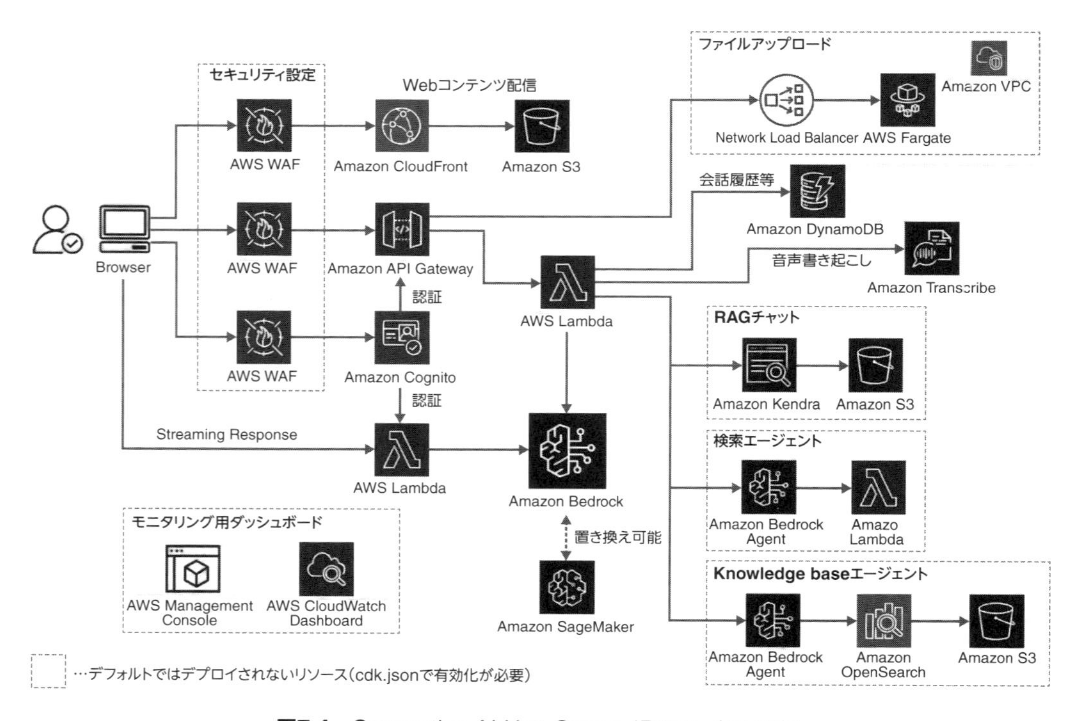

図7.4　Generative AI Use Cases JPのアーキテクチャ

るWebアプリケーションです。

　このアプリケーションはユースケースにフォーカスして作りました。チャットや文書生成、翻訳、画像生成など、さまざまな用途を簡単に試せます。

　ユースケースに応じたソリューションとして、自身のAWSアカウントでデプロイして使用するものであり、社内のユーザーへ簡単に展開できます。標準（デフォルト設定）だと 、Amazon Cognitoという認証サービスを使ってセキュアに利用できます。さらにオプションで、AWS WAFというWebアプリケーションファイアウォールのサービスを被せることもでき、アクセスする地域やIPアドレスを絞ることもできます。

7.5.2　Generative AI Use Cases JPの機能

　まず、生成AIでよく使われる機能として「チャット」が上げられます。Generative AI Use Cases JPを使うと、先ほどのマネジメントコンソールで行ったようなチャットをすぐに利用できます。

また、既存の文書を望むとおりに改変したいこともあるでしょう。そんなときは「文書生成」を使うとよいでしょう。ドッグワードの除去や、話し言葉をビジネス文書へ変換するなど、適切な指示を与えればできることは広いです。

生成 AI は文章の「要約」にもよく使われます。長い文章を読む前に、その文章に読む価値があるのかを知りたいときなどに便利です。

ほかにも、自分が書いた文章に間違いがないか、チェックしてもらいたいときもあるでしょう。そんなときは「校正」を使うと、誤字や文章の誤りを指摘し、修正内容を提案してくれます。

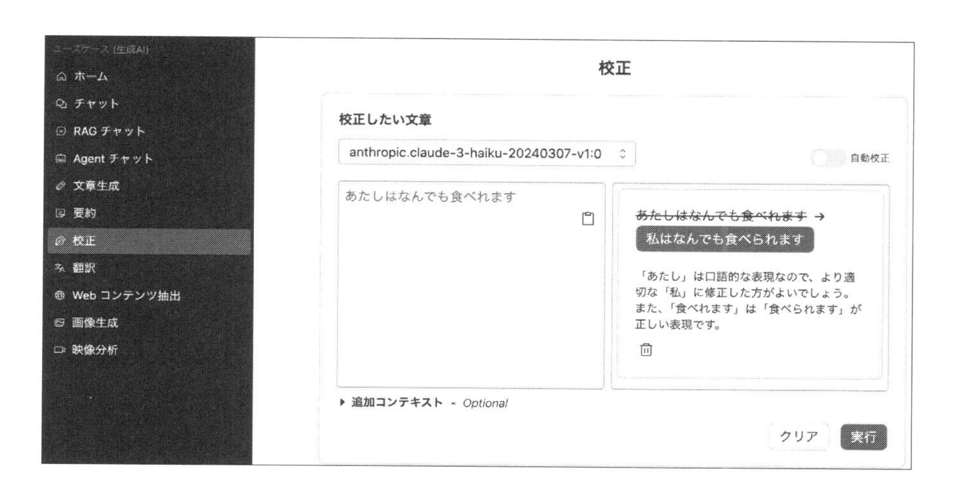

先述のとおり、生成AIは翻訳によく使われます。生成AIを使わない従来の機械翻訳の場合、サービス名などの固有名詞に一般的な単語が使われているとそのまま訳してしまうなど、不自然な結果が出ることがあります（例えば「Amazon Connect」を「Amazon接続」と翻訳してしまうなど）。生成AIは文脈を判断して、固有名詞をそのまま出力するなど、気の利いた翻訳をしてくれるところが利点です。

●異なる生成AI同士を組み合わせる

画像生成では、異なる生成AIを組み合わせて使うことができます。

7.2節末尾の画像生成では、プロンプトの中で「glass bottle, grapes juice, white table, blue sky, sun」と、英語でマネジメントコンソールに入力しました。生成したい画像の特徴を、カンマ区切りで箇条書きにした、あまり馴染みのないテキストでした。画像生成をするモデルでは一般的な入力の仕方ではありますが、初見の方は戸惑います。

そこで、プロンプトを生成AIに出力させて、そこから画像を生成させるというやり方が可能です。日本語で「ゴールデンレトリーバーとチワワのミックスが、天気のよい海を楽しく泳いでいる」と入力すると、「golden retriever, chihuahua mix, swimming, sunny beach, ocean, happy, playful」という画像生成用のプロンプトが生成され、日本語で指示したとおりの画像が生成されます。

生成AIを複数組み合わせるアイデアはほかにもあります。

「Webコンテンツ抽出」という機能を使うと、Webサイトのメインコンテンツ（例えばニュースサイトから広告や他のリンクを除去したニュースの本文）だけを抽出できます。ニュースサイトのニュース記事を要約しようと思っても、記事のテキストだけを選択しようとしても、一発では難しく、コピー&ペーストを繰り返すことがあります。Webコンテンツ抽出の結果をさらに要約させれば、簡単に期待どおりの出力が得られます。あるいは、英語のコンテンツを翻訳させたうえで要約させるなども便利です。

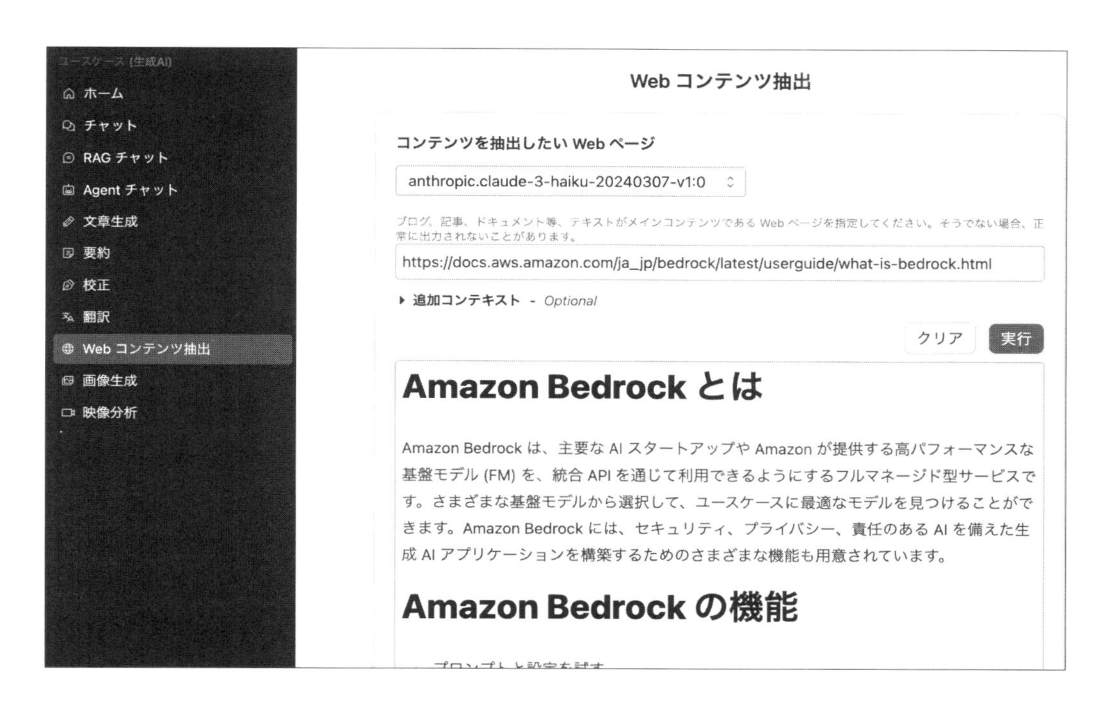

ここまでは機能をベースにしてソリューションを紹介してきましたが、実務でよくある使い方のひとつに「議事録のまとめ」があります。

会議を録音しておけば、音声ファイルが手に入ります。このソリューションではAmazon Transcribeという文字起こしのサービスも使えますので、音声をテキストに変換できます。そのテキストから、文書生成でフィラーなどを除くのはもちろん、決定事項などを抜き出せば、ほぼ自動で議事録を作成できます。

このように、できることはアイデア次第で広がります。生成AIは産まれて間もないものでもあるので、ぜひ皆さんは既存のアイデアを利用しつつ、新しいビジネスでの利用を発明してください。

第8章

AWS生成AIのはじめ方

本書ではこれまで、AWSの生成AIの概要や使い方、生成AIを使ったアーキテクチャとユースケースを説明してきました。前章ではAmazon Bedrcokを利用して、実際に生成AIを体験してみました。

生成AIの恩恵を最大限に生かすには、業務などの日常的な場面で生成AIを活用していくことが重要になります。本章では、生成AI活用のはじめ方、および、生成AIアプリケーションを開発し、日常的に利用するための道筋と開発の具体例を解説します。

8.1 生成AIの利用方法

8.1.1 生成AI4つの利用方法

生成AIを利用する方法は、大きく分けて以下の4つがあります。AWSの生成AIの利用を始めるにあたって、それぞれの利用方法を理解しておくことが重要です。

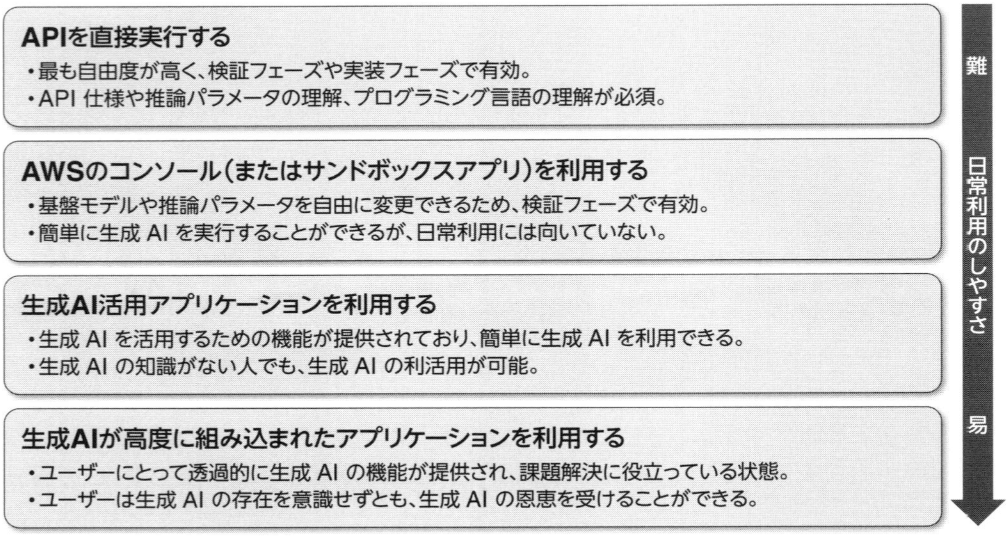

APIを直接実行する
・最も自由度が高く、検証フェーズや実装フェーズで有効。
・API 仕様や推論パラメータの理解、プログラミング言語の理解が必須。
AWSのコンソール（またはサンドボックスアプリ）を利用する
・基盤モデルや推論パラメータを自由に変更できるため、検証フェーズで有効。
・簡単に生成 AI を実行することができるが、日常利用には向いていない。
生成AI活用アプリケーションを利用する
・生成 AI を活用するための機能が提供されており、簡単に生成 AI を利用できる。
・生成 AI の知識がない人でも、生成 AI の利活用が可能。
生成AIが高度に組み込まれたアプリケーションを利用する
・ユーザーにとって透過的に生成 AI の機能が提供され、課題解決に役立っている状態。
・ユーザーは生成 AI の存在を意識せずとも、生成 AI の恩恵を受けることができる。
難
日常利用のしやすさ
易

図8.1　生成AIの4つの利用方法

(1) APIを直接実行する

これは前章7.4節の「APIからAmazon Bedrockを使う」で試した方法です。AWS SDKなどを利用してAmazon BedrockのAPIを直接実行します。最も自由度が高い使い方であり、APIとして提供されている機能の全てに自由にアクセスできるので、APIレベルでの検証を行うことができます。また、推論パラメータを含むAPIの全てのパラメータを自由に変更しながら、生成AIを実行することが可能です。

しかしながらこの利用方法には、プログラミング言語の知識が必須であり、API仕様の理解や推論パラメータの理解も必要になります。APIレベルでの検証作業や生成AIアプリケーションの実装フェーズでは、この利用方法で生成AIを実行する必要がありますが、それ以外の場合は別の利用方法がお勧めです。

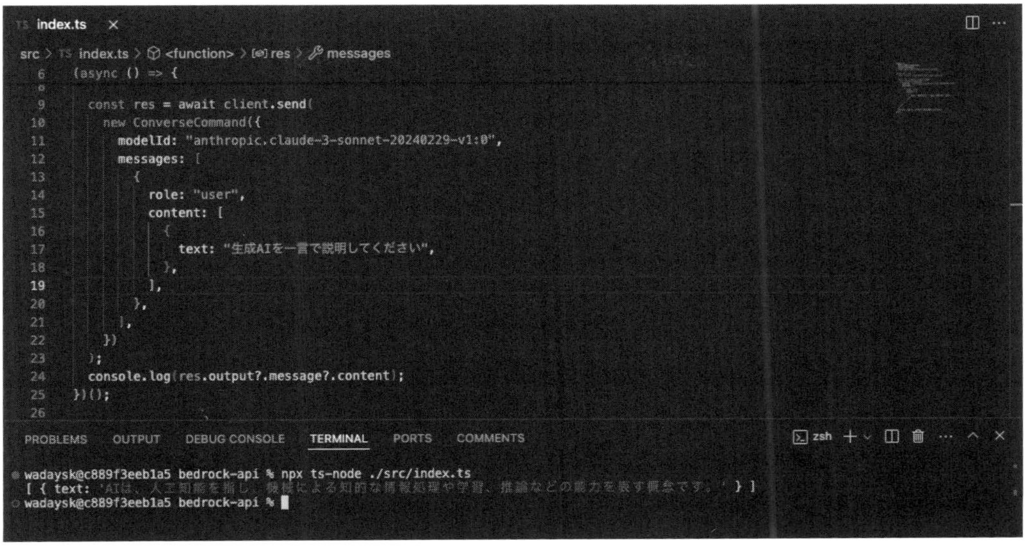

```
(async () => {

  const res = await client.send(
    new ConverseCommand({
      modelId: "anthropic.claude-3-sonnet-20240229-v1:0",
      messages: [
        {
          role: "user",
          content: [
            {
              text: "生成AIを一言で説明してください",
            },
          ],
        },
      ],
    })
  );
  console.log(res.output?.message?.content);
})();
```

```
wadaysk@c889f3eeb1a5 bedrock-api % npx ts-node ./src/index.ts
[ { text: 'AIは、人工知能を指し、機械による知的な情報処理や学習、推論などの能力を表す概念です。' } ]
wadaysk@c889f3eeb1a5 bedrock-api %
```

図8.2 Node.jsを利用してAmazon BedrockのConverse APIを実行している例

(2) AWSのコンソール(またはサンドボックスアプリ)を利用する

これは前章7.3節の「AWSのコンソールから使う」で試した方法です。AWSのコンソール以外にも、OSS(Open Source Software)として公開されている生成AIサンドボックスアプリを利用する方法などもあります。基盤モデルや推論パラメータなどの設定を自由に変更しながら実行できることが大きなメリットです。しかし、コンソールが対応していないAPIの機能やパラメータにはアクセスできないので、注意が必要です。

この利用方法では、プログラミング言語の知識と、APIの仕様に対する理解は不要です。生成AIの検証作業や、試行錯誤しながら生成AIでいろいろ試したい場合に非常に便利です。その半面、生成AIを日常利用する場合にはお勧めしません。利用するたびに、プロンプトの入力や推論パラメータの調整などを行う必要があるからです。毎回これらの作業を行うのは非常に面倒ですし、ユーザーは生成AIの知識がある人に限られてしまいます。

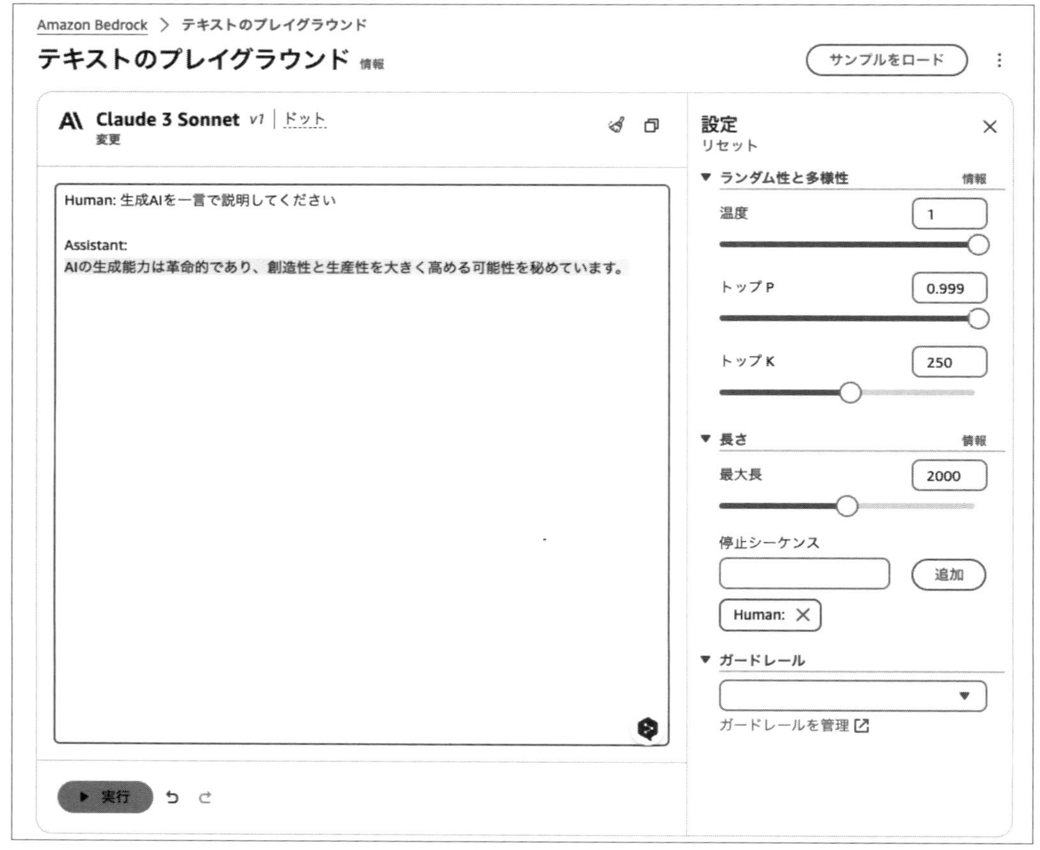

図8.3　AWSコンソールのプレイグラウンド機能を利用してLLMで推論している例

(3) 生成AI活用アプリケーションを利用する

こちらは“生成AIの活用を目的とした”アプリケーションから、生成AIを利用するという方法です。このアプリケーションには、生成AIを活用するための便利な機能やユースケースに特化した機能が提供されており、生成AIを日常利用しやすい構成となっており、“生成AI活用のHub”になる存在です。前章7.5節の「アプリケーションでの利用例とユースケース」で試したGenerative AI Use Cases JPというOSSは、まさにこの生成AI活用を目的としたアプリケーションに該当します。

この利用方法のメリットは、より簡単に、より楽に生成AIを利用できる点です。例えば、「文章要約」を生成AIで行いたい場合、通常は適切なモデルを選択し、適切な推論パラメータを設定し、適切なプロンプトを書く必要があります。この作業は、生成AIに興味のない方や生成AIの知識がないユーザーにとっては、ハードルが高いでしょう。しかし、アプリケーションに「文章要約」の機能を事前に用意し、適切なモデルの設定、適切な推論パラメータの設定、適切なプロンプト

図8.4　Generative AI Use Cases JPでマルチモーダルチャットをしている例

の設定を行なっておけば、生成AIの知識がない人でも、楽にかつ精度高く「文章要約」を行うことができます。面倒なプロンプト入力や推論パラメータの設定を隠蔽化し、自動化されるからです。

また**図8.4**のように、生成AI活用アプリケーションには、多くの場合ユーザビリティを高める工夫が施されています。

ただ、このアプリケーションは生成AI活用を目的としているので、生成AIの活用に関心がない人々や、生成AIを活用したいという動機がない人々に、日常的な利用を促すのは難しいかもしれません。

(4) 生成AIが高度に組み込まれたアプリケーションを利用する

これは、業務アプリケーションやコンシューマー向けのアプリケーションなどに組み込まれた生成AI機能を利用する方法です。前述の利用方法では「生成AIを利用すること」が"目的"でしたが、ここでは、何らかの課題を解決するための"手段"です。課題の解決が軸であり、生成AIの利用はその目的を達成するための手段でしかありません。ユーザーにとって透過的に生成AIの機能が提供され、課題解決に役立っているという状態です。

このレベルで生成AIを利用した場合、ユーザーは生成AIの存在を意識せずとも、生成AIの恩恵を受けることができます。ユーザーは、生成AIが使われているということさえ気づかないかも

図8.5　LLMを利用して翻訳をしている例（Generative AI Use Cases JPより）

しれません。生成AIの価値を最大化するためには、このレベルまで持っていくことが理想でしょう。

図8.5の例では、利用者は生成AIの存在を意識することなく、翻訳することができます。

8.1.2　適切な利用方法の選択

上記の4つの利用方法には、それぞれ長所と短所があります。重要なのは、目的と対象ユーザーに合わせて適切な構成にすることです。目的やユーザー層に合わない生成AIアプリケーションを展開した場合、十分に活用されない可能性があります。

例えば、「生成AIで何ができるのか勉強したい」、「生成AIで色々試してみたい」といった場合は、生成AIを使うことが目的です。ユーザーからは、自身でプロンプトを実験したり、基盤モデルを切り替えて実行したりしたいという要望が出てくるでしょう。この場合は、透過的に生成AIの機能を利用させるのではなく、AWSコンソールや生成AI活用アプリケーションを使って、直接的に生成AIを実行できたほうがユーザーのニーズを満たせるでしょう。

それに対して、「業務を効率化したい」、「業務の精度を高めたい」など業務課題の解決が目的の場合は、生成AIを使うことは目的ではなく手段です。課題の解決手段が生成AIである必要性がない場合もあります。このような場合は、利用者に生成AIを意識させる必然性はなく、透過的に生成AIの機能を提供する方が向いている場合も多いでしょう。

また、新規にアプリケーションを開発するだけではなく、既存のアプリケーションやサービスに生成AIの機能を追加するという方法もあります。

生成AIサービスが世に出てまだ間もないこともあり、「生成AIで何ができるのかよくわからない」、「生成AIでどのように業務課題を解決していくのかわからない」と感じているユーザーも多いでしょう。このような状態で、生成AIを使って業務課題を解決しようと頑張っても、巧くいかないかもしれません。このような生成AI活用の初期フェーズでは、「生成AIを使うこと」を目的化することをお勧めします。生成AI活用を加速していくうえで、実際に生成AIを使ってみて、その能力と限界を正しく理解し、それらを踏まえたうえで活用方法を検討していくことが、非常に重要となります。

まずは、前章7.5.1項で紹介したGenerative AI Use Cases JPを導入してみることをお勧めします。生成AIのよくあるユースケースが実装されているので、すぐに自身のデータで試すことができますし、基盤モデルの切り替えを画面上から行えるので、サンドボックス的な使い方も可能です。生成AIの能力とその限界を理解するためには、実際に動かしてみることが最も重要です。生成AI活用の第一歩は、生成AIを自由に実行できる環境を構築することです。まず、ここから始めてみましょう。

8.2 生成AIの利用を拡大していく

8.2.1 生成AI利用拡大の条件

生成AIを活用する目的は、業務効率化、コスト削減、顧客満足度の向上など様々ですが、その根底にあるものは、共通して「生成AIを使ったビジネス価値の創出である」と考えられます。生成AIを活用してビジネス価値を最大化するためには、生成AIの利用範囲を広げていくことが重要です。生成AIの利用が限定的だと、創出できるビジネス価値も限定的なものとなってしまいます。

生成AIの利用を拡大していくためには、生成AIアプリケーションの利用を拡大していく必要があります。生成AIアプリケーションをリリースしただけで、ユーザーが自発的に利用してくれて、勝手に利用が拡大していき、ビジネス価値が高まっていくようなことは稀です。一般的に、ユーザー体験の良いアプリケーションは利用拡大がしやすく、そうでないアプリケーションは利用拡大が難しくなります。リリース直後は新規性により利用されるかもしれませんが、ユーザー体験が悪ければ、すぐに利用されなくなるでしょう。

利用を拡大するために、業務プロセスに組み込んで強制的に使わせる方法もありますが、ユーザー体験が悪いアプリケーションを強制的に使わせると、利用者に負担をかけ、ネガティブな感情を持たれてしまいます。最悪の場合、生成AI自体に懐疑的あるいは否定的な印象を抱かせ、今後の生成AI活用の障害となる可能性があります。

こうしたことから、生成AIアプリケーションの利用拡大のためには、ユーザー体験の向上が非常に重要となります。ユーザーにとって使いやすく、価値のあるアプリケーションを提供することで、自発的な利用拡大とビジネス価値の向上を図ることができます。

8.2.2 ユーザー体験の向上を目指す

●ユーザー体験とは？

ユーザー体験（User Experience：UX）とは、「製品やサービスを通して得られる総合的な体験」のことを言います。具体的には、ユーザーが製品やサービスを利用する際の使いやすさ、快適さ、満足度などが含まれます。

良好なユーザー体験とは、ユーザーが快適に製品やサービスを使うことができ、それらを通じて十分な価値や満足を得られている状態を意味します。その逆に、ユーザー体験が悪いとは、使い勝手が悪く、製品やサービスから期待した価値や満足を得られていない状態を指します。

製品やサービスを開発する際には、ユーザー体験を意識し、ユーザーが快適に利用でき、十分な価値を享受できるよう設計することが重要となります。ユーザー体験の質は、製品やサービスの評価や継続的な利用に大きな影響を与えるからです。

●ユーザー体験を向上させるには？

ユーザー体験は、しばしばUI/UXという形で、UI（ユーザーインターフェイス）と一緒に語られます。ユーザー体験はUIと密接に関係しながらも、それ以上の概念を指しています。UIはアプリケーションの画面デザインや操作性などの視覚的・物理的な側面を表しますが、ユーザー体験はそれらに加えて、ユーザーが製品やサービスを利用する際の総合的な体験を意味します。

つまり、UIがわかりやすく使いやすいことは、ユーザー体験を向上させる重要な要素ではありますが、それだけではユーザー体験の質を決定づけるには不十分です。ユーザーの求めているものを理解し、その価値を提供することこそが、ユーザー体験を本質的に高めるための鍵となります。ユーザー体験の向上には、UIの設計を超えた幅広い取り組みが求められます。

具体的にユーザー体験の向上を図るには、以下のことを含む多様な要素が重要になります。

●ユーザーの要求を正確に把握すること

ユーザーの要求を正確に把握することは非常に重要です。ユーザーが抱える本当の課題やニーズを理解し、製品やサービスがそれに適切に応えるように設計することが求められます。

多くの場合、ユーザーは生成AIそのものを使いたいわけではなく、何らかの課題を解決したいと考えています。生成AIはあくまでも課題解決の手段の一つにすぎません。場合によっては、生成AIを使う必要がないこともあります。生成AIの利用を目的化しないように、ユーザーの本質的なニーズに着目し、それに適した解決策を提供することが何より重要です。

●ユーザーの利便性を考慮すること

生成AIアプリケーションを開発する際、ユーザーの利便性を考慮することは重要です。汎用性の高い機能の提供は、便利な一方で、使いづらさにもつながる可能性があります。

チャットUIのように汎用的なインターフェイスは、柔軟に活用できる利点がありますが、生成AIの知識がない初心者にとっては、何をすればよいのか分からず戸惑う場合があります。また、汎用性が高すぎると、ユーザーに工夫を強いたり、煩雑な操作を強いたりする可能性もあります。そのため、特定の機能に特化し、その機能を高い精度で実行できるようにすることで、ユーザーにとってより使いやすいアプリケーションとなる場合があります。生成AIの知識を持たないユーザーでも直感的に操作できるよう、機能の範囲を適切に絞り込むことが重要です。

ユーザーの利用シーンや要求を考慮し、汎用性と特化の程度を適切にバランスすることで、生成AIの機能を最大限に活かしつつ、ユーザーにとって使いやすいアプリケーションを実現できるでしょう。

●使いやすいUI設計を行うこと

直感的でわかりやすいUIを実現することは、ユーザーの利便性を高めるうえで非常に重要です。UIの操作性は、ユーザー体験の質を大きく左右する要素となります。そのため、UIの設計においては、シンプルで一貫性があり、直感的に操作できるようにすることが望ましいでしょう。

また、毎回決まった内容を手入力する必要があるとか、大量のリストの中から選択項目を探すなどといった、面倒な操作を減らすことも重要です。そうした操作はユーザーの生産性を低下させる要因となるからです。

完璧なUIを一発で設計するのは非常に難しいので、ユーザーからのフィードバックを参考にしながら、継続的に改善を重ねていくことが重要です。

●パフォーマンスを最適化すること

レスポンスの速さや動作の軽快さなどのパフォーマンスは、ユーザー体験の向上に大きく寄与します。レスポンスが遅いと、ユーザーはストレスを感じたり、集中力が途切れたりしてしまう可能性があります。日常的に使用するアプリケーションは実行回数が増えていくので、レスポンスを早くすることが生産性の向上にもつながります。

生成AIアプリケーションでは、利用する基盤モデルによって、精度やレスポンスの速さが大きく異なります。タスクにあった基盤モデルを適切に選択することも非常に重要です。

パフォーマンスの優れたアプリケーションを提供することは、ユーザー満足度を高め、ユーザーの作業効率を妨げることなく、ストレスのない快適な体験を実現するための条件です。

●継続的にユーザー体験を向上させていく

どんなアプリケーションでも、初版のリリースで最高のユーザー体験を実現するのは難しいでしょう。ユーザーの求める機能と異なっていたり、操作性が悪かったり、実データでの精度が低いなど、リリースしてはじめて分かる課題も多いことでしょう。これらの課題をリリース前に全て予測し、事前に対策を講じておくことは現実的には困難です。そのため、リリースした後に、実際のユーザーから寄せられるフィードバックを収集し、そこで明らかになった課題を参考にしながら、継続的な改善を重ねていくプロセスが必要不可欠となります。

一方で、生成AIの技術進化のスピードは目覚ましく、次々と新しい基盤モデルがリリースされています。新しい基盤モデルは従来の基盤モデルに比べ、レスポンス性能が向上し、より賢くなっている場合が多くあります。このように生成AIの性能は日進月歩で向上しているので、リリース後に、より優れた新しい基盤モデルが登場した際には、そちらへと切り替えていくことが、ユーザー体験を大きく向上させる重要な取り組みの一つとなりえます。初版のリリースに完璧を求めるのではなく、フィードバックを活かしながら改善を重ねることで、より優れたユーザー体験を実現できるようになります。

8.3 生成AIアプリケーション開発の成功条件

8.1節及び8.2節では、生成AIをアプリケーションに組み込むことの重要性について触れましたが、生成AIを組み込んだアプリケーションを開発すれば幸せな未来が約束されているわけではもちろんありません。アプリケーション開発の目的はプロダクトとして完成させ、ユーザーに使ってもらい、ビジネス価値を生み出すことです。では、どうすればビジネス価値を生み出すというゴールに辿り着けるのか、本節では事例を元に成功のヒントを探ってみます。。

8.3.1 生成AI「が」活用できないのか、生成AI「も」活用できないのか

いきなり煽り口調のタイトルで恐縮ですが、この視点は生成AIを使うにあたっての心構えを知るうえで面白い示唆を含んでいます。結論から申し上げましょう。生成AIの活用ができている企業は、クラウドの活用に成功しているし、生成 AI の活用が進んでいない企業はクラウドの活用も進んでいません。データを見てみましょう(**表8.1**)。

表8.1 生成AIとクラウドの導入企業数のクロス集計

		生成AI				
		導入していない	検討中	試行している	導入している	総計
クラウドネイティブ	導入していない	94	30	41	25	190
	検討中	10	24	29	6	69
	試行している	16	8	8	22	92
	導入している	15	22	81	89	207
	総計	135	84	197	142	558

(出典：IPA「2023年度ソフトウェア開発に関するアンケート調査」を元に独自集計)

ここから読み取れるのは、生成AIの導入「が」進んでいる企業はクラウドの導入「も」進んでおり、生成AIを導入していない企業はクラウドの導入も進んでいない、ということです。もちろんクラウドを導入していなくても生成AIを導入している企業も、その逆の企業もありますが、全体の傾向としてはそのとおりである、ということが読み取れます。

ここから生まれる仮説として、新しい技術の導入に常日頃から貪欲に取り組んでいる企業は生成AIにもすぐに取り組める素地があり、その逆は取り組みが難しくなる、ということです。ちなみにAWSがAmazon Simple Queue Service(SQS)を2004年に、Amazon Simple Storage Service(S3)を2006年に出したことを考えると、クラウドは世に出てから約20年経っています(**図8.6**)。

Amazon Web Services ブログ

Amazon Simple Queue Service (SQS) – 15 年が経過した今もキューを実行中!

by Jeff Barr | on 15 7月 2021 | in Amazon Simple Queue Service (SQS), Launch, News | Permalink | Share

時の流れは早いものです! 私は、2006 年に Amazon Simple Queue Service (SQS) の本稼働の開始についての記事を書きました。その頃は、15 年後にまだブログを書いていること、そして、このサービスが、非常に多くの異なるタイプのウェブスケールアプリケーションのアーキテクチャの基本でありながら、引き続き急速な成長を続けていることは考えてもいませんでした。

SQS の最初のベータ版は、2004 年後半にひっそりと発表されました。そのベータ版以降、当社は多くの機能を追加しましたが、元の説明 (「分散アプリケーションコンポーネント間でメッセージをバッファリングするための信頼性が高くスケーラブルなホストされたキュー」) は今でも当てはまります。お客様は SQS をクラウドにおける無限バッファと考えて、SQS キューを使用してアプリケーションアーキテクチャの機能部分間の接続を実装します。

図8.6　2004年にベータ版で出したAmazon SQS（AWSブログより）

●新たな技術に対する気構えが重要

その間にクラウドを導入できた企業は生成AIにも挑戦し、既に導入まで終えている企業がいます。一方で、クラウドの導入ができていない場合は、生成AIの導入もできていないのではないでしょうか。もちろんクラウドの利用が適さないプロダクトの企業もいるので、一概には言えませんが、総じて「新しい技術を使ってみよう」、という心構えが生成AIに限らず、今後出てくるであろう新しい技術への対応の際、たいへん重要になるものと考えています。

筆者も顧客から2023年中頃には「生成AIをわが社も導入したいのだが、何か良い他社の事例はないか？」といった相談を多く受けていました。しかし、それは良い気構えではないように感じます。まず、自社で生成AIに触れ、どんなことができるのかを知り、自社の業務・ビジネスにどう適用できるかを考え、適用していく必要があります。

そういった企業からの質問は、内容が全く変わってきます。例えば次のようなものです。

「XXのビジネスに生成AIを提供したい。想定では、ピーク時にY回/秒の生成AIの呼び出しが発生しうるのだが、AWSのサービスでは技術的に耐えうるか？あるいはワークアラウンドはあるか？あるいは似たような事例はないか？」

最初から事例を聞いて来る人は、もし事例があったとしても、「そもそも導入するのか？」というのが甚だ疑問として残ります。また、仮に事例のあるシステムを導入しても、それは他社に追随して二番手に甘んじることを意味します。気構えとして「自社が最初の事例になってやる」くらいのつもりで行かないと、なかなかビジネスで良い結果を出せないのではないでしょうか。

いろいろ辛辣な意見を述べてしまいましたが、確かに新しい技術はわからないことだらけで、いざ実業に取り入れるとなると、なかなか勇気が要るものです。ただし、少し時間をかけ、手を動かし理解することで、自らの強力な手段に豹変します。ぜひ、生成AIを機に、新しい技術への心理的障壁を取り除き、積極的に試してみましょう。

8.3.2 成功事例の共通項

生成AIを組み込んだアプリケーション開発の成功条件を考えるうえで参考となる2つの事例を紹介します。

●Adobeの事例

Adobeでは、Adobe Fireflyという生成AIを用いた画像サービスを提供しています。同社では、5PB（ペタバイト）のデータを用いて基盤モデルを作っており、例えば生成AIによる画像の塗りつぶし機能を提供しています(図8.7)。

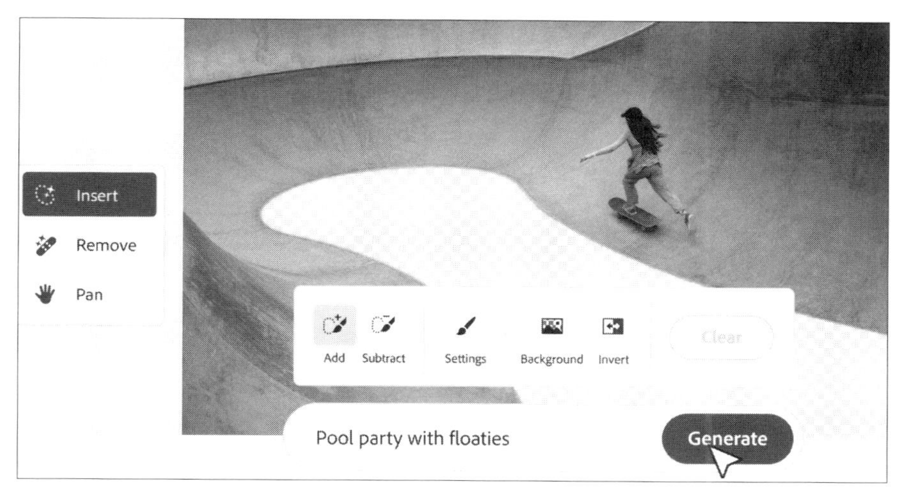

図8.7 "Pool party with floaties"というプロンプトとマスク（白と灰の市松模様の部分）を与えることで（上）、マスク部分をAIで塗りつぶしている（下）

2023年3月から既に40億枚を超える画像がAdobe Fireflyで生成され、特に生成AIによる塗りつぶし機能は一般的な機能に比べて10倍以上の使用率を誇っています。生成AIを組み込んだアプリケーションの成功の基準を「生成AIアプリ の使用回数」と考えた場合、Adobe Fireflyは大成功した事例と言えるでしょう。

Fireflyの開発を担当したAdobeの機械学習エンジニアチームのマネージャー Rebecca Li氏によると、開発は、AIによる顧客体験改善の取り組みを契機とし2016年から始まりました。2023年には数十人規模の研究開発チームが自社独自の基盤モデルの開発を始めました。そして数カ月後には、エンジニアも加えた100名体制の大規模プロジェクトとしてスケールアウトし、活動も急速に活性化しました。例えば、リリースされている数個の機能の裏側で追加の数十の機能を検証したり、機械学習モデルのデプロイも年間300回と、ほぼ毎日行われたそうです。

●Pinterest社の事例

Pinterestはインターネット上の画像や動画を集めて整理・共有できるWebサービスで、ユーザーが視覚情報を元に自分の興味のあるコンテンツを発見・整理・共有できるプラットフォーム機能を有しています。月間のアクティブユーザー数は4820万人で、特に画像や動画をピンという機能で保存できるのですが、毎週15億ものピンが使われています。

このように大量のユーザーの行動を保存しているPinterestでは、機械学習モデルの学習とデプロイを毎日行い、1秒間に数億回の推論を行い、そして1秒間に8000万のイベントを記録しています。

このように日々データを使ってビジネスをしているので、「ユーザー分類ごとの収益を確認するテーブルは？」「訪問回数が多いユーザーほどお気に入りを参照するのか？」「課金収入のメトリクスは？」「ユーザーの何割が検索エンジンの結果から購入画面に辿り着くか？」「積極的なユーザーセッションの判定は正確か？」など、毎日生まれる分析アイデアをデータから確認しようとしています。そこで、データ分析のUIに、テキストからSQLを生成する機能や、テーブルの検索機能を統合しました（**図8.8**）。その結果、クエリによるデータ抽出や変換を効率化し、分析時間を40%削減できたのです。

このように、Pinterestでは様々な分析アイデアを簡単に実現できるように、データ分析から得られる体験を、よりよいものにしようと考えたのが大きな特長になっています。

ちなみにこの仕組みは、2人のエンジニアがパートタイムでたった2カ月という期間で構築したそうです。短期間での立ち上げができた背景には、体験を良くするために、プロトタイプの作成と評価を頻繁に行う、いわばアジャイル開発の手法が採り入れられたようです。

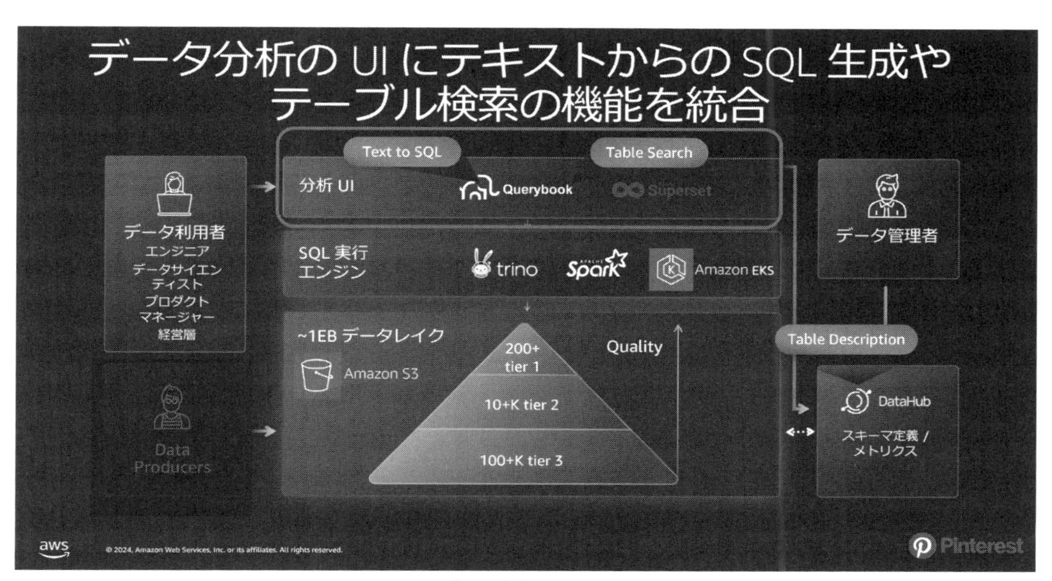

図8.8　データ分析に生成AIを統合

●2社の共通項

AdobeとPinterestに共通して言えるのは、生成AIの利用者側の体験を良くしようとしたこと、小規模に始めようとしたこと、そして頻繁な実験・デプロイを行ったことにあります。AdobeではFireflyの利用者の体験が良くなるよう取り組んだ結果が生成AIの塗りつぶし機能を生み、Pinterestでは分析者が自分の分析アイデアを簡単に実現できるようにした結果だと考えられます。

また、少人数で行うことも大切です。Pinterestは2人だけですし、「数十人から始めた」というAdobeも会社規模から考えれば小規模と言えます。小規模で動くと良い理由の1つにフットワークの軽さが挙げられます。少人数であれば思いついたことをすぐに試せることが多いですが、大人数となるとステークホルダーが増えすぎて、思いついたアイデアを試すのに承認などが必要になるなどワークしづらくなってしまいます。それがそのまま頻繁な実験につながります。良い体験を生み出すには数多の実験が必要です。ユーザーのフィードバックを元に細かい改善を繰り返すことで良い体験が磨き上げられていきます。

顧客の体験を良くするために、少人数でフットワーク軽く、大量の実験を行って改善活動を続けることが、生成AIをアプリケーションに組み込むうえで重要な条件でしょう。

8.3.3 日本における成功事例の共通項

ここまで海外の有名企業の例を見てきましたが、日本でもAWSを用いた100件以上の事例が出ています。AdobeやPinterestは優秀な機械学習エンジニアがもともと多くいるという背景があると思いますが、日本では機械学習エンジニアがいなくてもAmazon Bedrockを用いることで実現した成功事例がいくつか出てきています。そういう意味で日本は「生成AIの民主化」がうまく進んでいると言えるのではないでしょうか。

ここでは次の2つの事例を紹介します。

●匿名スポーツジム国内大手A社の事例

スポーツジム大手のA社では、傘下にIT専門会社を設置し、グループ内外のビジネスにおけるIT・デジタル分野の開発・提供を行っています。A社本体は総合ウェルネス企業として広く知られ、パーソナルトレーニングジムを中心に健康関連サービスやヘルスケア、美容事業などを全国展開しています。ここでは、「短時間からいつでも気軽に楽しめるジム」というコンセプトで急成長している事業への生成AI導入事例を紹介します。

この事業では店舗数が急増していることから、ドキュメントやマニュアルの整備が追いつかず、新入社員やアルバイトスタッフが調べ物等などに時間をとられ、現場の業務効率が上がらないという課題を抱えていました。

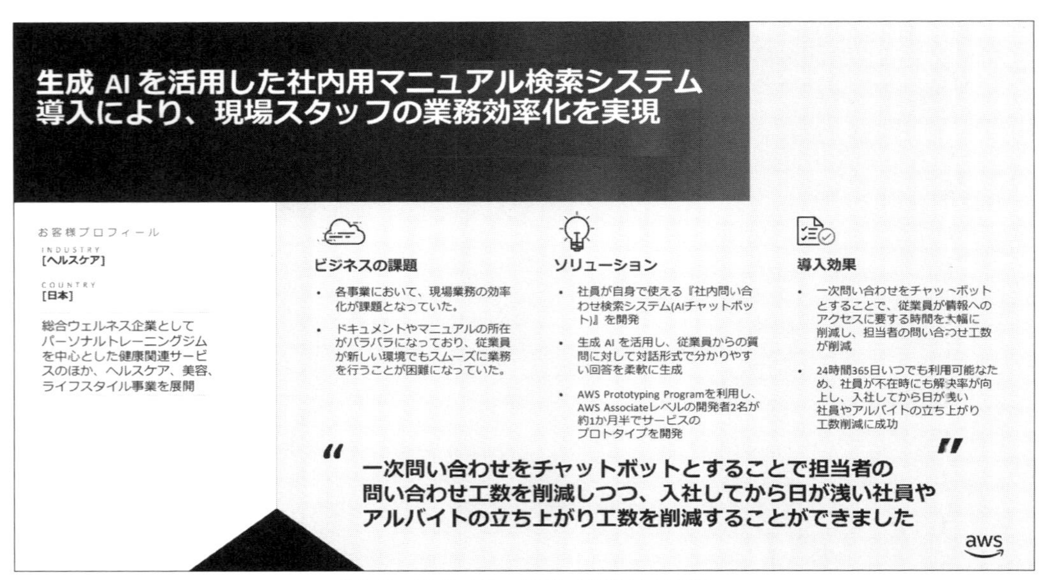

図8.9 匿名スポーツジム大手A社の事例

そこで、業務で何をすればよいのか自分で調べるのではなく、生成AIを用いたチャットボットに問い合わせて回答してもらうよう、いわゆるRAGアプリケーションを開発しました（**図8.9**）。社内のドキュメントをAWSの検索サービスであるAmazon Kendraに登録し、A社スタッフからの質問についてAmazon Kendraで関連するドキュメントを検索し、検索結果からスタッフの質問に対する回答をAmazon Bedrockで生成する、というシステムです。

例えば「最後のトイレ掃除は何時にやるの？」と問い合わせたら、Amazon Kendraからトイレ掃除マニュアルのドキュメントを検索し、そのドキュメントの内容からAmazon Bedrockでトイレ清掃の時間を出力する、といった形です。そしてRAGアプリケーションの良いところは、ズバリの回答文が載っているドキュメントがなくても、生成AIが考えて回答してくれることです。実際にどのようなドキュメントを登録しているかは公開されていないので、あくまで仮の例にすぎませんが、ドキュメントに「トイレ掃除は10時、12時、14時、16時で行う」と書いてあったとすると、生成AIは最後のトイレ掃除を認識して16時と回答してくれる可能性が高くなります。

●Poetics社の事例

Poeticsでは、電話も会議も商談もAIが自動で見える化してくれるJamRollというサービスを提供しています。その中でも特にSFA（Sales Force Automation：営業支援システム）への自動記録に不可欠な生成AI要約機能としてAmazon Bedrockが採用されています（**図8.10**）。

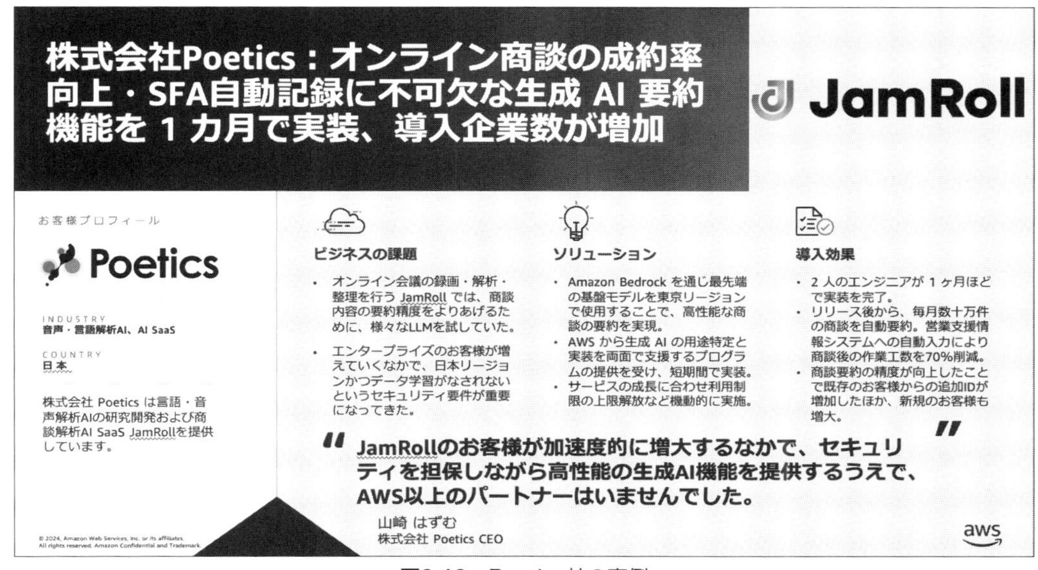

図8.10　Poetics社の事例

●国内2社の共通項

さて、先述した2つの事例にも共通項があります。それは生成AIの業務実装に1カ月程度しかかかっていない（A社が1カ月半、Poeticsが1カ月）ことです。実はこの2社以外の事例でも、ほとんどの事例においては3カ月以内で実装されました。また、担当者レベルで見てもAWSに精通していないエンジニアや、場合によっては新卒社員がやっているケースまであることも大きな特徴です。

また企業の規模も多様です。ここで紹介した2社に比べるとだいぶ企業規模の大きい大手総合商社の丸紅でも同様のことを1カ月でやり終え、45000人への導入を進めています（**図8.11**）。

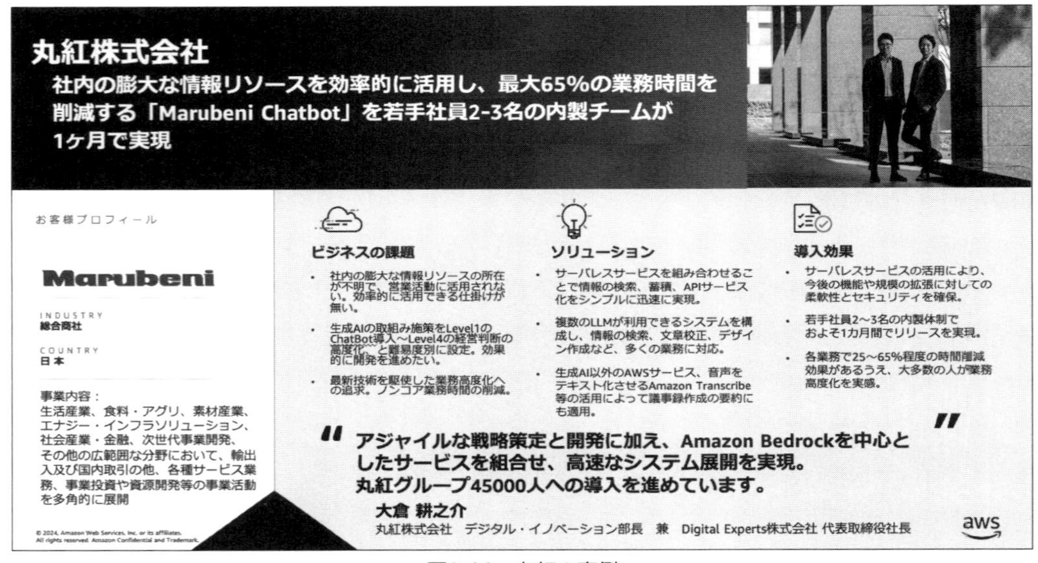

図8.11 丸紅の事例

●3カ月でやりきるのが肝要

Amazon Bedrockでは、生成AIを簡単に利用できるようにサービスを提供しているので、エンジニアとしてすごい人が必要なわけではありません。業務を理解し、やり切る気力こそが必要です。

期間も重要です。3カ月以内というのは、人間があることに注力し続けることができる期間ではないかと筆者は常日頃より考えています。というのも、何かを精力的に始める時は他の業務をある程度退けて注力できる環境を作ることが多いですが、3カ月するとそれより相対的に重要な案件が降ってきてしまう（3カ月で終わらなかったら優先順位を落とされてしまう）可能性が高く、注力し続けられないというのがあります。

ですので、筆者の実感として精力的に動ける若手などをフルコミットさせて短期間で作り切る、というのが成功の秘訣のように感じます。冒頭にクラウドと生成AI導入のクロス集計を見ましたが、結果を恐れず手を動かして短期にやりきってしまう、というのをお奨めします。

8.4 生成AIのユースケース大別6パターン

8.3節では、生成AIを組み込んだアプリケーション開発が成功しやすい気構えの話をしてきました。とはいえ、気構えがあれば成功できるわけでなく、実際に生成AIをどこに使うのか、ユースケースが必要なのは当たり前です。AWSでは100以上の事例を集めて分類し、効果の大きいユースケースを6つに大別することができました。その6つを本節では紹介します。

8.4.1 データの読み取り

2024年現在の生成AIは、テキストだけでなく画像を入力し、その内容を読み取れるようにもなりました。それまではAI OCRと呼んでいた領域も生成AIの範疇になっています。画像化されてしまって単純にテキスト抽出ができないドキュメントや、手書きのスキャンデータ、さらに単なる写真を与えて説明することまで可能です(図8.12)。

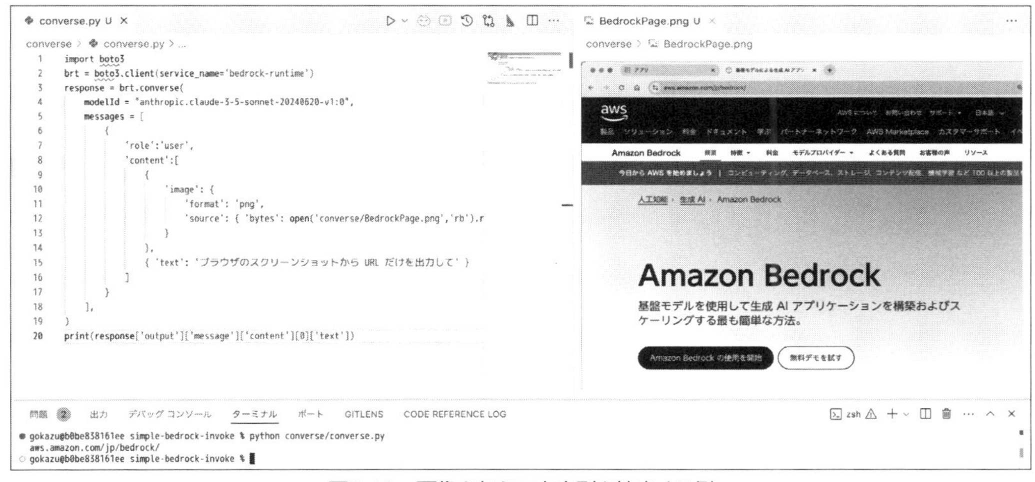

図8.12　画像を与えて文字列を抽出する例

データ読み取り機能を業務に活かすと、請求書や決算書等の帳票や議事録音声などをテキストデータ化し、人力での変換を効率化できます。もちろん変換することがゴールではなく、変換することで様々なビジネス上の利益を得られます。例えば不動産の間取り図から1LDKなどの間取りを読み取ることができれば、人間が入力した間取りが正しいかのダブルチェックが可能になり、データの精度を上げられます。ほかにも手書きのドキュメントの全文を読み取ってデータベースに登録しておけば検索が容易になりますし、全文を読み取った後さらに生成AIをとおしてメタデータの抽出や分類をすれば、ドキュメントの後処理のルーティングなども可能です。

このように生成AIが高精度のデータ読み取りを行うことで、人手がかかって現実的にできなかったことができるようになるというのは、10年前にビッグデータがブームになったのと重なります。実例を4件紹介します。

●ナウキャスト社の事例

ビッグデータを活用したデータ分析サービスの提供を事業としているナウキャストでは、今まで手作業で行っていた決算短信データ（PDF）からの財務データ抽出に生成AIを適用しました。その結果、日本の上場株式約100銘柄で検証した結果、90%以上の精度で正しく財務データの抽出に成功し、作業時間も最大90%短縮することができました。同社ではデータを読み取る業務があった（＝読み取ったあとの使い道があった）ため、単純に人の工数を削減できるというところが即採用につながったと考えられるでしょう。

●AI Inside社の事例

生成AI・LLMや自律型AIなどの研究開発とAIサービスの提供を行うAI inside社では、提供するAI-OCRサービス「DX Suite」において、従来は帳票の種類ごとにAIモデルを開発していました。さらに、エンタープライズ顧客が望む高い水準のセキュリティを満たすLLM環境が必要でした。しかし、Amazon Bedrockを活用することで、これまでかかっていた2000万円のコストと1ヵ月以上の学習時間が不要となり、7年間で13種類だった非定型帳票プリセットが3ヵ月後には1000種類を超え、エンタープライズが求める水準でサービス提供ができるようになりました。

●第一興商の事例

カラオケ大手の第一興商では、1日300件近いコールセンターへの問い合わせの文字起こしに音声認識AIサービスのAmazon Transcribeが採用されています。そして音声をテキスト化し、その要約にAmazon Bedrockを用いることで、コールセンターの後処理（会話内容の入力など）が軽減されました。作業軽減以外にも、明文化されることにより新人オペレーターの教育の手助けにもなっております。なお、驚くことに第一興商では、AWS未経験で入社1カ月の担当者が約3週間で検証を実施しました。

●匿名大手総合商社B社の事例

最後に大手総合商社B社における導入事例を紹介します。同社では、入札仕様書作成の一環として次のような業務をAmazon Bedrockが処理しています。

- 公共インフラプロジェクトの100ページにも及ぶ入札仕様書から20以上の項目を抽出・確認。
- エネルギートレーディングにおいて営業がメールで確認した成約内容をシステム入力フォー

マットへ項目別に整理・入力

このような生成AIのサポートにより、入札仕様書の1件あたりの作成時間が40%から70%まで短縮化されており、有効に活用されています。

このように人手でデータの読み取り作業を行ったのと比較すると、生成AIを用いることでおおよそ40%から90%の効率化が可能です。画像からデータがもし半自動で読み取れたとしたらどんなことができるのか…と、自らのビジネスに当てはめ仮説を立ててユースケースを検討するのが良いでしょう。

8.4.2 対応スキルの底上げ

生成AIの、特にテキストモデルは様々なデータを学習しており知識と経験が豊富です。「こんなときにどうすれば」と人間が悩んだ場合もズバリの回答を用意してくれたり、あるいは解決のヒントを出してくれる可能性があります。それが転じて経験の浅いスタッフのスキルを向上させることもできます。ここでも実例を4社紹介します。

●日本製鋼所の事例

産業機械の生産事業や各種エネルギーのエンジニアリング事業などをグローバルに展開する日本製鋼所では、樹脂機械における営業応対の場面で生成AIを活用しています。同社では、2021年より樹脂機械向けの消耗部品を短納期で出荷できるようサービスセンターで在庫部品の即納の運用を開始するなど、アフターサービスの充実に注力しています。

一方で、在庫からの即納を始めたことで受注件数が増加し、問い合わせ対応業務の負荷は2021年から2023年にかけて増加していました。問い合わせ対応で時間がかかる要因の一つに、問い合わせ内容のエビデンス情報の探索がありました。そこで、Amazon BedrockとAmazon Kendra（検索サービス）を組み合わせて、RAGシステムを構築しました。顧客からの問い合わせ内容をRAGアプリケーションに転記し、関連するドキュメントをAmazon Kendraで検索します。そして検索によって回答を得るだけではなく、その要約までをAmazon Bedrockで行うことで、問い合わせ対応を迅速化しています（**図8.13**）。

このRAGアプリケーション構築も、やはり短期の2カ月でプロトタイピングが行われました。樹脂機械の専門知識は必要であるものの、要約と回答の精度は80%以上という十分な回答内容になっており、今後は樹脂機械以外への拡大を図っていく考えです。

USBメモリを使用するにはどうしたらいいですか？

USBメモリについて2010年より原則使用禁止になりました。ファイルを連携する場合は、Amazon WorkDocsを使用してください。ただしどうしても必要な場合は個別に鈴木部長に相談してください。オフライン環境にファイルを連携する場合は、別途情シス部長に相談してください。[1]

1. information-system-dept(2 ページ)

図8.13　RAGを用いたチャットの例（質問に対してダイレクトに回答をし、引用元を表示）

●匿名国内ITベンダーC社の事例

大手ITベンダーC社では、自社が提供する運用管理ツールが検出した障害情報を生成AIの機能に連携することで、ITシステムの障害に迅速に対応できるように機能を拡張しました。

一般的にITシステムの突然の障害に対して、早期の原因切り分けができなかった場合、ビジネスの機会損失が長期化する可能性が高くなります。また、障害の原因の切り分けと対処法の収集はスタッフのスキルに依存するため、長時間かかるケースもありました。

そこでC社はこの運用管理ツールに、Amazon Bedrockを用いた障害分析の検証を導入しました。具体的には、運用管理ツールで検出したITシステムの障害に対し、対処方法を管理画面からチャット形式で問い合わせできるようにしました。チャットでは回答の根拠となるマニュアルの引用元を表示することで、運用担当者が判断しやすいようにしました。その結果、9割以上のアラートについて、正しい対処方法を回答していることが検証されました。

このようにITシステムの障害時において、運用管理ツールの管理画面から生成AIの支援を得ることで、散在する情報の収集や対応策の確認にかかる時間を短縮し、運用担当者の負担が低減されました。現在では初動の判断時間を約3分の2に短縮することが期待されています。

●JDSC社の事例

ヘルスケア・製造・エネルギー・物流を中心とした各種業界のDXを推進するJDSCでもやはり、問い合わせに対して回答時間の短縮に生成AIを採用しています。

JDSCは契約書・技術情報・規制情報・FAQやメール等、様々な情報からなる約1万の専門性の高いドキュメントを横断的に調査し回答する業務を行っています。即時性が必要な規制への対応もあれば、過去事例を参考にした回答が必要な場合もあり、長年の熟練者でも確実な回答には1時間以上かかっていました。また、回答の精度は個人のスキルに依存し、人材育成上も問題がありました。

そこで、Amazon Bedrockと、検索にはAmazon RDS for PostgreSQLというデータベースサービスを用い、文書をベクトル化して保存し、ベクトル検索を行うことで質問内容に意味的に近い文書の検索を行って回答を生成するシステムを導入・構築しました。これらのシステムを導入することで、回答時間が1時間から1～2分へと、劇的な短縮に成功しました。また、今までは15年以上の経験者でなければ答えられなかった専門性の高い質問も、3年目の社員でも回答できるようになり、人材活用の幅が広まりました。

●サイバーエージェントの事例

最後にサイバーエージェントの事例を紹介します。サイバーエージェントではセキュリティ問い合わせ対応に生成AIを採用しています。

セキュリティ領域は幅広い知識や専門性が求められる性質上、属人化問題が起こりやすく、属人化により組織としてスケールせず、引き継ぎの非効率化、対応品質・速度のばらつきが生まれます。

サイバーエージェントでは10人ほどの担当者で月に60～80件の問い合わせ対応を行っており、スケールアウトができていませんでした。そこで同社は、Amazon Bedrockを用いてセキュリティ問い合わせ対応を自動化しました。過去の対応履歴や社内ドキュメントを参照して回答できるようRAGアプリケーションを構築しました。また、Web画面だけでなくSlack等のインターフェイスから利用できるように整備しました。

セキュリティの問い合わせ案件だけあって、セキュリティにも気を使ってAWS環境に閉じており、機密情報の取り扱い等を意識する必要のないユーザー体験を実現しました。RAGアプリケーションでは半数近くの問い合わせにAIが回答できるようになり、対応時間が短縮し、スタッフはより高度なセキュリティ対応に集中できるようになりました。

スタッフの対応スキルの底上げでは、総じてRAGアプリケーションを構築することで時間短縮を見込めます。そして熟練者と同じことを若手ができるようになるなど属人業務を共有したり、あるいは簡単な業務を生成AIにオフロードして、人間はより難しい業務に注力できます。

スタッフ対応スキルの底上げでは、これまで培ってきたメンバーの知見が命です。過去の知見がデジタル化され保存されていれば、すぐにでもとりかかることができますので、問い合わせなどに時間がかかっている場合は挑戦する価値が十分あるでしょう。

8.4.3　営業支援

先の項で説明した対応スキル底上げのユースケースでは、生成AIに対し、質問とその回答の生成に必要なデータ（検索結果）を与えて、回答を得ていました。検索結果を回答に変換するというデータ変換を生成AIが行っていたと言えるでしょう。生成AIはデータの変換も得意ですが、データの抽出も得意です。営業支援のユースケースではデータの抽出を利用しています。

8.3.3項で紹介したPoetics社の商談要約機能やSFAへの入力支援がそれに当るでしょう。商談の中で特に重要な要点の抜き出しや、SFAに入力すべき事柄を生成AIが抽出し、人間の作業を減らしてくれます。本節では加えて、エフピコ社の事例を紹介します。

●エフピコの事例

エフピコは食品トレー容器の製造ならびに販売をしている企業です。販売業務では、1日580件もの営業日報が作成されます。営業日報には有益な情報がありますが、日報という特性上そのまま使えるものではありません。必要な情報の抽出が必要でしたが、今までそれを実装するアイデアはありましたがスキルと要員が不足していました。

そこで、Amazon Bedrockによる要約、そしてAmazon Comprehendによるキーワード抽出を、ハッカソンを通じて実装しました(**図8.14**)。すると、会社全体で日報分析にかかる所要時間を月

図8.14　Amazon Comprehendによるキーフレーズ抽出の例

700時間以上削減することができました。

このように生成AIが得意とする必要な情報の抽出というタスクを営業支援という業務に適用することは可能であり、非常に有用なツールとして活用することができるでしょう。

8.4.4　コンテンツ審査・監査

生成AIは与えられたコンテンツの校閲も得意です。「てにをは」の指摘はもちろんのこと、社内の規定やガイドラインに沿っているか、などのチェックも可能です（図8.15）。

図8.15　Amazon Bedrockで文章を校正した例

この機能を用いることで、作成したコンテンツが適切かどうかをチェックし、不要なリスクを排除することができます。ここでは、2社の事例を紹介します。

●野村ホールディングスの事例

野村ホールディングスでは、専門知識が必要な金融商品の広告レビューに生成AIを活用しています。生成AIにより大量のドキュメントを解析・理解することで金融業務の生産性向上を図っていました。その中で金融商品に関する説明資料の審査への適用が検討されました。

現状、月次約300件の金融商品広告に対する審査依頼に対応する必要がありますが、多様な金融商品と社内外の規制・ルールを理解している社員の知見と能力に依拠しており、効率化とスケールアップが喫緊の課題でした。そこで実現可能な生成AIユースケースの案を策定し、「適用される規制に照らして商品広告を分析し、準拠していない箇所を特定する」というユースケースでプロトタイプを構築し、実用化までの道筋を明確化することができました。

●FleGrowth社の事例

FleGrowthでは金融システムベンダーとして各事業部が年に一度、ISMS（情報セキュリティマネジメントシステム）認証の維持審査を外部審査機関から受けます。参照する社内規定やマニュアルは100件以上あるため、審査の際はシステム管理担当者が各規定を事前に読み込んだうえで研修資料を作成し、教育するなどの対応を行っていました。また、審査機関からの指摘事項があった場合、改善策の策定と実施に時間を要していました。

そこで、協業しているイデアライブ社と共同で、社内規定やマニュアル等をインプットしたRAGアプリケーションを構築しました。またシステムを利用して、ISMS維持審査に向けた想定問答集を部門ごとに生成し、指摘されやすいポイントと回答も準備しました。そしてこの社内向けとして開発したソリューションを社外にも提供するべく「AIサポートデスク」としてサービス提供を開始しました。

なおシステム構築に際しては、1人のエンジニアが3カ月でデモを構築してサービスの原型を作り、そこからさらに3カ月かけてブラッシュアップしサービスリリースに至っています。

ISMS定期審査に対しては、想定問題集を用いた事前準備を行ったところ、会社全体で審査による指摘事項を3分の1に、指摘事項への対応にかける時間を10分の1にまで削減できました。データ生成にチャレンジし、外販につなげることにまで成功した稀有な一例です。

●ECサイト等での活用法

ほかにも、ECサイト等で特にマーケットプレイスのような出店者が自社の商品やサービスを宣伝する際、禁じられている表現などを検出する場合などに校閲・審査機能は有用です。例えば、美容サービスなどにおける「絶対にキレイになります」といった表現や、副業を謳う告知においての「絶対儲かります」といった表現はNGでしょうし、「他社よりも安い」みたいな表現も禁じているところは多いでしょう。このようなNGな表現を見つけるのも生成AIは得意です。もちろん100%見つけることは難しいうえ、誰が責任を持つかによっても変わってきますが、一次スクリーニングで活躍する場面は多いのではないでしょうか。

8.4.5 検索性向上

今までも何度か問い合わせの文脈でRAGアプリケーションで検索の話が出てきましたが、ここではRAGアプリケーションではなく、検索にフォーカスした話を紹介します。検索では主にEmbeddingモデルという生成AIのモデルを使用します。どこまでを生成AIというか呼称の問題はありますが、Embeddingモデルも生成AIの一部としてここでは取り扱います。

Embeddingモデルは画像やテキストなどを ベクトル（高校数学で習う多次元ベクトルのことです）に変えるモデルを指します。ベクトルに変えると何が便利かというと算術演算で様々なデータ間の近しさを評価することができます。

例えば、青い空が写った写真と、「青い空」というテキストは意味として近いです。しかし、画像とテキストの意味合いを評価するのはなかなか難しい問題です。人間であれば感覚で評価できますが、コンピューターではそうはいきません。

そこで、Embeddingモデルの出番です。一見評価しづらい別の種類の画像とテキストデータを評価することができます。ベクトルにさえなっていれば例えばユークリッド距離（3次元であれば普通の物理距離と一緒で $d=\sqrt{x^2+y^2+z^2}$ ）で距離を測ることができます。ほかにもマンハッタン距離、コサイン類似度など様々な指標で近しさを評価できます。近しさを評価できれば検索することができます。例えば多種多様な画像を持っていたとして、それを全てベクトル にしていたとします。そこから先ほどのように「青い空」をベクトル にして、「青い空」というテキストの

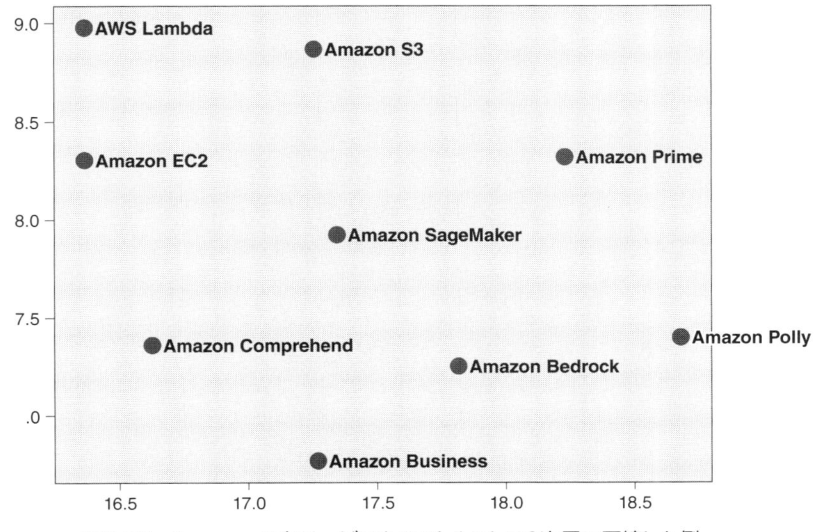

図8.16　Amazonの各サービスをベクトルにして2次元に圧縮した例

ベクトルに一番近いベクトルを探せば「青い空」というテキストに近い画像を探し出すことができます。

図8.16はAmazon の各サービスをベクトルにして2次元に配置した例です。AWSのサービス（AWS Lamda 、Amazon S3 、Amazon EC2）は近い位置に配置され、AWS以外のサービス（Amazon Business、Amazon Prime）は少し距離を置いて配置されているのがわかります。また、AI/ML系のサービス（Amazon SageMaker、Amazon Comprehend、Amazon Bedrock、Amazon Polly）もある程度近い位置に配置されています。

このようにデータがベクトルになっていると検索がしやすくなります。もちろんテキスト同士、画像同士などもベクトルにさえしておけば検索可能です。このような検索に注目した事例を3社紹介します。ちなみにRAGアプリケーションでは、ベクトル検索が使われる例も多いです。RAGは検索結果を利用して回答を生成していました。最初の検索でベクトル検索を利用する、もしくはキーワード検索も交えてハイブリッド検索する例も一般的になってきました。

●オズビジョン社の事例

オズビジョンでは、530万人を超える会員と3500社のEC事業者をマッチングし、流通総額が国内トップ水準の1800億円を超える購買プラットフォーム「ハピタス」を運営しています。ユーザーが多くのポイント対象広告から購入したいサービスや商品を探すにあたり、従来の検索体験ではユーザーにとって望ましい広告がヒットせず、ユーザーの離脱に課題がありました。

そこでAmazon BedrockのEmbeddingモデルを用いてベクトルにしたデータを、ベクトルストアの1つであるAmazon Aurora Serverlessのpgvectorを利用して、ベクトル検索できるようにしました。明確な意思を持たずに広告を探すユーザーに対してより関連度が高い検索結果を返すことで広告検索からのCVR[1]が改善し、ランニングコストの数十倍のROIが見込まれています。

●note社の事例

noteでは、誰もが文章や画像、音声等様々なコンテンツを自由に投稿・販売できるメディアプラットフォームを運営しています。公開コンテンツが約4814万件（2024年8月時点）あり、大量に蓄積されたテキストデータをいかに効果的に活用するかが課題でした。

そこで、Amazon Titan Text Embeddingsという Embeddingモデルを活用してテキストデータをベクトルにし、類似コンテンツのレコメンドや、コンテンツへのタグ付けの自動化を行いました。コンテンツ推薦においてA/Bテストで約20%のクリック率改善が可能という示唆が得られました。また、コンテンツに対するタグ付けが高速化し、特定のコンテンツを見つけたいという社

1）Conversion Rateの略。広告のリンクをクリックした数のうち、何割がコンバージョン（商品購入や資料請求などの最終成果）に至ったかの割合を示す指標。日本語では「コンバージョン率」や「獲得率」などと訳されます。

内のビジネスニーズを素早く満たせるようになり、社内から「非常に満足できる」という評価を得て今後もシステムを拡張予定です。

このようにEmbeddingモデルを使うことで、精度の高い検索ができる可能性があります。画像とテキストの検索については十分実用レベルにあるので、業務に活かしてみてはいかがでしょうか。

8.4.6 販促データ・コンテンツ生成

SNSや動画投稿サイトなどでは、どれだけ適切なメタデータ(タグ、キャプション、作成者など)を付与できるかが集客にダイレクトに影響してきますが、メタデータを作成すること自体は人間にとって負担です。生成AIであれば、投稿するデータを読み取って解析し、適切なタグやキャプションを生成するのはお手の物です。

また、物販を行う多くの会社では、商品を宣伝する素材の作成に課題を持っているようです。デザイナーとのやりとりもそうですし、何より人とのやりとりを何往復するのも申し訳なくなる一方、そうはいっても手を抜けないので精神的な負担になることもあるかもしれません。生成AIはどれだけリテイクをかけても文字どおり心を無にしてやってくれますので、生成AIは高速な反

図8.17　生成AIで画像を生成した例

復により、よりよい宣伝材料の作成に協力してくれるでしょう(図8.17)。

●F.F.B社の事例

F.F.BはSNS運用に関する専門知識と技術を活かし、企業のSNSマーケティングを強力にサポートする会社です。例えばショップスタッフや企業SNS担当者などのプロフェッショナル向けに撮影・加工アプリ「UUULA」を提供しており、SNS運用における具体的な課題と解決策を見いだし、フォロワー増加を実現しています。

UUULAではユーザーが撮影した写真をSNSへ投稿する際、キャプションとハッシュタグの作成に15分間程度を要しており、SNS運用者の負担となっていました。ユーザー体験向上を目的として、SNSへの投稿時の手間を削減する追加機能の実装を検討していました。

そこで、Amazon Bedrockで投稿画像を基にキャプション、ハッシュタグを自動生成する機能を実装しました。ユーザーが過去に投稿したキャプションやハッシュタグを参照させることで、言い回しや口調を真似して文章を生成します。アプリを使って投稿する画像を読み込ませるだけで、キャプション作成や使用するハッシュタグの選定まで自動で完了します。面倒であったキャプション作成や、ハッシュタグ選定業務を50%以上削減し、ユーザーの負担が大幅に軽減され、SNSへの投稿のプロセスの効率化に成功しました。本アプリを通じて写真撮影からSNSへの投稿までの一連の流れをより効率的にシームレスに行えるようになり、ユーザー体験向上に寄与した好事例と言えるでしょう。

●北海道テレビ放送の事例

北海道テレビ放送では、内製化による動画コンテンツをもとにオウンドメディアへ記事化する業務の工数削減に生成AIを活用しています。ブログ記事を自動生成する仕組みをAmazon Bedrockと、音声の文字起こしサービスであるAmazon Transcribeなどを利用して構築しています。手動で行われていたプロセスの自動化により、記事の作成にかかる時間を平均50%以上削減しています。

このケースもいわゆる「生成」AIの使い方の王道そのものではないでしょうか。

8.4.7 本節の終わりに

生成AIを使えば、テキストからテキストもしくは画像、画像からテキストあるいはベクトルなど、機能を言葉で表すとすごく平凡なことしかできないように見えますが、それを業務に組み込むと様々なことができることがわかりました。そして既に業務に組み込んでいるユーザー企業もたくさんある、ということです。自社の業務のどこに使えるかを見極め、ぜひ挑戦してみてください。

8.5 生成AIアプリケーション開発

生成AIアプリケーションは、通常のアプリケーションと同様にSaaSやOSSでニーズを満たせなければ、独自に開発する必要があります。それには新規構築、OSSをベースとした開発、既存システムへの機能追加など様々なアプローチがあります。

ここでは、生成AIアプリケーション開発のフローと、通常のアプリケーション開発との違いを説明します。

8.5.1 開発の前提

まずは通常の開発と同様に、開発を企画し、開発計画を立てる必要があります。生成AIアプリケーションの開発計画を立てるうえでの前提と、重要な点は以下のとおりです。

●生成AIは試してみないとわからない

生成AIは機械学習をベースとした技術なので、「試してみないとわからない」ことが多くあります。機械学習はルールベースで動作する技術ではないので、「この対応をとれば、必ずこの結果が得られる」という確証を持つことができません。生成AIが業務で利用できるレベルの精度を出せるかどうかは、実際に試してみるまでわかりません。机上の検証に時間をかけるよりも、実際にAWSのコンソールやOSSを使って、想定どおりの結果が出るか試してみるようにしましょう。机上の検証は「机上の空論」ですので、実際に動かしてリアルな結果を得て、それをもとに計画を立てることが重要です。

●ウォーターフォール開発は向いていない

ウォーターフォール開発は、要件と仕様を事前に固定し、そのとおりに開発を進めていく手法です。一方、生成AIアプリケーションの開発では「試してみないとわからない」ことが多いので、開発中も「試行し、検証し、改善する」というサイクルを繰り返すことが前提となります。そのため、事前に決められたとおりに作るのではなく、試行錯誤を重ねながら改善を進めていくアジャイル開発のアプローチが適しています。

また、生成AIの進化スピードは非常に早く、次々と新しい基盤モデルや新しい機能がリリースされています。新しいものを使った方が効率や精度が良くなる場合も多く、新しい機能を使わず独自に作り込みを行うと「車輪の再発明」になってしまう可能性もあります。そうした面からも、最初に決めたとおりに作るのではなく、新規リリースされたものも選択肢に入れつつ、開発中であっても適宜現時点でベストなものを採用していくようにしましょう。

●本番相当の入出力データを事前に用意できるかどうか

生成AIアプリケーションの実現可能性や精度を測るうえで、本番相当の入出力データを用意することは非常に重要です。本番とかけ離れたデータで検証を行うと、検証結果の信頼性が低下し、本番稼働後に初めて発覚するような問題が生じるかもしれません。

そのため、開発計画を立てる段階で、本番相当の入出力データが用意できるかどうかを確認し、早い段階でデータを入手しておくことが重要です。もし、データが入手できない場合や存在しない場合には、業務に詳しい有識者を巻き込んで、本番に則したデータを早めに作成するようにしましょう。本番相当のデータによる検証が遅れるほど、開発への影響が大きくなります。できる限り早い段階でデータを用意できるように、計画しましょう。

●リリース後も継続的に改善していくことを前提にする

生成AIアプリケーションの開発では、初版から高い精度を実現するのは難しいと覚悟しておく必要があります。ユーザーからの予期せぬ入力、予想以上に高いユーザーの期待値、検証データと実運用データの差異など、様々な要因が影響します。そのため、リリース後にユーザーからのフィードバックを収集し、それを参考にして継続的に改善していくという開発計画が求められます。

完璧を目指して開発を進めるよりも、まずは小規模にリリースし、フィードバックに基づいて徐々に完成度を高めていく方が、リスクを小さく抑えられます。ユーザーが本当に求めているものは、実際に利用してみるまでわからない場合があります。予想以上の精度を求められることもあれば、予想以下で十分な場合もあるでしょう。そのため、全社規模で一気に展開するのではなく、コントロールできる範囲で小規模にスタートし、安定してきたら徐々に拡大していくアプローチが賢明です。

このように、継続的な改善を前提とした開発計画を立てることが重要ですが、運用計画においても同様のことが言えます。開発が終わった時点で完了ではなく、その後の運用フェーズも見据えた計画を立てましょう。

●生成AIのノウハウを蓄積していく

生成AIは新しい技術であり、多くの組織や個人がいまだノウハウを蓄積していない状況にあります。この新技術の導入フェーズにおいて重要なことは、ノウハウを着実に蓄積していくことです。新規技術の採用には必ず困難が伴いますが、最初からスムーズに開発が進み、すぐに成果が出ることは稀です。ノウハウを蓄積すれば、その後の開発を加速させることができます。長期的な視点で取り組んでいきましょう。

ノウハウを組織に蓄積していくためには、自ら実践し、経験を重ねることが不可欠です。情報収集や検討だけでは不十分であり、実際に手を動かし体験することで、より確かなノウハウが身に着きます。

開発プロジェクトが想定どおりに進まなかった場合でも、次のプロジェクトに活かせる生成AIのノウハウが蓄積できれば、ある意味で成功と言えます。「失敗は成功の元」という言葉があるように、失敗から学び改善することで、より優れたものを生み出せるようになります。新しいことに挑戦するとき、失敗は避けられません。むしろ、失敗は新しい領域に果敢に挑んでいる証しとも言えるでしょう。成功のみを前提とした計画は立てず、長期的な視点を持つことが重要です。

8.5.2 開発全体のフロー

生成AIアプリケーション開発における典型的な開発のフローを説明します。生成AIは試してみないとわからないことが多いので、短い開発サイクルを繰り返して徐々に機能をブラッシュアップしていく、いわゆるアジャイル開発の手法を使うことが基本となります。開発を進める際は、スクラムに代表されるアジャイル開発のフレームワークなど、チームに合った方法を選択してください。

ここでは、生成AIアプリケーション開発の基本的なフローと、注意点や考慮点のみを解説します。具体的な開発の進め方、例えばバックログの書き方や優先順位づけなどの詳細には言及しません。ただし、どのような開発手法を採用する場合でも、「ビジネスゴールの設定」、「実現可能性の検証」、「基盤モデルの選定」だけは必ず行うようにしましょう。

まずは生成AIアプリケーション開発の代表的なフローを2つ紹介し、その後、詳細に工程を解説します。

●短いサイクルでリリースを繰り返すパターン

下の図8.18は、開発・テスト・リリース・改善を短いサイクルで繰り返していくパターンであり、アジャイル開発によくあります。「イテレーティブな開発」と呼ばれるような開発モデルです。事前にアプリケーションの目的や方向性を決めたうえで、開発する機能の詳細については開発を進めながら明確化していきます。ユーザーのフィードバックをもとに、本当に求められているものを探り出しながら開発を行います。こうした探索的アプローチは、正解がわからない開発に適しています。

図8.18　短いサイクルでリリースを繰り返す開発パターン

この進め方のメリットは、開発サイクルの中でエンドユーザーからフィードバックを得ることができ、それをアプリケーションに反映できる点にあります。短時間でテストとリリースを行うことで、開発における問題がただちに顕在化するので、早期の対策が可能になります。ユーザーのフィードバックをすぐに受け取れるので、ユーザーのニーズに合わないアプリケーションになる可能性は低くなります。特に生成AIアプリケーションの場合、精度に関する問題を迅速に察知できる点が大きなメリットとなります。

一方で、開発立ち上げ時には、作るものが明確に決まっていないので、開発期間や予算の見通しを立てづらいというデメリットもあります。開発チームには、決められた予算・人員・期間の中で、最大限に良いものを開発していくことが求められます。場合によっては、プロジェクト形式で期間を区切らずに、サービスが続く限り開発とリリースが繰り返されていくこともあります。

●まとまった単位でリリースするパターン

図8.19は、開発・テスト・改善を短いサイクルで繰り返し、まとまった機能が完成したタイミングでリリースするパターンです。一気通貫で機能が揃わないと動作しないアプリケーションの場合、しばしばこのパターンが採用されます。開発フェーズでは、事前に決めたとおりに作るのではなく、試行錯誤を重ねながら機能開発を行っていきます。

図8.19　まとまった単位でリリースするパターン

リリースはまとまった単位で行いますが、このアプリケーションのユーザーを含むステークホルダーに対しては、定期的にデモを実施し、フィードバックを得ることが重要です。そうすることで、ニーズに合わないものを開発するリスクを減らせます。生成AIアプリケーションの場合、業務で利用できるレベルの精度を実現できているのかどうかは、実際のユーザーに判断してもらうのが確実です。定期的なデモは必ず実施しましょう。

このパターンの開発で陥りがちな問題は、最初に決めたものを、短いサイクルで区切りながらそのまま開発してしまうというものです。これでは、短いサイクルに区切っただけであり、本質的にはウォーターフォール開発と大差ありません。フィードバックを元に、ユーザーが求めているものを探りながら開発するよう心がけてください。

このまとまった単位でリリースする開発パターンには、リリースした後も継続して開発を行い、まとまった単位でのリリースを繰り返すパターンもあれば、リリース後は開発を一旦完了し、運用のみのフェーズに移行（機能追加や改善は別プロジェクトで実施）するパターンもあります。どちらの進め方でも、細かい改善をこまめにリリースすることで、ユーザー体験の向上が図れるので、適宜細かいリリースができるように、開発・運用を進めましょう。

このアプローチは、予算や期間が決まっているプロジェクト型の開発に適している場合があります。ただし、プロジェクト開始時に作るものを固定化すると、試行錯誤ができなくなり、短いサイクルで開発する意味がなくなってしまいます。作るものを固定化するような計画は立てないようにしましょう。

本節（8.5）ではこのあと、ビジネスゴールの設定、実現可能性の検証、基盤モデルの選択、そして生成AIアプリケーション開発をアジャイルに進めるうえでの留意点を順に説明していきます。

8.5.3 ビジネスゴールの設定

開発を進めていくうえで、開発の目的を明確化することは重要です。まずは、ビジネスゴールを設定し、開発の目的を明確化します。対象となる業務、サービス、アプリケーションが最終的にどのような状態になれば成功と言えるのかを定義します。

開発の目的は、多くの場合ビジネス価値の創出や拡大にあります。より具体的には、業務課題の解決、新規ニーズの創出、生産性向上、コスト削減などでしょう。基本的には、生成AIはそれらを実現するための手段の一つにすぎません。生成AI以外の方法でそれらを実現できる場合には、生成AIを利用しないという選択肢もあります。（後述する初期段階を除き）生成AIの利用自体が目的となってはいけません。

また、既存の業務プロセスを変えずにそのまま生成AIを利用するよりも、業務プロセス自体を見直すことで、より効果的になる場合もあります。既存の技術では実現不可能だったことが、生成AIの利用により実現可能になる場合もあるからです。生成AIアプリケーションの開発を機に、業務プロセスの在り方を再検討するとよいでしょう。局所的な改善よりも、全体を見直した方が効果的な場合もあります。広い視野を持ってゴール設定を行うことが重要です。

ただし、生成AI活用の初期段階では、「生成AIを活用すること」自体を目的とすることも考えられます。生成AIは新しい技術であり、組織内にノウハウが蓄積されていない場合が多いからです。生成AIについて理解を深めないと、実際の業務への落とし込みが難しくなります。そのような場合、まずはノウハウを蓄積することにフォーカスし、生成AIの利用自体を目的化するのも一つの方法だと言えます。

ビジネスゴールを決めるうえで重要なことは、以下のとおりです。

●ゴールが明確であるか？

ゴールを明確にすることは、開発を円滑に進めるために非常に重要です。「なぜ開発するのか」、「なぜこれが必要なのか」など、開発の目的が明確になるようなゴールを設定してください。ゴールを決めたら、開発チーム全員で共有し、共通認識を持つ必要があります。これにより、チーム全員が共通の目標を持ち、一丸となって開発を推進できるようになります。

また、ゴールが明確にあると、明確な判断軸ができます。開発は決断の連続です。開発の初期段階で明確な判断基準を確立し、その基準に沿って開発を着実に進めていきましょう。明確な判断基準をもとに、開発チーム全員が納得する意思決定を行なっていくことが重要です。不明確な基準やその時の感情で意思決定を行わないようにしましょう。

●具体的な生成AIの精度をゴールの要件にしない

ゴールの要件として、具体的な生成AIの精度を定義することは推奨できません。単純なタスクであれば問題ない場合もありますが、複雑なタスクでは注意が必要です。確かに、精度を上げることはビジネス価値の向上につながる可能性がありますが、本質的な目的ではありません。開発の目的はビジネス価値の創出や拡大であり、精度向上そのものが目的ではないのです。

多くの場合、精度を上げる作業には手間やコストがかかり、目標値まで精度が上がる保証もありません。また、その目標値自体が技術的に妥当なものかどうかの判断も難しいです。高い精度が求められた場合は、業務プロセスの変更など、精度向上以外の代替手段がないか確認するようにしましょう。

また、生成AIは機械学習がベースなので、100%の精度は保証できず、推論結果の根拠を完全に説明することもできません。もし、それらが求められた場合には、ルールベースの技術を検討するべきでしょう。

●アプリケーションの方向性を定義する

明確なゴールを定義したら、アプリケーションの方向性も明確に定義することが重要です。ゴールの達成にフォーカスし、明確でわかりやすい方向性を設定する必要があります。「やること」を決めるだけでなく、「やらないこと」を明確に定義することが、より重要となります。ゴール達成に必要のない機能や要件は、基本的に「やらないこと」に分類することをお勧めします。

開発中は様々な要望が寄せられ、選択を迫られる場面が出てきます。その際に「やらないこと」が曖昧だと、全ての要望を実装してしまう危険性があります。その結果、リッチすぎるアーキテクチャ、ゴール達成に寄与しない機能、無駄に高い機能が実装されてしまうリスクがあります。

ゴール達成に必要な「やること」に集中し、「やらないこと」を明確に定義することで、開発の方向性を維持し、無駄な実装を避けることができます。開発中は要件の選別と優先順位づけが重要となりますが、アプリケーションの方向性を明確にすることで、それが実施しやすくなります。

●ゴール達成に必要な関係者と合意をとる

開発を成功させるためには、関係者の理解と協力が不可欠です。経営層、マネージャー、営業、マーケティング、法務、利用部門など、様々な関係者が存在します。ゴールを達成するうえで、これらの関係者と良好な関係を構築し、適切なコミュニケーションを行うことが重要になります。

ゴールを決める段階から、関係者を巻き込んでおくことをお勧めします。開発が進んだ後で、関係者から「知らされていなかった」と言われてしまうと、途中で開発方針が変わってしまう可能性があります。そうならないためにも、早期から関係者を開発に巻き込んでおくことが重要です。各関係者に対し、どのような協力が必要かを明確にし、合意を得ましょう。また、開発中も定期的に状況認識を共有し、コミュニケーションを欠かさないようにしてください。

ただし、関係者の要望に振り回されすぎないよう注意が必要です。様々な要望が出てくると思いますが、全てに応えようとしてはいけません。開発が円滑に進まなくなるおそれがあるからです。目的は「各関係者の御用聞き」になることではありません。開発の本来の目的を忘れずに、そこから逸脱しないよう心がけましょう。関係者の理解と協力は重要ですが、目的から外れては本末転倒です。「なぜこの開発を行うのか」という理由を忘れないようにしましょう。

8.5.4 実現可能性の検証と基盤モデルの選定

(1) 実現可能性の検証

このフェーズの目的は、設定したゴールの実現可能性を技術的に検証することです。過去の実績等から明確に実現可能であるという確証がある場合を除き、必ず検証を行なってください。開発には「想定外や考慮漏れが必ずある」と考えましょう。「たぶん大丈夫だろう」という考えは危険です。本格的な開発に着手する前に事前検証を行うことで、リスクを低減した状態で開発をスタートできます。

このフェーズで得るべきものは「検証結果」です。ここでは、素早く検証を行い、その結果を得ることが目的となります。コードを書くことは目的ではなく、検証結果を得るための手段にすぎません。検証結果を得るために、奇麗なコード、美しいアーキテクチャ、自動テストなどは必要ないことがほとんどでしょう。このフェーズで書いたコードを本番環境で使用することは想定されていません。むしろ、このフェーズで書いたコードは全て捨てても構わないという姿勢で取り組むことをお勧めします。

ここで検証結果を得ることで、どのように実装すべきかが見えてくるはずです。この検証結果を基に、開発フェーズに入ってから、奇麗にコードを実装していきましょう。

実現可能性の検証を行ううえで重要なことは、以下のとおりです。

●生成AI以外も検証する

生成AIアプリケーションを構築する際には、生成AI以外の技術的要素についても事前検証を行うことが重要です。生成AIはアプリケーションを構成する一要素にすぎません。生成AIが期待どおりに機能していても、他の要素が適切に動作しなければ、アプリケーション全体が意図したとおりに動作しない可能性があります。

データの前処理と後処理、ドキュメント検索、非同期バッチ処理など、生成AI以外の、アプリケーションのキーとなる技術的要素も、必ず事前検証するようにしましょう。

●実際に動かして検証する

このフェーズでは、机上の検証だけでなく、実際に動かして検証を行うことが重要です。机上の検証は「机上の空論」にすぎず、実際に動作させてみるまで結果は分かりません。

特に生成AIには、試してみないとわからないことが多くあります。API、AWSのコンソール、生成AI活用アプリケーションなどを利用して、実際に生成AIを動かし、検証を行うようにしてください。

前章7.5節の「アプリケーションでの利用例とユースケース」で紹介したGenerative AI Use Cases JPには、よくある生成AIのユースケースが最初から実装されており、基盤モデルを切り替えながら実行できます。また、インフラの定義をAWS Cloud Development Kit（CDK）で実装しているので、インフラの定義情報なども参考にできます。

このように既存のOSSやサンプルコードなどをうまく活用して、この検証を効率的に進めるようにしましょう。

●生成AIの基盤モデルの検証を行う

生成AIアプリケーションにおいて、利用する生成AIの基盤モデルは非常に重要です。個々の基盤モデルによって、実現できることや出力の精度が異なるからです。そのため、想定している要件を満たせるかどうか、また、期待する精度が得られるかどうかを事前に検証する必要があります。もし、期待しているレベルの精度が出なければ、生成AIアプリケーションの前提が崩れてしまう可能性があります。この点については、後程「基盤モデルの選定」で詳しく解説します。

●精度に関して具体的な数値目標は立てない

実現可能性を測る際に、精度に関する具体的な数値目標を設定することは推奨しません。なぜなら、開発の本来の目的はビジネス価値の創出や拡大にあり、高い精度を出すことではないからです。

確かに、高い精度がビジネス価値につながる場合もありますが、そうでない業務も多くあります。前述のように、精度を上げる作業には多くの場合手間やコストがかかるので、開発する機能の見直しや、業務プロセス自体を見直した方が簡単な場合もあります。

「グッドハートの法則」によれば、定量的な指標を目標として設定すると、指標の改善が目的化され、本来の目的が達成されなくなるおそれがあります。例えば、正答率を目標にした場合、見かけ上の正答率を上げる恣意的な施策が行われ、本来の目的である業務の精度向上や生産性向上に寄与しない可能性が生じます。

実現可能性を測るうえで、ある程度の正答率を指標にすることは必要かもしれませんが、それを絶対的な指標にはせず、「開発の本来の目的を達成できそうか？」という観点で総合的に評価することが重要です。数値目標に囚われすぎず、ビジネス価値の創出や拡大に貢献できるかどうかを常に意識することが大切です。

●時には開発の中止判断も必要

生成AIアプリケーションの開発においては、時には開発の中止を判断する必要があります。実現可能性の検証を行なった結果、開発の継続が合理的ではないと判断された場合は、開発を中止することが賢明です。開発の目的はアプリケーションの完成ではなく、ビジネス価値の創出や拡大です。実現可能性が低く、当初の予定よりもビジネス価値が見込めないことが判明した場合、中止を決断することも選択肢の一つです。

ただし、「検証段階での開発中止=開発失敗」とは考えないでください。事前に実現可能性を正しく見極め、開発の失敗を未然に防止できたわけなので、その点は成功と言えます。さらに、検証過程で生成AIのノウハウを蓄積できたのであれば、長期的な観点で見れば十分に意義のある成果が得られたと言えるでしょう。生成AIの特性や精度向上のテクニックなど、机上では得られない貴重なノウハウを入手できたはずです。このノウハウを活かして次の開発を計画すれば、成功率が高まります。

生成AIの進化は非常に速いので、数カ月後には高性能な新しい基盤モデルが登場し、当初は不可能だったことが可能になる場合もあります。状況によっては一旦開発を中断し、新しい基盤モデルの登場を待って再開するという選択肢もありえます。

(2) 基盤モデルの選定基準

実現可能性の検証を行うタイミングで、基盤モデルの選定を行います。個々の基盤モデルによって、実現可能なことや出力の精度が異なります。開発に着手する前に、実現したい要件が十分な精度で実現できるのかを検証します。

Amazon Bedrockでは様々な基盤モデルを利用できますが、それぞれの利用料金、レスポンス速度、能力は異なるので、用途に合わせて最適なモデルを選択する必要があります。

一般的に、基盤モデルの賢さと応答速度と利用料金にはトレードオフの関係があります。同世代の基盤モデル同士を比較すると、賢いモデルは応答が遅く、利用料金が高くなる傾向があります。逆に、賢くないモデルは応答が速く、利用料金が安い傾向があります。

しかし、新旧の基盤モデルを比較した場合、新しいモデルの方が最適化が進んでいるので、より賢く、応答も速く、利用料金も安価になる可能性があります。そのためモデルを選択する際には、世代差にも注意を払う必要があります。

基盤モデルの選定基準としては、以下のものがあります。

●想定しているリージョンでその基盤モデルを利用できるか？

Amazon Bedrockでは、リージョンごとに利用可能な基盤モデルが異なるので注意が必要です。リージョンの選択に制約がない場合は問題ありませんが、国内リージョンのみを利用できるなど、利用できるリージョンに制約がある場合は、事前に当該リージョンで利用可能な基盤モデルを確認しておきましょう。

利用したい基盤モデルが当該リージョンで利用できない場合、可能であれば他のリージョンが利用できるように社内で調整をすることをお勧めします。他のリージョンを利用できれば、より多くの基盤モデルを選択できるので、目的に合った機能を持つ生成AIアプリケーションを構築できます。

●日本語に対応しているか？／日本語で必要十分な精度を出せるか？

個々の基盤モデルによって、日本語への対応状況が異なります。一部のモデルでは、日本語に対応していないか、日本語での生成精度が十分でない場合があります。サポート言語に日本語が含まれていなくても、日本語による回答ができる場合もありますので、様々なモデルで検証してみることをお勧めします。検証は、本番で利用する言語で行うようにしましょう。

●目的のタスクをこなせる性能を有しているか？

基盤モデルごとに、サポートしているユースケースが異なります。Amazon Bedrock公式ページの「モデルプロバイダー」のセクションでは、各モデルのサポートユースケースを確認できます。そのユースケースに沿って利用すると、高い精度を出しやすい傾向にあります。また、モデルごとに、入力できる最大トークン数が決められており、長文の入力が必要なタスクの場合は、この最大トークン数にも注意を払う必要があります。

●レスポンス要件を満たしているか？

基盤モデルによって、応答速度が異なります。長い出力を行う場合は、それに伴って処理時間も長くなります。大量の出力が求められるタスクでは、基盤モデルの違いによってレスポンス時間に大きな開きを生じる可能性がありますので、モデル選定には慎重さが必要です。また、リアルタイム性が求められるようなタスクでは、できる限り高速なレスポンスを実現できるモデルを選択する必要があります。

●利用料金が見合っているか？

基盤モデルによって利用料金が大きく異なります。一般的に、高性能なモデルほど利用料金が高額になる傾向があります。最も安価なモデルと最も高価なモデルでは、利用料金に数十倍の開きがある場合もあるので、注意が必要です。

また、出力の料金単価は入力よりも高くなっています。そのため、大量の出力を伴うタスクでは特に料金への影響が大きくなるので、注意が必要です。

単純なタスクであれば、多くの場合、低コストのモデルでも十分な精度が得られます。適切なモデルを選択して、コストの最適化を図りましょう。

(3) 基盤モデル選定時のポイント

以上のような選定基準を踏まえたうえで、基盤モデルの選定を行う際に重要なことは、以下のとおりです。

●本番相当のデータで検証する

基盤モデルの選定には、本番相当のデータを用いることが非常に重要です。入力データと、出力精度を評価するための想定出力データとを、セットで用意する必要があります。入出力データの両方が、本番相当のデータであることが求められます。

ここで、本番とかけ離れたデータセットで検証を行っても、意味のある検証結果は得られません。入出力データのどちらか一方でも本番と乖離していたら、正確な精度評価はできません。この検証作業を怠ると、最悪の場合、本番環境での運用開始後に初めて精度問題が発覚するリスクがあります。

本番相当のデータが入手できない、あるいは存在しない場合は、業務に精通した有識者と協力して、本番に即したデータセットを作成し、それを使って検証を行なうことをお勧めします。

また、内容によっては、業務知識がないと出力精度を正しく評価できない場合があります。その場合は、業務に精通したメンバーに精度の評価を行ってもらう必要があります。精度について、業務知識のないメンバーが勝手にOKと判断することのないように注意しましょう。

●一般的に新しい基盤モデルの方がパフォーマンスに優れている

生成AIの進化のスピードは非常に速く、次々と新しい基盤モデルがリリースされています。一般的に新しい基盤モデルの方が高性能で、応答速度も早く、性能あたりのコストも安価である傾向があります。検証作業を行う際は、より新しい基盤モデルを使用することで、より良い結果が得られやすくなります。

●一番高性能な基盤モデルで実現可能性を検証する

基盤モデルの選定を行う際は、まずは実現可能性の検証から行います。この検証作業では、現時点で最も高性能な基盤モデルを利用すると、効率的に実現可能性を判断できます。もし、最も高性能な基盤モデルで実現できなかったら、そのタスクは「現時点では実現困難である」と判断できます。性能の低いモデルで試行錯誤するよりも、まずは大きな観点から実現可能性を見極めることで効率的に検証ができます。

もし、高性能な基盤モデルで実現可能であれば、次はレスポンス要件やコスト要件を考慮し、適切な基盤モデルを選定していきます。

●タスクごとに要件にあった最適な基盤モデルを選定する

タスクごとに要件に合った最適な基盤モデルを選定することは、ユーザー体験の向上とコストの最適化に重要です。実現可能性があることがわかったら、最適な基盤モデルの選定を行いましょう。

レスポンス速度が速ければ速いほど、ユーザー体験は良くなります。しかし、レスポンス速度を追求しすぎて、予測精度の低いモデルを利用して出力精度が低下してしまうと、かえってユーザー体験が低下してしまいます。そのため、出力精度を十分に保ちつつ、できるだけ応答速度の速い基盤モデルを選択することが重要です。精度の検証には、実現可能性の検証で使用したデータセットを流用できます。

また、利用料金にも注目する必要があります。LLMの料金体系は、入出力されたデータ量（トークン数）に応じて課金され、出力の方が入力よりも高額に設定されています。したがって利用料金は「（入力データ量×入力の利用単価＋出力データ量×出力の入力単価）×実行回数」で算出されます。大量の入出力データを扱う実行回数が多いタスクや、多くのユーザーに頻繁に実行されるようなタスクについては、利用料金が高額になる可能性があるので、基盤モデルの利用料金を意識する必要があります。

一方で、入出力データが極端に大きいタスクを除き、実行回数の少ないタスクについては、多くの場合、利用料金はそれほど高額になりません。こういったタスクの場合は、あまりシビアに考える必要はないかもしれません。想定される利用量や運用予算に照らして、基盤モデルを選定してください。

●プロンプトエンジニアリングを行う

基盤モデルの選定を行う際には、プロンプトエンジニアリングというプロンプトの最適化作業が不可欠です。これは、基盤モデルの性能を最大限に引き出すために必要かつ重要なプロセスです。最適化されていないプロンプトでは、モデルの真の能力を発揮できないので、正確な評価を行うためにも、必ずこのプロセスを実施してください。

「性能の低い基盤モデル＋最適化されたプロンプト」の組み合わせが、「高性能な基盤モデル＋最適化されていないプロンプト」よりも優れた結果を生み出すこともあります。このことから、出力精度は基盤モデルの性能だけでなく、プロンプトの質にも大きく依存することがわかります。

各基盤モデルは、独自の学習方法やデータセットを用いて開発されているので、最適なプロンプトの形式もそれぞれ異なります。例えば、Amazon TitanとAnthropic Claudeのように、異なるモデルプロバイダーのモデル同士を比較する場合、それぞれのモデルに最適化されたプロンプトを個別に作成することをお勧めします。プロンプトの使い回しは避けるべきです。

現時点では、「こう書けば最高の精度が出る」というような、万能なプロンプトテクニックは存在しません。扱うデータ、期待する出力、使用する基盤モデルに応じて、試行錯誤を重ねながら最適なプロンプトを見つけていく必要があります。生成AIはルールベースの技術ではないので、出力内容や精度に関して根拠ある説明を行うのは困難であり、多くの場合、結果論となります。

プロンプトのテクニックやノウハウは、生成AIを効果的に活用するための重要な知識です。生成AIを扱う人たちの間でこれらの情報を共有すれば、より効率的にこの技術を活用できるようになるでしょう。

プロンプトエンジニアリングには多様なテクニックが存在するので、まずは体系的に学ぶことをお勧めします。Anthropic社が公開しているプロンプトエンジニアリングのユーザーガイド[2]とプロンプトライブラリ[3]には、様々なテクニックとプロンプトの例が掲載されています。これらのリソースを参照することで、プロンプトエンジニアリングの理解を深めることができます。

8.5.5 開発

事前の検証と基盤モデルの選定が完了したら、実際に開発作業を進めていきます。8.5.2項で説明しましたが、生成AIアプリケーション開発では、短いサイクルでリリースを繰り返すパターン（前掲図8.18）と、まとまった単位でリリースするパターン（同・図8.19）の2つが代表的な進め方となります。同じく8.5.2項で述べたように、基本的にアジャイル開発の手法を使いますが、具体的な進め方は、スクラム等のフレームワークを利用するなど、開発チームにあったものを選択してください。ここでは、アジャイル開発手法の詳細な解説はしません。

(1) 短いサイクルで開発する

1週間から1カ月程度の短いサイクルで、設計・開発・テスト・改善(可能であればリリースも)を行っていきます。ここは通常のアプリケーション開発と同様に、開発する機能をタスクに分解し、優先度の高いものから順に実装していきます。開発関係者やユーザーからフィードバックを

2) https://docs.anthropic.com/ja/docs/build-with-claude/prompt-engineering/overview
3) https://docs.anthropic.com/ja/prompt-library/library

もらうことで、タスクや優先度を常に見直します。つまり、当初決めたとおりに開発していくのではなく、短いサイクルを回しながら、現時点で最良と考えられる機能を、最良と考えられる方法で開発していきます。当初決めたとおりに開発を進めていったら、ウォーターフォール開発と変わらなくなってしまうので注意が必要です。

短いサイクルで開発するメリットは様々ありますが、中でも特に大きなメリットは以下のとおりです。

●早期にフィードバックを得られる

短いサイクルで開発し、1つのサイクルごとに、動作するものを完成させていきます。そして、実際のユーザーや開発関係者に利用してもらい、フィードバックを収集していきます。

実際のフィードバックを得ることで、ユーザーの本当のニーズを把握しやすくなります。そのため、機能の内容や優先順位を適切に見直せるようになります。たとえ実際のリリースを行わない場合でも、開発関係者向けにデモを実施し、フィードバックを得ることが不可欠です。フィードバックがなければ、開発の原動力を失ってしまうおそれがあります。

●変更に対応しやすい

短いサイクルで開発を行うと、短いサイクルでユーザーや開発関係者からのフィードバックが集まってきます。フィードバックを集めるだけではなく、それを元にユーザーの本当のニーズを探り出し、機能の見直しや優先順位の見直しをサイクルごとに行っていきます。このように、変更を前提にした開発手法なので、様々な変更に対して柔軟に対応できるようになります。

また、生成AIの分野では技術の進化が早く、Amazon Bedrockにも新しい基盤モデルや新しい機能が次々とリリースされています。短いサイクルでの開発を行えば、Amazon Bedrockの新機能にも素早く追従でき、常に最新の技術を活用した開発が可能になります。

●リスクを小さく抑えられる

サイクルごとにフィードバックが集まってくるということは、実験的な取り組みを行っても、すぐに結果を把握できるということです。そしてその結果をもとに、次のアクションを起こすことができます。仮に実験的な取り組みが失敗したとしても、その損失は当該サイクルの作業分に限定されます。さらに、実験結果から貴重なノウハウを得ることもできます。長期的なサイクルの開発では、このような実験的な取り組みを行うことは難しいでしょう。生成AIに関するノウハウがまだ蓄積されていない場合は、積極的に実験を行い、ノウハウを獲得していくことが重要になります。

(2) 段階的にリリースして、フィードバックを収集する

短いサイクルで開発を行うメリットの一つに、小規模な単位で段階的にリリースできるという点が挙げられます。実際にユーザーに使用してもらうことで、リアルなフィードバックを収集できるようになります。開発の難しさの一つに、ユーザーの本当のニーズをどう把握するのかという課題がありますが、それを探ることができます。

ただし、様々な事情により、エンドユーザー向けの段階的なリリースが困難な場合もあるでしょう。しかし、長期間フィードバックを得ずに開発を続けると、短いサイクルの開発の多くのメリットを失ってしまいます。開発プロセスやアプリケーションの改善には、何らかの方法でフィードバックを得ることが不可欠です。

リリースが困難な状況であっても、実際のユーザーを巻き込んだデモンストレーションなどを積極的に実施し、フィードバックを収集するよう心がけることが重要です。リリース直前にフィードバックを受け取っても、対応が間に合わない可能性が高く、効率も悪くなります。そのため、開発プロセス全体を通じて、小まめにフィードバックを得るようにしましょう。また、開発環境やテスト環境を限定したユーザーに公開することも、有効なフィードバック収集の方法の一つとして考えられます。

段階的リリースとフィードバック収集を行ううえで重要なことは、以下のとおりです。

●小さい単位でリリースして、フィードバック収集を行う

小さい単位でリリースを行うと、プロジェクトやプロダクトのコントロールが容易になります。リリースの対象を小さくすることで、影響範囲を把握しやすく、問題が発生した際の切り戻しや修正が簡単になるというメリットがあります。また、変更される部分が比較的少ないため、その箇所に対する具体的なフィードバックを得やすくなります。

長期的な開発プロセスにおいて、全てのリリースが完璧に進行することは極めて稀です。リリース作業の失敗、バグの発生、新機能の評判が芳しくないなど、様々な問題に直面する可能性があります。そのような状況下で、リリース対象を小規模に保つことは非常に重要です。失敗の影響範囲を最小限に抑えることができるからです。

さらに、頻繁にリリースを行うことで、開発チームは貴重な経験を積み重ねることができます。これらの経験から学び、継続的に改善を重ねれば、開発プロセスの効率化やアプリケーションの品質向上につながります。

繰り返しになりますが、リリースの主要な目的の一つがフィードバックを得ることであるという点を忘れてはいけません。必ずフィードバックを収集する仕組みを整えてください。また、ユーザーがフィードバックを容易に提供できるよう、操作面だけでなく心理的な負担も軽減することが重要です。さらに、提供されたフィードバックの取り扱い状況を明確にしないと、ユーザーのフィードバック意欲が低下する可能性があります。ユーザーは無意味な作業を避けたがるもので

す。フィードバックが有効活用されていることを示すために、課題の可視化や定期的な情報発信を行いましょう。フィードバックが減少したときは危険信号です。ユーザーがプロダクトを使用していない、あるいは興味を失っている可能性があるので、迅速な対応が必要です。

●全てのフィードバックに対応する必要はない

リリース後、実際のユーザーから寄せられる様々なフィードバックは、ユーザーニーズを把握するうえで非常に貴重な情報源となります。フィードバックを基に優先順位を決定し、実装する機能を選定していくことで、ユーザーが求める姿にプロダクトを近づけていくことができます。

しかし、ここで忘れてはならないのが、この開発の本来の目的です。原則として、開発の初期段階で定めたゴールと方向性に沿って、開発を進めていく必要があります。その方針から外れるものは、原則的に実装しないようにします。全てのフィードバックに対応しようとすると、開発の目的に沿わない、まとまりのないアプリケーションになる危険性があります。また、開発チームが過重労働に陥る可能性もあります。

ソフトウェアは基本的に、時間の経過とともに複雑性が増していきます。複雑性の増大は、認知負荷の増加、可読性の低下、改修難易度の上昇、テストコストの増大などを引き起こします。その結果、開発速度の低下とメンテナンス性の悪化が生じます。一般的に、開発中は複雑性が増大する方向へ力が常に働き続けます。複雑性を減少させる方向へ意識的に力を加えない限り、複雑性は際限なく増加していきます。

この複雑性に対処する方法は、リファクタリングなど多数ありますが、ここで重要なのは「要望を断る」という決断です。開発の目的に沿わない要望、リターンと実装コストやメンテナンスコストが吊り合っていない要望などは、積極的に断るべきです。無理して全ての要望に応えようとすると、本当に必要な機能の追加が困難になります。長期的な視点で、要望を取捨選択することが重要です。

●生成AIの精度が十分かどうかは、実際に使ってみるまでわからない

生成AIを活用したタスクの出力精度については、実際の本番環境（もしくは本番と同等の環境）で検証することが極めて重要です。事前検証で高い精度を示していたとしても、実際の使用状況では様々な要因により予期せぬ問題が発生する可能性があります。例えば、想定外の入力データ、データ量の増加による精度低下、ユーザーの予想外の使用方法、あるいは実業務に必要な出力精度に達していないなどの課題が生じることがあります。

これらの問題全てを事前検証で網羅するのは非常に困難です。本番環境と同等のテスト環境を構築し、開発チームがテストを実施するのには、多大な労力と時間を要します。さらに、出力精度が業務利用に適しているかどうかの判断は、実際の業務従事者でなければ正確に下せない場合もあります。

したがって、開発チームが長い時間をかけて検証するよりも、本番データを用いて、エンドユーザーに実際に使用してもらう方が、精度を正確に評価するうえで効果的です。短期間でのリリースと検証のサイクルを繰り返せば、精度向上のための施策の効果も迅速に把握できます。

●スモールスタートで始める

アプリケーションの展開とフィードバック収集においては、スモールスタートの手法を強くお勧めします。特に開発の初期段階では、アプリケーションの完成度が低いので、比較的多くのフィードバックが寄せられる傾向があります。これらのフィードバックは、内容を慎重に確認し、適切にラベリングしていく必要があります。

アプリケーションを全社に一斉展開してしまうと、膨大な量のフィードバックが殺到し、開発作業に支障をきたす可能性が高くなります。そのため、まずは限定された一部のユーザーにだけ展開することをお勧めします。アプリケーションの完成度が向上し、フィードバックの内容が安定してきた段階で、徐々に展開範囲を拡大していく方法が効果的です。

スモールスタートを採用すれば、開発チームはフィードバックを管理しやすくなり、アプリケーションの品質を段階的に向上させることができます。

(3) 継続的に改善する

プロジェクト形式で開発を進めた場合、プロジェクトが完了した時点で開発チームは解散し、メンバーは別業務に移っていくケースも多いでしょう。しかし、開発期間中にいくら試行錯誤したり、フィードバックに基づく改善を重ねたりしても、大規模利用して初めて発覚する問題や、ある程度時間が経過してから顕在化してくる問題があります。また、問題までいかなくても、改善してほしいと感じる部分はたくさん出てくるでしょう。ユーザーはアプリケーションをたくさん使うと、いろいろ改善点を思いつくものです。

これらの要求に対処していくためには、開発プロジェクトが完了した後も、継続的に改善していくよう計画を立てておくことをお勧めします。運用フェーズに入ってからも開発チームがそのまま改善サイクルを回すことができれば理想ですが、もし無理な場合は、その改善を進めていくチームの中に開発チームのメンバーを参画させるように計画してください。開発チームのメンバーが開発期間中に蓄積したせっかくのノウハウを塩漬けにしたらもったいないからです。放置しても問題は解決しませんし、逆に時間の経過とともに悪化していく問題もあります。ユーザー体験を高く保ち、アプリケーションの効果を高めるためにも、問題には早めに対応しましょう。

また、新しくリリースされた基盤モデルを利用することで、精度の向上、レスポンスの向上、コスト低減などを実現できるかもしれません。必ずしも新しい基盤モデルを追い駆け続ける必要はありませんが、ユーザー体験の向上を図りたいのであれば、新しいモデルへの対応も考慮して計画しておきましょう。

8.6 RAGアプリケーション開発にDive Deepする

本節では、生成AIアプリケーション開発について詳しく見ていきます。生成AIの応用的な使い方として、現在非常に注目を集めているのがRAG（検索拡張生成）です。

通常、生成AIは事前学習したデータの情報のみを保持しています。しかし、RAGという手法を活用すると、例えば社内情報など、事前学習されていないデータを参考情報として生成AIに与えることができます。これにより生成AIは、事前学習されていないデータについても回答を生成できるようになります。

本節では、AWSを使ったRAGアプリケーションの開発にDive Deepして、詳細に解説していきます。なお、RAG自体の詳細については、第6章6.2節6.2.1項「ユースケース2：社内ドキュメントからの回答文生成」を参照してください。そちらでより深い理解を得ることができます。

8.6.1 AWSにおける代表的なRAGアーキテクチャ

RAGにおいて最も重要な要素の一つは、外部データの取得方法です。Webから最新情報を検索するなど様々な方法がありますが、本節ではドキュメント検索を利用する方法に焦点を当てて解説していきます。

ドキュメント検索では、あらかじめドキュメントをデータベースに登録しておき、検索クエリを使って検索します。RAGの性能を左右する重要な要素は、いかに精度よくドキュメントを検索できるかという点です。

RAGシステムでは、通常、自然言語の文章で質問などが入力されます。そのため、自然文でどのようにドキュメントを検索するかが非常に重要になってきます。いくら高性能なLLMを利用したとしても、適切なドキュメントを検索できなければ、正確な回答を得るのは困難です。

(1) Amazon Kendraを利用したアーキテクチャ

Amazon Kendraは、自然言語処理と機械学習の技術を活用したインテリジェントな検索サービスです。データソースと同期するだけで、自然言語を使用してドキュメントを検索できるようになります。複雑な設定を必要とせず、簡単にドキュメント検索システムを構築できる点が大きな利点です。

Amazon Kendraは、クエリの意味を理解し、関連性の高い情報を検索する技術であるセマンティック検索に対応しています。ただし、検索の内部メカニズムはブラックボックスとなっており、高度な検索チューニング設定などをユーザーが行うことはできません。

より高度な使用方法として、FAQやメタデータの機能を活用することで、検索精度を向上させることができます。さらに、ドキュメント単位にアクセスコントロールを設定できるので、細かな権限管理が必要な要件にも対応可能です。

図8.20は、Amazon Kendra（以降、Kendraと略）を用いてドキュメント検索を行う典型的なRAGのアーキテクチャです。なお、このアーキテクチャでは、検索前処理および検索後処理なしでRAGアプリケーションを構成することも可能です。

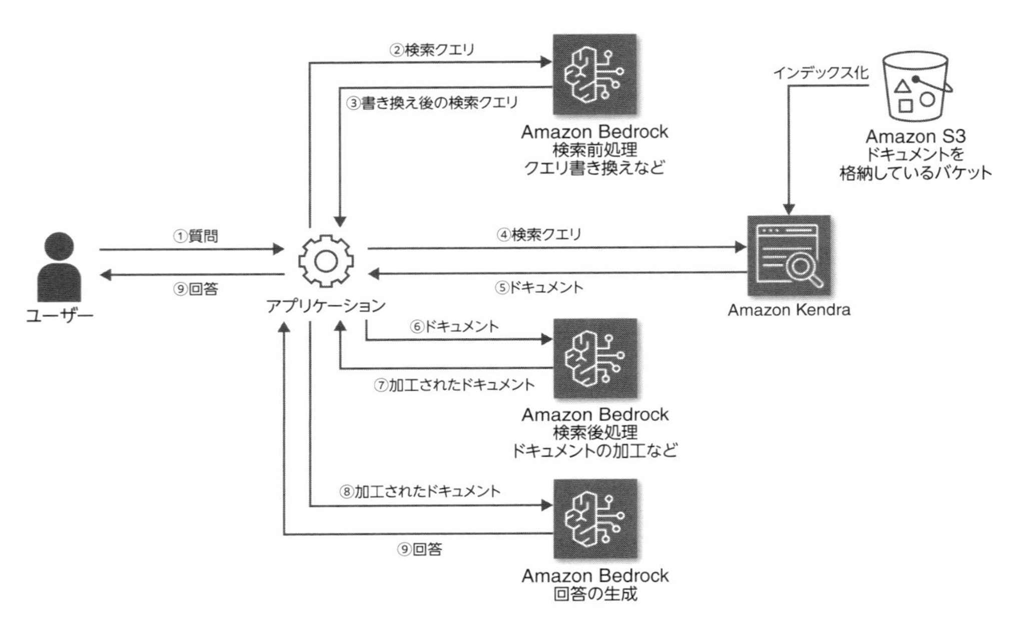

図8.20 Amazon Kendraを利用したRAGアプリケーションの一例

(2) Knowledge Bases for Amazon Bedrockを利用したアーキテクチャ

Knowledge Bases for Amazon Bedrock（以降、ナレッジベースと表記）は、RAGワークフローを実現するためのフルマネージドサービスです。このサービスでは、インテリジェントな検索サービスであるAmazon OpenSearch Serverless（以降、OpenSearchと略）をデータソースとして利用できます。

ナレッジベースとOpenSearchを組み合わせると、ベクトル検索を活用し、文脈を考慮した高度な検索が可能になります。さらに、ベクトル検索と全文検索を組み合わせたハイブリッド検索も利用できるので、より精度の高い検索結果を得ることができます。

ナレッジベースを利用したRAGには、主に2つの構成パターンがあります。

1番目のパターンは、ナレッジベースが検索クエリを受け取ると、ドキュメント検索と回答生成処理を一連の流れで実行する方法です。この方法では、RAGをより効率的かつマネージドな方法で実現できるので、実装や管理をよりシンプルにしたい場合にお勧めです。

②検索クエリ
③書き換え後の検索クエリ
Amazon Bedrock
検索前処理
クエリ書き換えなど
インデックス化
Amazon S3
ドキュメントを
格納しているバケット
①質問
⑥回答
ユーザー
アプリケーション
④検索クエリ
⑤回答
Amazon Bedrock
ナレッジベース
Amazon OpenSearch Service
(Serverless)

図8.21 ナレッジベースを利用したRAGアプリケーションの一例（1）

図8.21は、ナレッジベースがドキュメントの検索と回答生成を同時に行う構成です。なお、検索前処理なしでRAGアプリケーションを構成することも可能です。

2番目のパターンは、ナレッジベースをドキュメント検索のみに利用する方法です。検索後の後処理や回答生成部分を自身でカスタマイズしたい場合には、こちらの構成が適しています。

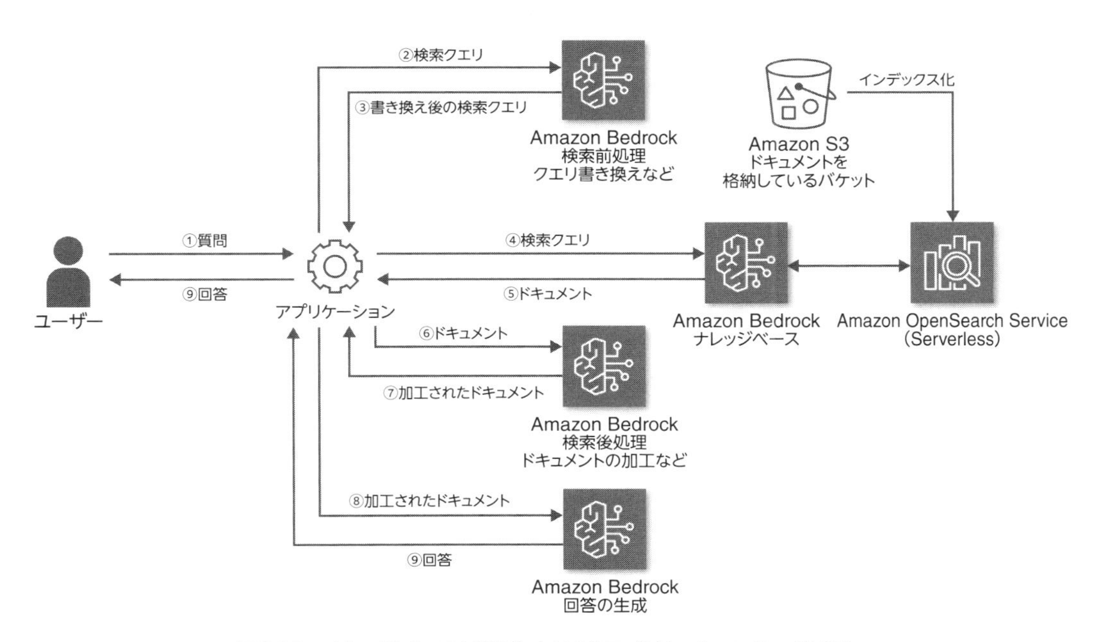

図8.22 ナレッジベースを利用したRAGアプリケーションの一例（2）

図8.22の構成では、ナレッジベースはドキュメント検索のみ行い、回答の生成を別プロセスで行います。なお、この構成でも、検索前処理および検索後処理なしでRAGアプリケーションを構

成することが可能です。

1番目と2番目を含むこれらの構成パターンは、プロジェクトの要件や開発者の希望するカスタマイズ度合いに応じて選択できます。

(3) ベクトル検索とは？

ベクトル検索とは、機械学習を活用して、テキストや画像などのデータを数値情報であるベクトルに変換し、類似したベクトルを検索する技術です。

ベクトル検索の利点は、文脈や単語の意味を考慮できることです。例えば「Dog」を検索すると、「犬」「ドッグ」「柴犬」「チワワ」など、意味が類似している単語も検索結果に含まれるので、曖昧検索に効果的です。

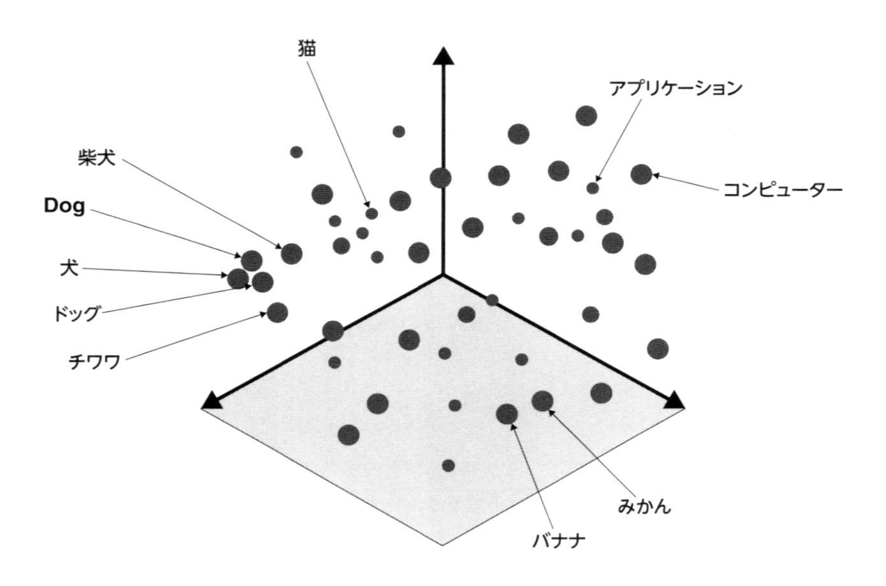

図8.23　ベクトル空間をイメージした図

図8.23では、「Dog」「犬」「チワワ」などの類似性が高い単語は近い距離にあります。一方、「バナナ」や「コンピューター」など、類似性の低い単語は犬から遠い距離にあります。「猫」はバナナやコンピューターなどと比較して、犬に相対的に近い単語なので、犬から近い距離にあります。

ベクトル検索を行うためには、データをベクトルに変換する必要があります。この過程を「埋め込み（Embedding）」と呼びます。Amazon Bedrockが提供する埋め込みモデルを利用することで、効率的にベクトル化を行うことができます。通常の埋め込みモデルはテキストのみを扱いますが、マルチモーダルな埋め込みモデルを使用すれば、画像なども処理できます。ただし、使用する埋め込みモデルは統一する必要があります。理由は、モデルによってベクトルの表現が異なるからです。なお、ナレッジベースを使用する場合、このベクトル化プロセスは自動的に行われます。

ベクトル検索には課題もあります。ベクトル化対象が大きすぎる場合や、異なる話題が混在している場合には、検索精度が低下する可能性があります。この問題への有効な対策として、「チャンク化（分割）」があります。長文のテキストやドキュメントファイルをチャンク化し、チャンクごとにベクトル化を行います。この方法により、コンテキストの保持が容易になり、長文の一部分も効果的に検索できるようになります。

ナレッジベースでは、チャンク化の方法（チャンキング戦略）を選択することができます。選択肢には、自動制御のチャンキング、固定サイズのチャンキング、階層型のチャンキング、文脈を考慮したチャンキング（セマンティックチャンキング）、Lambda関数を利用したカスタムチャンキングがあります。

ナレッジベースにおいては、データソースと同期するタイミングで、ドキュメントのチャンク化、ベクトル化、データストアへの保存が自動的に実行されます。そして、ナレッジベースでベクトル検索を行う際は、検索文章が自動的にベクトル変換され、データストアに保存されている類似ベクトルが検索されます。

しかしながら、埋め込みモデルにも限界があることを認識しておく必要があります。一般的な文章や単語で学習されているので、固有名詞や社内用語、専門用語などへの対応が弱い傾向があります。また、一般的な意味とは異なる意味をもつ固有名詞の扱いも課題となります。例えば、「DOGシステム」という社内システムがある場合、それをベクトル化すると動物の「犬」に強く影響を受けたベクトル値になる可能性が高く、結果として検索精度が低下するおそれがあります。

●ナレッジベースを使ったベクトル検索のチューニング方法

ナレッジベースにおけるベクトル検索のチューニング方法には、主に2つのアプローチがあります。

一番目は、チャンキング戦略の変更です。チャンクサイズの調整やセマンティックチャンキングを利用するなど、チャンキング手法を変えることで検索精度に影響を与えることができます。

二番目は、埋め込みモデルの変更です。埋め込みモデルによって対応言語や精度が異なるので、適切なモデルを選択することが重要です。また、一部のモデルではベクトルの次元数が調整可能であり、次元数を増やすことで検索精度の向上が期待できます。

ただし、ベクトル検索のチューニングは、扱うデータの性質、ドキュメントの形式、使用するモデルなど、様々な要因に左右されます。現時点では、必ず検索精度を向上させる万能な設定は存在しません。最適な解を見つけるためには、様々な設定を試行錯誤しながら探索していく必要があります。

(4) ハイブリッド検索とは？

ナレッジベースにおけるハイブリット検索とは、ベクトル検索と全文検索を組み合わせた検索手法のことであり、両者の長所を生かした効果的な検索が可能になります。

ベクトル検索によって意味的に類似性のある情報を検索し、全文検索ではキーワードや語句の完全一致／部分一致などにより検索を行います。続いて、両者の検索結果を統合した後、重要度や関連性に基づいてランクづけを行い、最終的な検索結果として提示します。

ベクトル検索は文脈理解に優れていますが、検索において重要なキーワードや特定の語句を捉えきれないことがあります。ハイブリッド検索では、全文検索がこの弱点を補完する役割を果たします。さらに、ハイブリッド検索の大きな利点として、埋め込みモデルに学習されていない社内用語や固有名詞などを全文検索で拾い上げることができる点が挙げられます。

●ナレッジベースを使ったハイブリッド検索のチューニング方法

ナレッジベースにおけるハイブリッド検索のチューニングを行う際は、ベクトル検索と全文検索の両方をチューニングしなければならない場合があります。

ベクトル検索のチューニング方法は、先ほど説明したとおりです。

全文検索のチューニングに関しては、OpenSearch側の設定を変更する必要があります。日本語用のアナライザーやトークナイザーの設定、文字フィルターの設定などを行うことで、検索精度を改善できる可能性があります。ただし、これにはOpenSearchの知識が必要となります。

また、全文検索における日本語用のオススメ設定を検索すると、推奨の設定などを見つけることができると思います。しかしそれらは、必ずしも精度が向上すると保証された万能な設定ではありません。全文検索のチューニングについても、実際に試行錯誤しながらチューニングする必要があります。

ハイブリッド検索のチューニングを行ううえでは、ベクトル検索と全文検索のどちらの精度が低いかを把握することが重要です。それぞれで検索精度を確認したうえで、適切な方のチューニングを実施してください。

ナレッジベースでは、ハイブリッド検索かセマンティック検索（ベクトル検索）のいずれかの検索タイプを選択できます。セマンティック検索を利用してドキュメントを検索することで、ベクトル検索の精度を確認できます。

全文検索の精度確認には、直接OpenSearchに対して検索クエリを実行する必要があります。AWSのOpenSearchのコンソールの「サーバーレス」を開くと、ナレッジベースが作成したコレクションが表示されます。そのコレクション内にあるインデックスに対して、APIなどを利用して検索クエリを実行し、検索精度を確認してください。

(5) アーキテクチャ選定の基準

Amazon Kendraとナレッジベースを利用したアーキテクチャを紹介しましたが、アーキテクチャの選定基準の主な観点には、利用料金、どのくらいマネージドであるかの度合い、検索精度があります。

●利用料金

利用料金に関しては、考慮すべき点がいくつかあるので注意が必要です。

まず、複数の環境が必要となる点です。本番環境だけでなく、テストや検証用のステージング環境、さらに並行開発を行う場合は開発環境も必要となります。予算的な制約がある場合でも、少なくとも本番環境とは別に1つの環境を用意することを強く推奨します。理由は、本番環境でトラブルが発生した際に検証可能な環境がないと、問題解決が困難になる可能性があるからです。AWS Cloud Development Kit（CDK）などのIaC（Infrastructure as Code）ツールを活用すると、環境の複製・削除・復元などが非常に容易になるので、IaC化しておくことをお勧めします。

本番環境においては、可用性にも考慮が必要です。高い可用性が求められる場合には、冗長化構成が不可欠となります。Amazon Kendraを使用する場合、冗長化にはEnterprise Editionの利用が必要です。ナレッジベースを使用する場合は、Amazon OpenSearch Serverlessのアクティブレプリカの設定を有効にする必要があります。こちらを有効化すると、書き込み用と読み込み用のレプリカがそれぞれ作成されます。

次に、データ量とアクセス数です。これらを事前に見積もり、料金を確認しておくことが重要です。Amazon Kendraの場合、利用可能なドキュメント数と検索回数に制限があり、これを超えると追加料金が発生するので注意が必要です。ナレッジベースの場合、Amazon OpenSearch ServerlessのOCU（OpenSearch Compute Units）とストレージサイズに基づいて課金されます。OCUの予測は難しいので、事前に負荷テストなどを実施し、OCUの消費量を確認しておくことをお勧めします。

開発環境やステージング環境では、最小限の料金で運用したいと考える方も多いでしょう。Amazon Kendraの場合、Developer Editionが最低料金のオプションとなります。ナレッジベースの場合、Amazon OpenSearch Serverlessのアクティブレプリカの設定を無効化することで、書き込み用0.5OCU＋読み込み用0.5OCUの合計1.0OCU（ストレージ料金別）で起動できます。

●どのくらいマネージドであるか？

AWSのサービス全般に共通する特徴として、よりマネージドの程度が高いサービスほど、構築と管理が容易になる傾向があります。そうしたサービスには、細かな設定を必要とせずに利用できるメリットがありますが、その半面、詳細な設定やカスタマイズができない場合があります。

今回紹介したアーキテクチャでは、Amazon Kendraの方が、よりマネージドの程度が高いサービスとなります。

パフォーマンスを極限まで追求したい場合、細かい設定変更ができないことを不便に感じるときもあるでしょう。ただし、細かな設定を適切に行うには、相応の専門知識が必要となります。したがって、開発チームのスキルセットや、どの程度までパフォーマンスのチューニングを行いたいかという要件に基づいて、適切なサービスを選択することが重要です。

●検索精度

検索精度については、実際に試してみなければ正確な評価はできません。本番環境に近いデータを使用して検索精度を測定することが最も効果的な方法です。利用するファイルの種類や様式によっても検索精度は変動するので、可能な限り本番環境と同様のデータを使うことが重要です。

先ほど説明したとおり、ベクトル検索は固有名詞や社内用語、専門用語に弱い傾向があります。そのため、これらの情報を含むデータで検証を行うことが大切です。

ナレッジベースを使用する場合、埋め込みモデルやチャンキング戦略によって精度が変化するので、様々な組み合わせを試してみることをお勧めします。

Generative AI Use Cases JPを使用すれば、Amazon Kendraとナレッジベースの RAGチャットを両方試せるので、比較検証が容易になります。ぜひ、既存のOSSを活用して効率よく検証作業を進めてください。

8.6.2　RAGアプリケーションの勘所

RAGアプリケーションの開発において、精度や回答の信頼性に関する課題に直面することは避けられません。業務で利用可能な精度を最初から達成できるのは、稀なケースといえるでしょう。本項では、RAGアプリケーションにおいてよく遭遇する問題と、その解決に向けたヒントを紹介します。

●精度が低い場合はその原因を突き止める

精度向上のアプローチには、体系的な方法で臨むことが重要です。やみくもに試行錯誤を重ねても、期待した精度の向上は得られにくいでしょう。この問題は、ソフトウェア開発におけるバグ修正と同じで、まず問題の根本原因を特定することが最も重要です。

図8.24は、精度が低い場合の確認事項と試行手順をまとめたフローチャートです。このフローは一例であり、参考程度に活用してください。精度低下の原因やその対策方法は、状況に応じて多岐にわたることに留意してください。

まず、最優先に確認すべきは、適切なドキュメントを検索できているかどうかです。もし、できていない場合は、直接Amazon Kendraやナレッジベースに対して、理想的と思われる検索ク

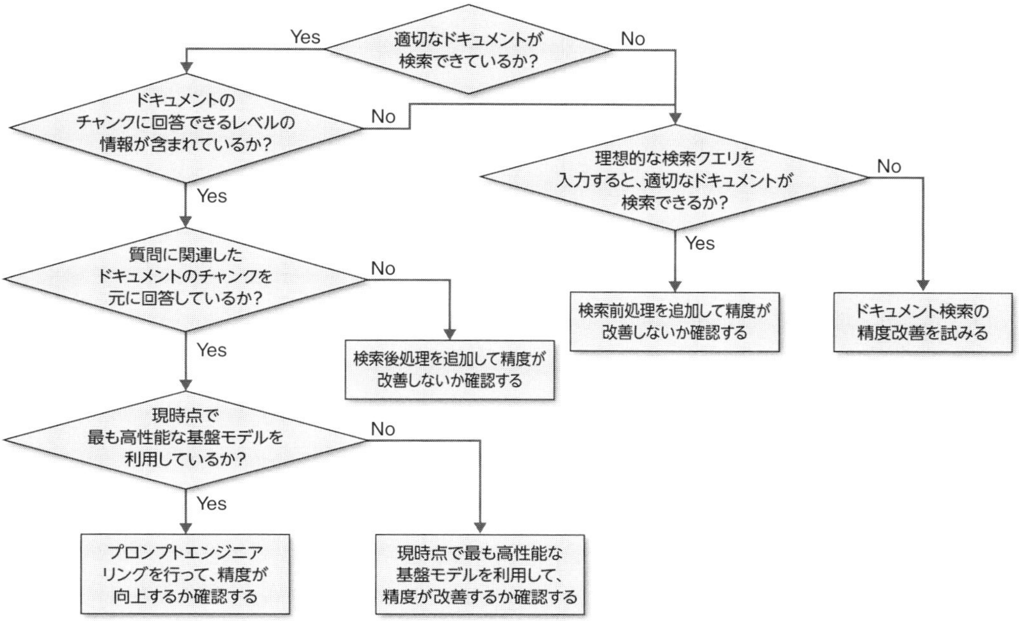

図8.24 精度が低い場合の確認フローチャート

エリを実行し、適切なドキュメントを検索できるかどうかを確認してください。検索できた場合は、検索前処理を追加して、ユーザーの質問文を理想的な検索クエリに変換できないか試みてみましょう。検索できなかった場合は、メタデータの設定、パラメータの調整、ドキュメントの再整備などを行い、ドキュメント検索自体の改善を試みてください。

適切なドキュメントを検索できているにもかかわらず、回答が間違っている場合は、検索結果を詳細に確認します。検索結果はチャンク(分割されたドキュメント)で取得されるので、回答できるレベルの情報がそのチャンクに含まれているか確認してください。回答できないレベルの情報しか検索できていない場合は、ドキュメントが検索できなかった場合と同様の対応をしてください。

回答できる情報がチャンクに含まれているのであれば、検索後のプロセスに原因があることが考えられます。精度が低い場合によく見られるのは、関連しないドキュメントの情報を元に回答したり、その関連しないドキュメントの情報が一部回答の中に混ざったりすることです。その場合は、検索後処理を追加して、関係のないドキュメントの排除や、関連するドキュメントの情報を強化するなどの対策を試みてください。

最後に、関連するドキュメントのみを与えているにもかかわらず、回答が正しくない場合もあります。そのときは、現時点で最も高性能な基盤モデルで正しい回答が得られるかどうかを確認することをお勧めします。ただしここで強調したいのは、これは必ずしも最高性能の基盤モデルの使用を推奨しているわけではなく、効率的に検証を進めるための手段だということです。現在のLLMの限界を理解するために、まずは最高性能の基盤モデルで検証することが有効です。

最高性能の基盤モデルを使用しても回答が正確でない場合は、プロンプトエンジニアリングによる改善を試みてください。最高性能の基盤モデルで適切な回答が得られるようになった場合は、本来使用したい基盤モデル用にプロンプトを再調整します。

もし、最高性能の基盤モデルを使用し、プロンプトエンジニアリングを行っても改善しない場合は、抜本的な見直しが必要かもしれません。状況によっては、RAGに頼らない方法、例えば業務プロセス自体の見直しなどが有効な選択肢となるかもしれません。

●Advanced RAGのアプローチ

RAGの性能を向上させるための応用的なアプローチとして、Advanced RAGと呼ばれるものがあります。このアプローチでは、検索前処理と検索後処理を追加することで、従来のRAG（Naive RAG）の改善を図ります。具体的には、検索プロセスの前後に追加の処理ステップを導入することで、より精度の高い情報検索と回答生成の実現を図るものです。これにより、最終的な出力の質を向上させることが期待できます。

ただし、このアプローチは、検索前処理と検索後処理という、LLMを利用した追加のステップを含むので、利用料金と処理時間が増加する可能性があります。実装する際は、性能向上と利用料金および処理時間のバランスを考慮する必要があります。

検索前処理では、ユーザーが入力した質問をそのまま使うのではなく、質問内容を基にクエリの書き換えやクエリ拡張などを行い、検索精度の向上を目指します。

例えば、チャット形式でRAGを行う場合、直前のメッセージをそのまま使用するよりも、これまでのやり取りを考慮したフレーズで検索する方が、より適切な結果を得られる可能性があります。また、データソースによっては、文章で検索せずに、質問文の重要なキーワードを抽出してキーワード検索をした方が、検索精度の向上を見込めるかもしれません。

検索後処理では、検索したドキュメントに対して加工を行い、回答精度の向上を目指します。具体的には、ドキュメントの要約、より関連度の高い情報の抽出、関連性の低い情報の除外などが挙げられます。これらの処理を行って、LLMがより正確な回答を生成しやすいように、ドキュメントの検索結果を整理します。

RAGアプリケーションは、一見単純に見えるかもしれませんが、実際の内容や構成要素は様々です。利用するドキュメントの内容、データソース、基盤モデル、プロンプト、そして各種設定項目など、多くの要素が含まれます。これらの要素の微妙な違いが、回答の精度に大きな影響を与える可能性があります。

また、検索前処理や検索後処理を導入することで、必ずしも精度が向上するとは限りません。

これらの処理方法に絶対的な正解は存在せず、各アプリケーションの特性や要件に応じて最適な方法を見いだす必要があります。

そのため、RAGアプリケーションの開発や改善においては、様々なアプローチを試行錯誤しながら、最適な結果を追求していくことが重要です。継続的な実験と評価を通じて、特定のユースケースに最も適した構成を見いだしていく必要があります。

●メタデータを活用して検索精度を上げる

様々な業務・様々なカテゴリのドキュメントが一箇所にまとめて保存されているデータソースから、メタデータを活用せずに検索を行うと、検索精度が低下する傾向があります。原因は、異なる業務・異なるカテゴリで類似した表現が使用されているドキュメントが混在している場合、意図しない業務・意図しないカテゴリのドキュメントも、同時に検索結果に含まれてしまうからです。このような状況でLLMが回答を生成すると、精度が落ちる可能性が高くなります。

具体例として、製造業の製品マニュアル検索について考えてみます(**図8.25**)。この企業では様々な種類のモーターを扱っており、製品ごとに、技術マニュアル、ユーザーマニュアル、トラブルシューティングガイドなどが存在するとします。

そこでユーザーは、「ABCモーターの交換方法」を調べたとします。様々な製品のドキュメントが保存されているので、「モーター」や「交換方法」などのキーワードに基づいて、本来検索したい「ABCモーターの交換方法」以外の情報も、検索結果に含まれてしまうことがあるでしょう。

このような状況でメタデータを活用すると、必要な情報をピンポイントで検索できるようになります。例えば、各ドキュメントに「product_name」と「manual」という属性を付与しておくと、検索時に「product_name="ABCモーター" AND manual = "整備マニュアル"」というように、メタデータでフィルタリングできます。その結果、ABCモーターの整備マニュアルの情報のみを抽出できます。

検索後処理で、検索したドキュメントから関係のないものを除外する方法もありますが、メタデータを設定して検索した方が確実です。検索時にメタデータを設定する方法には、検索前処理にてLLMに設定してもらう方法や、明示的にユーザーからUIで設定してもらう方法などがあります。

メタデータを利用して必要なドキュメントを的確に検索することは、RAGの検索精度を向上させるうえで効果的な手法となりえます。しかし、ドキュメントのメタデータを整備する必要が出てくる点に注意してください。

●メタデータを設定せずに検索した場合

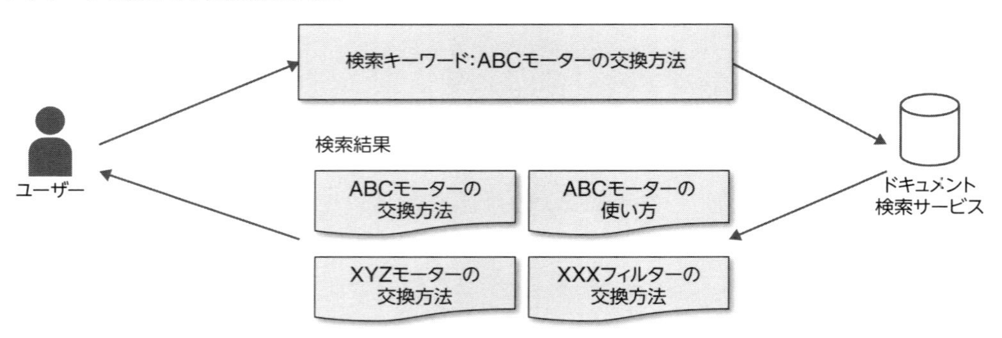

●メタデータを設定して検索した場合

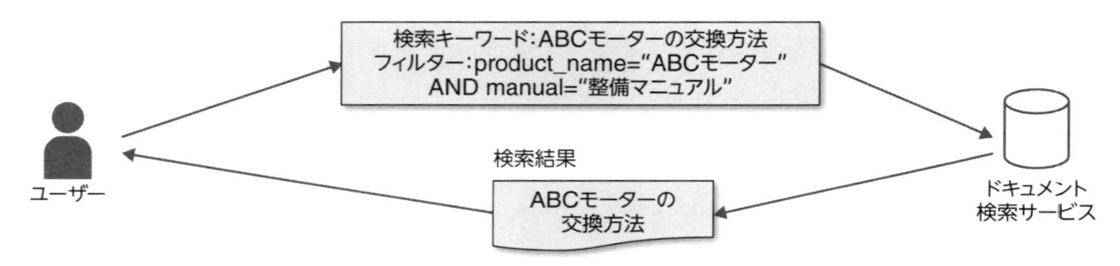

図8.25　メタデータを設定せずに検索した場合と、設定して検索した場合の違い

●回答の根拠を示す

RAGアプリケーションは、生成AIを利用する以上、残念ながら誤回答(ハルシネーション)の発生確率を完全にゼロにすることはできません。そのため、利用者が情報の正確性を確認できるよう、回答の根拠となったドキュメントの情報を表示することが重要です。一般的な方法として、根拠となったドキュメントを脚注リンクで示すのがお勧めです。

このアプローチを採用すると、ユーザー自身が一次情報に直接アクセスできるようになります。必要に応じて、より正確で詳細な情報を確認でき、結果としてユーザー体験の向上にもつながります。また、ユーザー側に対して、生成AIの回答を鵜呑みにせず、提供された一次情報のソースを適宜確認するよう促しておくことも重要です。

回答の根拠を示すように指示したプロンプトの一例を紹介します。こちらは、Anthropic Claudeの基盤モデルに最適化したものです。なお、参考ドキュメントはプログラムで動的に設定します。

```
あなたはユーザーの質問に答えるAIアシスタントです。
以下の手順でユーザーの質問に答えてください。手順以外のことは絶対にしないでください。

<回答手順>
* <参考ドキュメント></参考ドキュメント>に回答の参考となるドキュメントを設定しているの
  で、それを全て理解してください。なお、この<参考ドキュメント></参考ドキュメント>は<参
  考ドキュメントのJSON形式></参考ドキュメントのJSON形式>のフォーマットで設定されてい
  ます。
* <回答のルール></回答のルール>を理解してください。このルールは絶対に守ってください。ルー
  ル以外のことは一切してはいけません。例外は一切ありません。
* チャットでユーザーから質問が入力されるので、あなたは<参考ドキュメント></参考ドキュメン
  ト>の内容をもとに<回答のルール></回答のルール>に従って回答を行なってください。
</回答手順>

<参考ドキュメントのJSON形式>
{
"SourceId": データソースのID,
"DocumentTitle": "ドキュメントのタイトルです。",
"Content": "ドキュメントの内容です。こちらをもとに回答してください。",
}[]
</参考ドキュメントのJSON形式>

<参考ドキュメント>
[
{
"SourceId": 1,
"DocumentTitle": "サンプルドキュメント",
"Content": "ここは検索したドキュメントを、動的に設定します。配列形式なので複数設定可能
  です。",
},
{
"SourceId": 2,
"DocumentTitle": "サンプルドキュメント2",
"Content": "ここに設定された情報をもとに、LLMは回答を行います。",
},

]
</参考ドキュメント>
```

```
<回答のルール>
* 雑談や挨拶には応じないでください。「私は雑談はできません。通常のチャット機能をご利用ください。」とだけ出力してください。他の文言は一切出力しないでください。例外はありません。
* 必ず<参考ドキュメント></参考ドキュメント>をもとに回答してください。<参考ドキュメント></参考ドキュメント>から読み取れないことは、絶対に回答しないでください。
* 回答の文末ごとに、参照したドキュメントの SourceId を [^<SourceId>] 形式で文末に追加してください。
* <参考ドキュメント></参考ドキュメント>をもとに回答できない場合は、「回答に必要な情報が見つかりませんでした。」とだけ出力してください。例外はありません。
* 質問に具体性がなく回答できない場合は、質問の仕方をアドバイスしてください。
* 回答文以外の文字列は一切出力しないでください。回答はJSON形式ではなく、テキストで出力してください。見出しやタイトル等も必要ありません。
</回答のルール>
```

上記のプロンプトで回答を生成すると、LLMは以下のように回答を生成します。

```
参考ドキュメントは配列形式で複数設定できます。[^1]
参考ドキュメントをもとに、LLMは回答生成を試みます。[^2]
```

上記のように、プロンプトで指示したとおりに、各回答文の文末に"[^SourceId]を設定しながら回答を生成します。この[^SourceId]を基にプログラムで脚注リンクを設定するよう制御すれば、回答の根拠を示すことができます。

●回答の参考ドキュメントの情報をユーザーに提示する

RAGで回答を生成する際に、どのドキュメントを参考にするかはLLM次第となります。プロンプトを工夫すればある程度のコントロールは可能ですが、ルールベースのシステムではないので、完全な制御は現時点では困難です。

また、ユーザーが自由に質問を入力できる形式を採用することの多いRAGアプリケーションでは、検索されたドキュメントの中に、質問とは直接関係のないものが含まれてしまうことも少なくありません。LLMが正解の記載されたドキュメントのみを参考にして回答を生成してくれれば理想的ですが、そのような保証はできません。

このような課題に対処するために、LLMが直接参照しなかった参考ドキュメントを「関連情報」として提示することが考えられます。ユーザーに関連情報を提供することで、LLMの誤答に気づきやすくなるとともに、幅広い情報へのアクセス機会をユーザーに提供できるという効果が期待できます。さらに、その関連情報をもとに再度回答を生成させるという機能を提供することで、さらなるユーザー体験の向上を見込めるかもしれません。

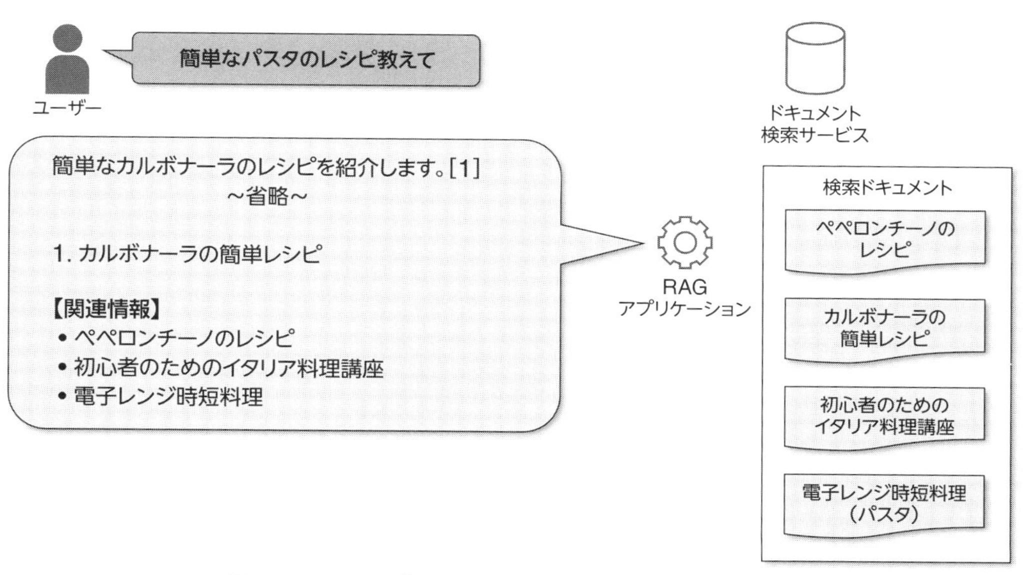

図8.26 RAGアプリケーションで関連情報を表示するイメージ

●プロンプトエンジニアリング

生成AI部分の精度が期待どおりでない場合には、まずはプロンプトエンジニアリングによるプロンプトの最適化をお勧めします。興味深いことに、「性能が低いモデル＋最適化されたプロンプト」と「性能が高いモデル＋最適化されていないプロンプト」とを比較すると、前者の方が精度が高い場合があります。

ただし、古い世代の基盤モデルを使用している場合は、最新版の基盤モデルへのバージョンアップも検討する価値があります。新世代の基盤モデルは、賢さ、処理速度、利用料金の面で優れている場合が多いからです。しかし、同じ基盤モデルでもバージョンが異なると最適なプロンプトが変わっている可能性があるので、基盤モデルをバージョンアップする際は、精度の検証を必ず行い、必要に応じてプロンプトの見直しを行ってください。

また、基盤モデル自体を別の種類のものに切り替える場合は、特に注意が必要です。基盤モデルごとに、推奨されるプロンプトの書き方が異なるからです。もし、基盤モデル自体を切り替える場合は、プロンプトの大幅見直しを前提に作業を行うようにしましょう。

RAGの精度は、扱うデータの内容、回答に必要な条件、使用する基盤モデルの種類、各種パラメータなど、多くの要因によって変動します。そのため、現時点では「これを使っておけば大丈夫」という万能な構成や万能なプロンプトは存在しません。最適解を見つけるためには、実際に試行錯誤を重ねていく必要があります。

8.6.3 RAGアプリケーションのつまずきポイント

本章の最後に、RAGアプリケーションの開発において頻繁に遭遇する「つまずきポイント」をいくつか紹介します。これらのポイントを事前に把握しておけば、開発中に発生する可能性のある問題を未然に防げるかもしれません。開発計画を立てる段階から、これらの注意点を意識しておくことをお勧めします。そうすれば、開発をよりスムーズに進めることができるでしょう。

●回答精度という数値目標を追い求めてしまう

RAGアプリケーションは多くの場合、質疑応答形式のアプリケーションとして構築されます。そのため、回答精度という数値目標に固執してしまうことがあります。しかし、RAGアプリケーション構築の本質的な目的は、ビジネス価値の創出や拡大にあり、高い回答精度を追求すること自体は目的ではないことを認識する必要があります。

「高い回答精度を出したい」という要望の背景には、様々な真の目的が存在します。例えば、業務の精度向上、生産性の向上、営業効率の改善による売上増加など、多岐にわたる目的が考えられます。しかし、これらの目的を達成するための手段が、必ずしも高い回答精度の実現だけではないことを考慮しなければなりません。

高い回答精度を実現するには、多大な労力とコストがかかる場合があります。さらに、目標とする回答精度に到達できる保証もありません。「高い回答精度」という目標を掲げる前に、まずは真の目的達成のための手段として、質疑応答形式のRAGアプリケーションが最適なのかを再考すべきでしょう。

しかし、目標に掲げる回答精度の達成がどれだけ現実的かどうかは、実際に取り組んでみるまでわかりません。特に、ノウハウがない状態では、単なる想像の域を出ないでしょう。「生成AIやRAGのノウハウを蓄積すること」を目的として、高い回答精度のRAGアプリケーションを実現するというPoC（概念実証）を進めてみるのも一つの方法かもしれません。

真の目的を達成するには、高い回答精度やRAGアプリケーションにこだわりすぎず、業務プロセスの見直しなど、別のアプローチも検討してみることが重要です。目的達成のための最適な方法を幅広く探ることで、より効果的かつ効率的な解決策を見いだせる可能性があります。

●業務に精通したメンバーを巻き込まずに開発を進めてしまう

RAGアプリケーションの開発における回答精度の評価には、多くの場合で業務知識が不可欠です。入力データと出力された回答の妥当性を判断するには、業務に精通したメンバーの参加が必要となります。

業務知識のないメンバーだけで開発を進めると、「回答精度が実用に耐えるレベルにない」と発覚するのが遅れる可能性があります。最悪の場合、本番リリースした後に発覚することも考えられます。アプリケーションの根幹を揺るがすような根本的な問題は、対応が遅れるほど影響が拡大していくので、できるだけ早期に対処する必要があります。実用に耐えないほどの回答精度の低さは、まさにアプリケーションの根幹を揺るがす問題といえるでしょう。

そのため、開発のできるだけ早い段階(可能なら事前の実現可能性検証の段階)で、業務に精通したメンバーを巻き込んで、入力データと回答の妥当性を判断してもらうことが重要です。回答精度だけに目が行きがちですが、入力データである参考ドキュメントや質問内容が、業務に則した内容であるかも非常に重要な点です。

業務で利用できるレベルの回答精度が一発で達成されることは稀です。そのため、開発の中で、業務に精通したメンバーからフィードバックを得る、そのフィードバックに基づいて改善を行う、再度フィードバックを得るというサイクルを継続的に実施する必要があります。RAGアプリケーションの開発は、業務に精通したメンバーと共に進めなければならないということを忘れないようにしましょう。

●細かい権限制御

RAGアプリケーションは、多くの場合、社内ドキュメントなどの非公開情報を扱う構成となります。全ユーザーに公開可能なドキュメントであれば特に問題はありませんが、特定のユーザーにのみ公開が許可されているドキュメントを扱う場合は、権限制御が必要となるので注意が必要です。単純な権限制御であれば比較的容易に実装できますが、階層構造の権限や複数の権限を兼務するようなケースでは、権限制御が非常に複雑になる可能性があるので注意が必要です。

Amazon Kendraとナレッジベースのどちらも、メタデータによるフィルタリングが可能なので、権限制御を実装できます。しかし、要件によっては、ドキュメント単位で複雑な権限情報を含むメタデータを設定する必要が生じる場合があります。この作業は非常に労力を要し、開発と運用の複雑化を招くことになります。

そのような場合、複雑な権限制御を愚直に作り込むのではなく、権限制御を単純化できないかを検討することで、アプリケーションの開発と運用をシンプル化できます。場合によっては、権限制御を行わない(機密情報を扱わない)という選択肢も有効です。

重要なのは、権限制御の実装を目的化しないことです。権限制御を行う目的として、ガバナンスの強化やセキュリティの向上などが挙げられますが、その目的を達成できていれば複雑な権限制御は必要なく、よりシンプルな権限制御でよい可能性があります。リーズナブルな構成となるように意識しましょう。

以下に、Amazon Kendraとナレッジベースで単純な権限制御を行う場合の、シンプルな実装方法の一例を紹介します。

<Amazon Kendraの場合>

Amazon S3データソースを利用すると、フォルダ単位でのアクセスコントロール設定が可能となります。この設定を行うと、アクセスを許可されたユーザーIDとユーザーグループが、それぞれ"_user_id"と"_group_ids"というメタデータ（ユーザー属性）として自動的に設定されます。これらのメタデータを用いてフィルタリングを行うことで、ユーザー属性に基づいたアクセスコントロールを実現できます。

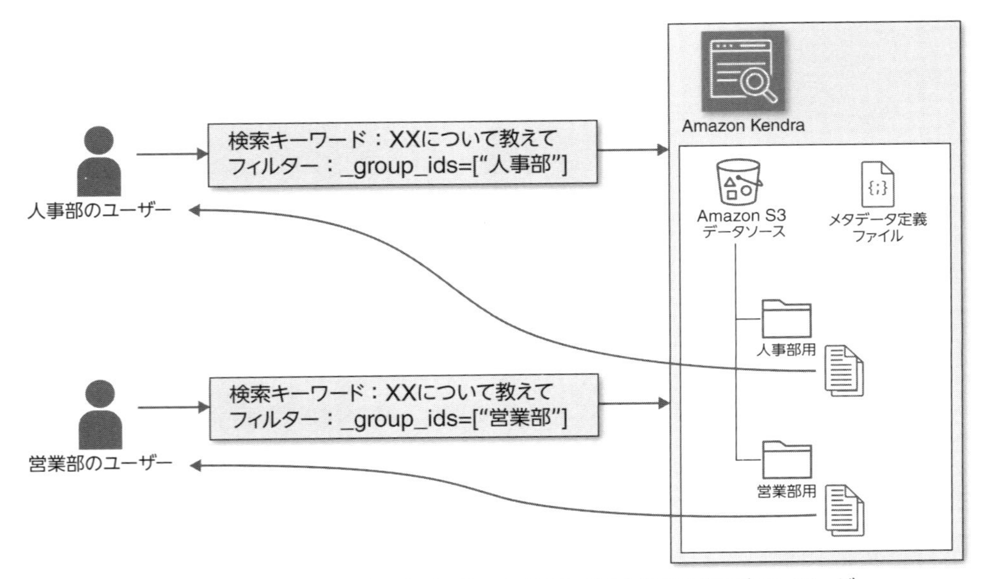

図8.27　Amazon Kendraにてフォルダ階層ごとに権限制御を行うイメージ

<ナレッジベースの場合>

権限ごとにナレッジベースを分割し、それぞれの権限に応じて異なる接続先を設定することが、最もシンプルな構成となります。この方法では、Amazon OpenSearch Serverlessにおいて複数のコレクションが作成されることになりますが、課金の単位であるOCUはコレクション間で共有できるので、コレクションの数に比例して課金額が大きくなるわけではありません。

ナレッジベースは自動的に"x-amz-bedrock-kb-source-uri"というメタデータフィールドを作成します。このメタデータを活用すると、S3のプレフィックスを使用してフィルタリングを行うことができます。権限ごとにフォルダを整理して分類できる場合、この方法もお勧めです。ただし、S3プレフィックスと権限情報の紐づけを別途管理する必要があることに注意が必要です。

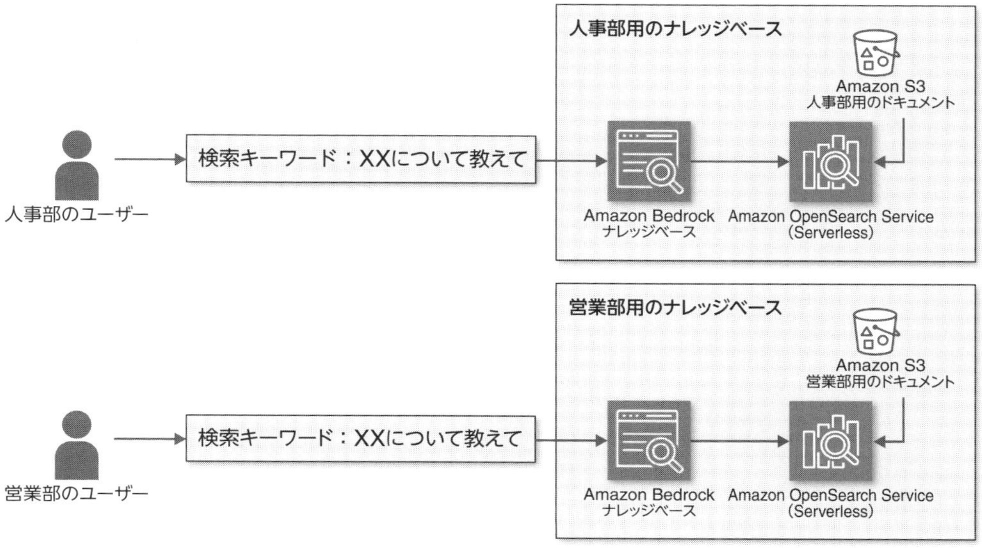

図8.28　権限ごとにナレッジベースを分けて権限制御を行うイメージ

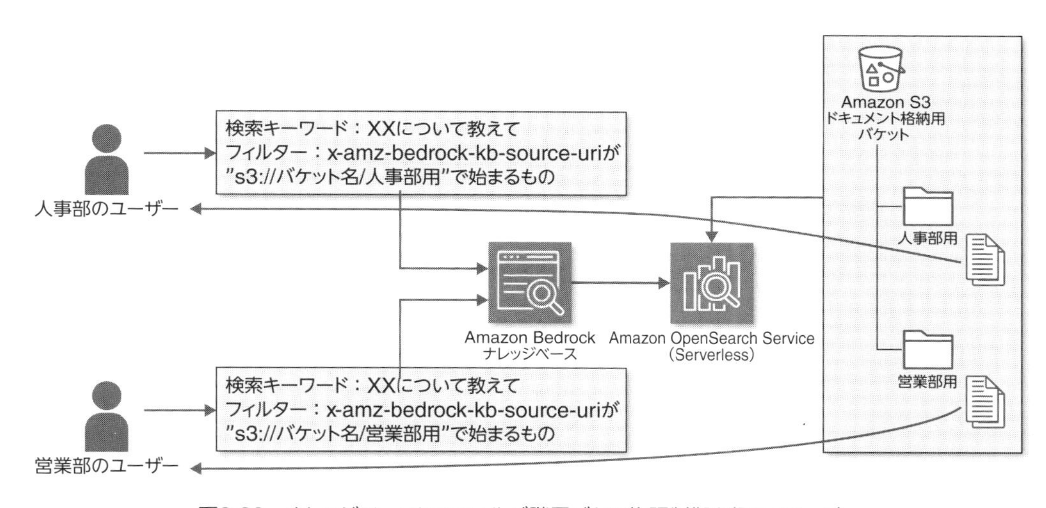

図8.29　ナレッジベースにてフォルダ階層ごとに権限制御を行うイメージ

●多言語対応

多言語でのドキュメント検索を行う際には、いくつかの注意点があります。

Amazon Kendraを使用する場合、言語コードの指定が必要となります。同時に複数言語のドキュメントを検索することはできないので、注意してください。

ナレッジベースを利用する場合は、Amazon OpenSearch Serviceのインデックスに日本語用のアナライザーやフィルターを設定する必要があります。日本語以外の言語でも高い精度で検索を行いたい場合は、日本語以外のインデックスを別途用意することが求められます。言語ごとに適切な設定が異なる点に注意してください。

複数言語に対応したRAGアプリケーションを実現する場合は、以下の対応が必要です。

一つは、言語を指定する方法です。UIの言語選択欄などから明示的に言語を選択して、選択された言語のドキュメントを検索してから、回答を生成します。

もう一つは、複数の言語を別々に検索して、検索結果を統合する方法です。ユーザーから質問が入力されたら、対応言語のファイルをそれぞれ検索します。言語ごとにドキュメントが検索されるので、その検索結果を統合してから、回答を生成します。単純に検索結果を統合するのではなく、ドキュメントの関連度に応じたリランキングを行った方が回答精度向上を見込める可能性があるので、そちらも考慮することをお勧めします。

第9章

AWS認定資格制度について

本書の最後になる本章では、AWSのサービスに関する知識とスキルを有していることを証明をする認定制度「AWS認定」について紹介します。AWS認定は生成AIに限らず様々な種類やレベルがあり、ロールや経験に応じて選択することが可能です。また、生成AIをはじめとしたAWSを学習をするためのAWSトレーニングについても解説します。

9.1 AWS認定のレベルと種類

AWS認定は、AWSのサービスに関する知識とスキルを有していることを証明する認定資格制度です。

認定のレベルはFoundational、Associate、Professional、Specialtyの4つで構成され、2024年7月末時点で10種類の認定があります（図9.1）。2024年8月にはAI/MLに関する新しい認定が2つ加わる予定となっており、ベータ版での試験提供が開始されます。

新しく加わる認定は、FoundationalレベルのAWS Certified AI Practitioner（AIF）とAssociateレベルのAWS Certified Machine Learning Engineer-Associate（MLA）です。新しく加わった2つの認定以外にも様々な分野の認定があります。

FOUNDATIONAL

AWSクラウドの基礎的な理解を目的とした知識ベースの認定です。
事前の経験は必要ありません。

PROFESSIONAL

AWS上で安全かつ最適化された最新のアプリケーションを設計し、プロセスを自動化するために必要な高度なスキルと知識を証明するロールベースの認定です。2年以上のAWSクラウドの経験があることが望ましいです。

ASSOCIATE

AWSの知識とスキルを証明し、AWSクラウドのプロフェッショナルとしての信頼性を構築するロールベースの認定です。クラウドおよび／または豊富なオンプレミスでのIT経験があることが望ましいです。

SPECIALTY

より深く掘り下げ、これらの戦略的領域において、ステークホルダーおよび／または顧客に信頼されるアドバイザーとしての地位を確立してください。推奨される経験については、試験のページで試験ガイドを参照してください。

ベータ：これらの試験は現在ベータ版です

図9.1　AWS認定の4つのレベル

●AWS認定の取得効果

AWS認定を取得する最大の効果は、学習の成果を客観的に証明できることです。それ以外にも試験範囲を通して体系的・網羅的な学習、最新情報のキャッチアップ、ベストプラクティスの習得が可能になります。また、自身の持つ知識とスキルを可視化して、客観的に証明できます。AWSについて学ぶのであれば、その成果を形にするためにAWS認定を取得するようお奨めします。

●AI/MLに関する認定

● AWS Certified AI Practitioner（AIF）

新しいAI/MLに関する認定について、まずFoundationalレベルのAWS Certified AI Practitioner（AIF）について紹介しましょう。

Foundationalレベルの認定は、知識を問う試験です。技術職だけではなく、システムの利用者である非技術職の方による受験を推奨しています。システムを構築する側だけでなく、利用する側の知識も向上することで、共通言語・共通認識が生まれ、信頼関係が高まり相互認識が向上します。結果としてクラウドならびにAIの活用がより促進しやすくなります。

AIFは営業、マーケティング、人事、経理などの職務に就く非技術職のビジネスプロフェッショナル、およびAI/MLのキャリアアップを目指す技術職のために設計された認定です。生成AIに重点を置き、AIのフレームワーク、概念、および関連するAWSテクノロジーを幅広くカバーします。AWSのAI/MLテクノロジーに最大6カ月間携わった経験を持つ方を対象としており、AWSのAI/MLソリューションを使用しますが、必ずしもシステムの構築経験は必要ありません。

求められるAWSの知識は、次のとおりです。

①Amazon EC2、Amazon S3、AWS Lambda、Amazon SageMakerなど、AWSの主要なサービスとユースケースの理解
②AWSクラウドのセキュリティとコンプライアンスに関するAWS責任共有モデルの理解
③AWSリソースへのアクセスをセキュリティ保護および制御するためのAWS Identity and Access Management（AWS IAM）の理解
④AWSリージョン、アベイラビリティゾーン、エッジロケーションの概念など、AWSグローバルインフラストラクチャの理解
⑤AWSのサービス料金モデルの理解

AIFを取得することで、AIがもたらすビジネス機会の発見や、技術チームとのスムーズな連携、相互理解の向上が可能になります。なお、AIFに必要とされる知識としてAWSの主要なサービスの理解が求められるため、同じFoundationalレベルのAWS Certified Cloud Practitioner（CLF）をはじめに取得することを推奨します。また、データ、AI/MLへのキャリアアップを目指す方には、AWS Certified Data Engineer-Associate（DEA）ならびに次に紹介するAWS Certified Machine

Learning Engineer-Associate（MLA）の取得をお奨めします。

● AWS Certified Machine Learning Engineer-Associate（MLA）

AWS Certified Machine Learning Engineer-Associate（MLA）はAssociateレベルの認定です。Associateレベルの認定は、知識だけではなくスキルも問われます。MLAはML（機械学習）ニンジニアリングの経験が1年以上あり、AWSサービスの実務経験が1年以上あるMLエンジニアおよびMLOpsエンジニアの方を対象としています。本番環境でMLワークロードを実装し、運用するための技術的、役割ベースのスキルと知識を検証します。

求められるIT全般の知識は、次の7項目です。

①一般的なMLアルゴリズムとそのユースケースに関する基礎知識
②MLデータパイプラインで作業するための一般的なデータ形式、取り込み、変換に関する知識を含む、データエンジニアリングの基礎知識
③データのクエリと変換に関する知識
④モジュール式の再利用可能なコードを開発、デプロイ、デバッグするためのソフトウェアエンジニアリングのベストプラクティスに関する知識
⑤クラウドとオンプレミスのMLリソースのプロビジョニングとモニタリングに関する知識
⑥CI/CDパイプラインとInfrastructure as Code（IaC）の経験
⑦バージョン管理とCI/CDパイプライン用のコードリポジトリの経験

また、求められるAWSの知識は、次のとおりです。

①モデルの構築とデプロイのためのSageMakerの機能とアルゴリズムに関する知識
②モデリング用のデータを準備するためのAWSのデータストレージおよびデータ処理サービスに関する知識
③AWSでのアプリケーションとインフラストラクチャのデプロイに関する知識
④MLシステムのログ記録とトラブルシューティングのためのモニタリングツールに関する知識
⑤CI/CDパイプラインのオートメーションとオーケストレーションのためのAWSのサービスに関する知識
⑥アイデンティティとアクセスの管理、暗号化、データ保護のためのAWSセキュリティのベストプラクティスに関する知識

●新しい出題形式

試験に関して、AIFとMLAには、新しい様式の出題形式が追加されます。従来の択一選択問題、複数選択問題に加え、並び替え、内容一致、ケーススタディの3種類が追加されます。ケースス

タディでは1つのケースに対して複数の設問が出題されます。

受験は全国のPearson VUEテストセンターまたはオンライン（遠隔監視あり）で、毎日受験することができます。認定の詳細は各認定のページ、ならびに試験ガイドを参照してください。また、職務別にどのような認定を取得するのが良いか迷う場合があるかと思います。AWSでは職務別の取得推奨認定を発表していますので、ぜひ参考にしてください。

AWS認定は日本だけではなく世界的にも活用されており、2023年10月時点のワールドワイドの有効な認定数は126万件、96.9万名がAWS認定を保持しており、認定数は直近1年でも24%増加しており、継続して増加傾向にあります。日本では特定非営利活動法人スキル標準ユーザー協会のISV Mapにも組み込まれており、相対的な評価も容易になっています。受験者だけでなく、企業としての価値も高めることが可能なAWS認定をぜひ活用してください。

9.2 認定に向けてのトレーニング

9.2.1 トレーニングの概要

AWSでは認定に加えて様々なトレーニングを提供しています。AWSは豊富な公式ドキュメントを提供しており、書籍なども数多く発行されているため、独学でもAWSを学ぶことができます。一方で、独学で学習している方々からよく耳にするのが、「普段利用するサービスや機能については理解できるが、もっと体系的にベストプラクティスを理解したい」、「公式ドキュメントや資料の数が多すぎて、どこから学習をしていけばいいのかわからない」、「独学で勉強していたが、理解するのも難しく、結果挫折した」といった声です。そのような声に応えて提供しているのがAWSトレーニングです。

AWSトレーニングには大きく、次の2つの学習形態があります。

- **クラスルームトレーニング**：AWS認定インストラクターによる解説やリアルタイムの質疑応答、ハンズオンラボ、ディスカッションなどを通してオンラインあるいはオフラインで学習します。
- **デジタルトレーニング**：いつでも、どこからでも、認定準備を含む600を超える無料のコンテンツのほか、ハンズオンラボやゲーム形式で学習します。

9.2.2 クラスルームトレーニングの概要と種類

クラスルームトレーニングは、AWS認定インストラクターがトレーニング参加者の理解度や経験によって、用語選びを工夫して説明します。また、様々な比喩や具体例を用意し、場合によってはデモを見せたり、インストラクターの体験に基づいた説明をします。また、インストラクターが参加者に問いを投げ掛けることで、参加者が自身のシステムやアプリケーションと関連づけて考えたりできます。

独学でドキュメントを読んだり、一方的に話を聞いたりするよりも、わかりやすく、そして、挫折することなく学習することができるでしょう。クラスルームトレーニングには役割またはソリューション別に体系立てられたコースがありますが、本書の生成AIというトピックに特に関連するAI/MLやデータ活用関連のコースは、次の**表9.1**のとおりです(2024年7月現在)。

表9.1 生成AIに関連するクラスルームトレーニング

コース名	コース概要	期　間
Building Data Lakes on AWS	様々な形式のデータを一元的に管理・保管するデータレイクを構築および保護する方法を学習	1日
Practical Data Science with Amazon SageMaker	データサイエンティストがAWSを活用して機械学習の一連のプロセスを実施する方法を学習	1日
Amazon SageMaker Studio for Data Scientists	Amazon SageMaker Studioを使用して機械学習ライフサイクルの各ステップで生産性を向上させる方法を学習	3日
Developing Generative AI Applications on AWS	AWSサービスを活用して、生成AIアプリケーションを構築する方法を学習	2日

ここでは、この表の中から上3つのコースについて紹介しましょう。

● Building Data Lakes on AWSコース

生成AIをビジネスで活用するうえで、既存の基盤モデルをそのまま利用することは少なく、自らの組織やドメイン固有のデータを参照したり、モデルをファインチューニングするなどして利用するのが一般的です。その場合、自らの組織やドメイン固有のデータを管理・保管する必要があります。そのために一般的に利用されているのが、様々な形式のデータを一元的に管理・保管するデータレイクです。そのデータレイクをAWSで構築および保護する方法を学習するのがBuilding Data Lakes on AWSコースです。

● Practical Data Science with Amazon SageMakerコース

基盤モデルを自らの組織やドメイン固有のデータでファインチューニングする場合、機械学習の知識が必要になってきます。データサイエンティストがAWSを活用して、機械学習の一連のプロセスを実施する方法を1日で学習するのが、Practical Data Science with Amazon SageMakerコースです。

● Amazon SageMaker Studio for Data Scientistsコース

AWSにはAmazon SageMakerと呼ばれる機械学習のハブとなるサービスがありますが、その中にあるAmazon SageMaker Studioが、機械学習の統合開発環境です。このSageMaker Studioを使用して、機械学習ライフサイクルの各ステップをじっくりと学習するのが、Amazon SageMaker Studio for Data Scientistsコースです。

これらのトレーニング以外にも、AWSの基礎を学習できるCloud Practitioner EssentialsやTechnical Essentials、設計のベストプラクティスを扱うArchitecting on AWSなど、様々なコースがあります。詳しくはAWSクラスルームトレーニングの概要ページを参照してください[1)]。

1) https://aws.amazon.com/jp/training/classroom/

9.2.3 デジタルトレーニングの概要と種類

デジタルトレーニングは、AWS Skill Builderというオンライン学習センターで、いつでも、どこからでも自分のペースで学習することが可能です。公式ドキュメントや書籍で独学するのとは異なり、確認クイズなどを解きながらステップ・バイ・ステップ式に進めることができ、AWS認定インストラクターを含むエキスパートたちが解説やデモを行うコンテンツも多数用意されています。

●日本語実写版のコンテンツ

生成AIや認定準備に関連するトピックで特に多いのが、日本のAWS認定インストラクターによる日本語実写版のコンテンツです。AWSのドキュメントやトレーニングは元々英語で作られたものを日本語に翻訳していますが、日本語実写版のコンテンツは日本のインストラクターが自分の言葉で説明・解説・デモなどを行っているため、理解しやすい内容になっています。

●AWS Skill Builderのサブスクリプション

AWS Skill Builderは無料アカウントを作成することで、600を超える無料の生成AIや認定準備のコンテンツで学習することができますが、サブスクリプションを申し込めば、実際にAWSを操作しながら学べるハンズオンラボ、認定試験の模擬問題やゲームベースのコンテンツ、そしてチームメンバーで協力しあえるコンテンツなどで学習できます。Skill Builderのサブスクリプションの形態には**表9.2**のような種別があります。

表9.2　AWS Skill Builderのサブスクリプション

種　別	概　要	費　用
個人向け月間サブスクリプション	1,000以上のハンズオンラボ、充実した試験準備、ゲームベースのシミュレーション、検証課題などで学習	29 USD/月
個人向け年間サブスクリプション	月間サブスクリプションのサービスに加え、デジタルクラスルームで学習	449 USD/年
チームサブスクリプション	5人以上のチーム向けで、個人向けのサービスに加え、Jamイベントと呼ばれる、チームでAWSを操作しながら課題を解決する実践型のイベントも開催可能	449 USD/シート

学習・検証用のAWS操作環境の準備や運用に悩んでいる方は、Skill Builderのサブスクリプションを検討してください。

●ロールプレイングゲームで学べるAWS Cloud Quest

サブスクリプションで利用できるコンテンツの中にAWS Cloud Questというゲームベースで学

習できるコンテンツがあります。Cloud Questは、ロールプレイングゲームのプレイヤーとなって、ゲーム内の街中で様々な課題を抱えている住人に話を聞いて、実際にAWSを操作して課題を解決していくものです。

Cloud Questでは、AWS初心者向けのクラウドプラクティショナーロールや、ソリューションアーキテクトロール、機械学習ロールなど、7つのロール（学習カテゴリ）があり、各ロールの中で複数の課題が用意されています。この7つのロールに2024年6月、生成AIロールが加わりました。このロールをプレイすることで、AWSを活用して実際に生成AIソリューションを体験することができます。

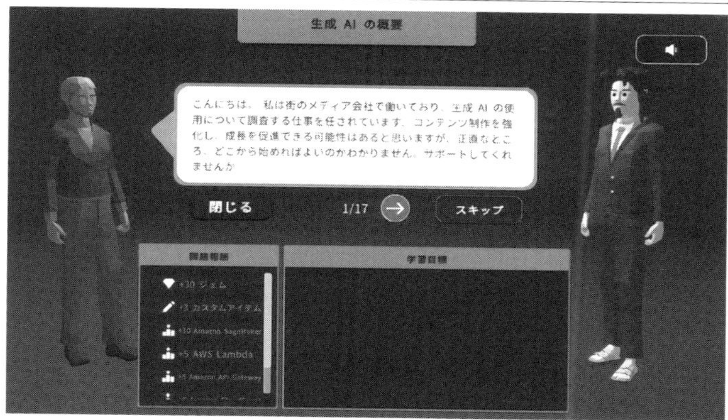

図9.2　AWS Cloud Quest

●生成AIを学習する3つのステップ

Skill Builderには初級から各種専門分野まで、非常に多くのコンテンツが存在します。ここでは、生成AIに関連するコンテンツをピックアップして紹介します。紹介するコンテンツにはSkill Builderのコンテンツではない、AWS公式ブログや公式動画も含んでいます。なお、コンテンツは日々拡充しており、本書でご紹介するのは2024年7月現在のものです。

●ステップ1：生成AIとは？

生成AIの学習コンテンツを3つのステップで紹介します。最初のステップとして、生成AI自体の学習で、基盤モデルや生成AIのユースケースなどについて1から学習できるコンテンツです。

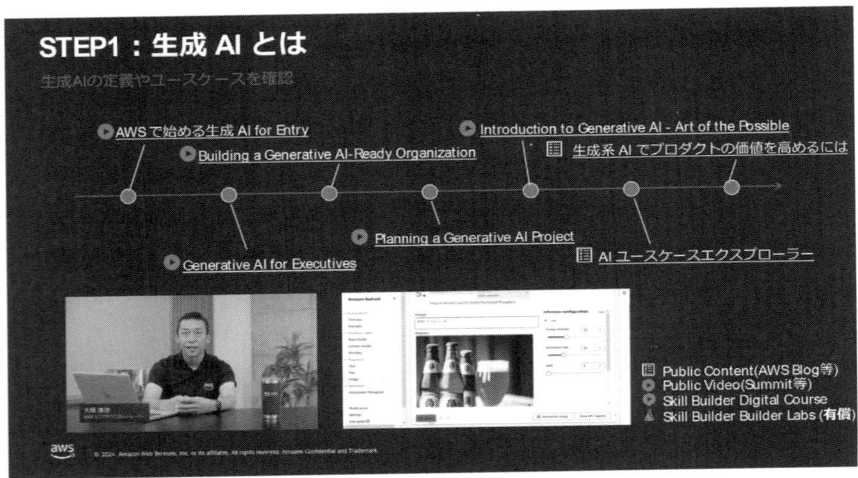

図9.3　ステップ1：生成AIとは

●ステップ2：生成AIの利用

続いて2番目のステップは、生成AIの利用を学習するコンテンツです。AWS Cloud Questの生成AI（Generative AI）ロールもここで紹介しており、実際に生成AIに関わるAWSサービスを操作することができます。

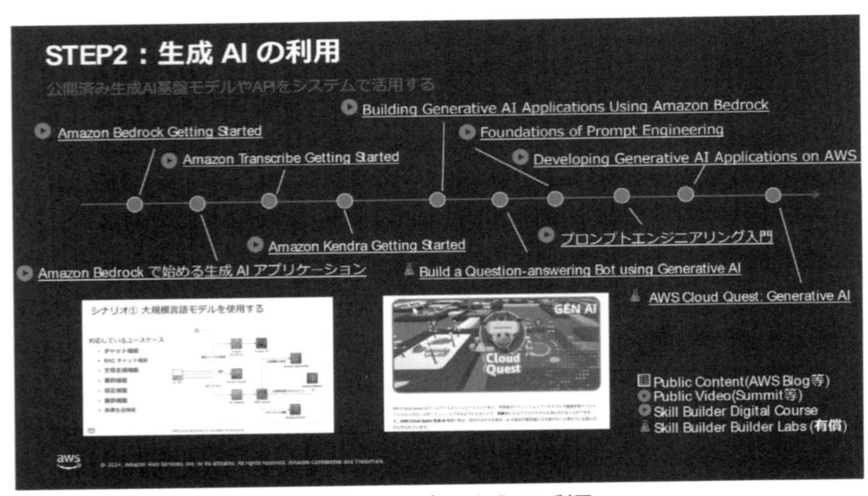

図9.4　ステップ2：生成AIの利用

● ステップ3：生成AIモデルのチューニング

最後のステップは生成AIモデルのチューニングです。チューニングには機械学習の知識も必要になるため、Cloud Questの機械学習（Machine Learning）ロールでAWSの機械学習のハブとなるサービスである、Amazon SageMakerを学習できます。

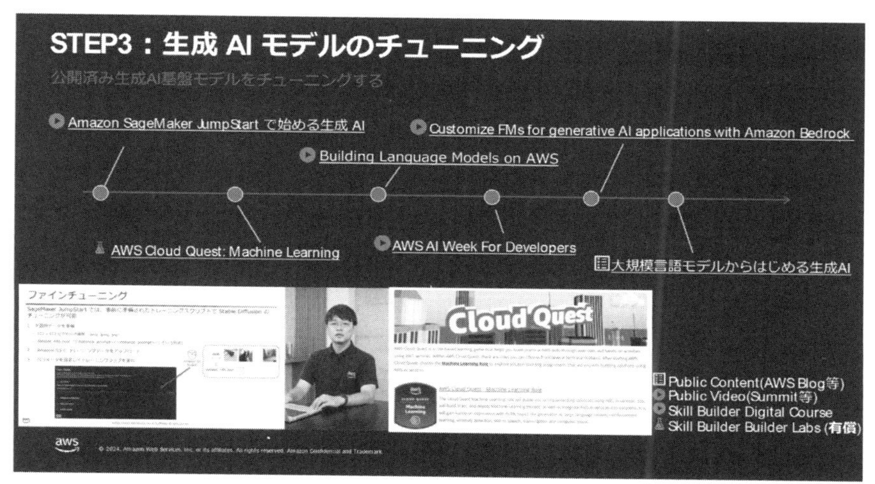

図9.5　ステップ3：生成AIモデルのチューニング

Skill Builderのアクセス方法やCloud Questのプレイの仕方、機械学習やデータ活用の各種AWSトレーニングを紹介する動画集[2]もあります。ぜひ、AWSのトレーニングを活用して、AWSそして生成AIの理解を深めてください。

9.2.4　まとめ

9.2ではAWSトレーニングを紹介しました。生成AIをはじめとした各種トレーニングで体系的にAWSのサービスやベストプラクティスを学習し、その知識とスキルを証明するために、AWS認定の取得を検討してください。

2）https://www.youtube.com/playlist?list=PLzWGOASvSx6Ee1_9m07cJc1r0dMK7mw7Q

結びにかえて

「AIが前提の世の中では、自分が努力し勉強してきた技術が無駄になるのではないか？」と聞かれることがあります。この質問は、かな漢字変換が「AI変換」と呼ばれていた30年近く前から、AIが流行るたびに何度も聞かれました。その当時は「漢字の読み書きができなくなる」と真剣に議論され、技術者は各社の漢字変換エンジンの良し悪しを大真面目に比較していました。生成AIのモデルを侃々諤々議論していた昨今に少し似ています。

他方、テクノロジーのライフサイクルは明らかに短くなりました。例えばガソリンエンジンのように、技術が磨かれながら時間をかけて徐々に世の中に浸透していった時代から、スマホのアプリのように、世界中どこでもほぼ同時に新しい技術が手に入る時代に変わりました。今はエンジニアでなくても、好奇心さえあれば誰でも、生成AIを利用してプログラムコードを書いたり、SQL文でデータ分析を行ったりできます。

一方、企業は市場で生き残るために、他社と差別化せねばなりません。どの企業も真似できる画一的な生産性向上にAIを適用するだけでは、差別化要因にはなりません。何より個々の企業が積み重ねてきた努力や仕事は十人十色です。他社と異なるデータを使い、自社に有益な入力から、世の中と異なる出力を得ることで小さな差異が生まれます。生成AIと言ってもAIであり、AIはデータで育ちます。如何にして自社の仕事ならではのデータを吸い上げたり、合成して足したりして差異を発生させ、人知れず業務にAIを内蔵するか、私たちは非常に自由度の高い時代を生きています。

やがてAIが世の中に浸透すると、もうAIとは呼ばれなくなります。インターネットの普及からスマホの誕生までは約20年かかりましたが、生成AIが生成AIと呼ばれなくなるまでの時間はもっと短いと予想されています。日本ではあと数年のうちに、プログラム必修教育を受けた若い世代が社会に出てきます。先に大人になった私たちが豊かなデータを整備しておけば、若い世代のAIが自由に価値を生み出すことができます。今まさに、この本を読んでいる皆さんの努力と勉強が、今の時代と次の世代に必ず役に立つと確信しています。

2024年9月　著者を代表して　　**黒川 亮**

索引

そ

た

ち

て

と

な

に

ね

の

は

執筆者／監修者プロフィール

執筆者紹介

黒川　亮（くろかわ りょう）［第1章、第2章、第6章］
2022年よりアマゾン ウェブサービス ジャパン合同会社にてプリンシパル事業開発マネージャーとして生成AI、責任あるAIを担当。現職以前は外資IT業界にてNVIDIA GPU搭載ハードウェア／IaaS事業、Watsonを含むData and AIソフトウェア／SaaS事業を牽引。27年間、3500名以上のお客様、パートナー様の業務に定着する日本発の世界初AI事例を創出していくため、各国専門家達と奔走している。

呉　和仁（ごかずひと）［第3章、第7章、第8章］
アマゾン ウェブサービス ジャパン合同会社 Data & AIソリューション本部 ソリューションアーキテクト。機械学習ワークロードをAWSで動かすための支援に従事。直近は生成AIのアプリケーション開発および提案に注力。また、ブログや動画でAWSの機械学習サービスの紹介や活用方法を積極的に発信している。

大渕 麻莉（おおぶち まり）［第4章］
アマゾン ウェブ サービス ジャパン合同会社 Generative AI Innovation CenterのSr. Generative AI Specialist。2019年の入社以来、顧客の業種によらずAWSの機械学習サービスに関する技術支援やプロトタイピングを実施することで、顧客の機械学習活用を支援。また、AWS Summitなどのイベント、AWSオンラインセミナー、ブログ記事などを通してAWSの機械学習サービスの使いどころや効果を伝えている。

卜部 達也（うらべ たつや）［第5章］
博士(海洋科学)取得後、国立研究所や電機メーカで化学センサおよびADAS（先進運転支援システム）の研究開発に従事。その後2020年にアマゾン ウェブサービス ジャパン合同会社入社。Sr. AI/ML Specialist Solution Architectとして、機械学習や生成AIの技術を用い、顧客のビジネス課題の解決を支援している。趣味は楽器演奏・音楽機材収集で、今日も掘り出し物を求めてリサイクルショップを奔走している。

鮫島 正樹（さめじま まさき）［第5章］
アマゾン ウェブ サービス ジャパン合同会社 Data & AI ソリューション本部 ソリューションアーキテクト（執筆時）。AWSを活用した機械学習ソリューションの提案に従事。CX向上のための自然言語処理やリコメンデーションに注力。2009年から2018年まで大阪大学大学院情報科学研究科助教として離散最適化や機械学習の応用研究を推進。博士(情報科学)。

和田 雄介（わだ ゆうすけ）［第8章］
アマゾン ウェブサービス ジャパン合同会社 PACE（Prototyping & Cloud Engineering）チームのPrototyping Engineer。2022年の入社以来、プロトタイピングを通じて顧客を技術的に支援。IaC（Infrastrucre as Code）、バックエンド、フロントエンド全般の開発を担当し、コードを書く毎日を過ごしている。趣味は2匹の愛犬のコーギーを愛でること。

両角 貴寿（もろずみ たかひさ）［第9章］
アマゾン ウェブサービス ジャパン合同会社 トレーニングサービス本部 Certification BDM。AWS認定の普及と促進に従事。AWS認定を通じてAWSそして生成AIの活用が促進されるよう、AWS認定のさらなる活用を推進。

大塚 康徳（おおつか やすのり）［第9章］
アマゾン ウェブサービス ジャパン合同会社 トレーニングサービス本部 シニアテクニカルインストラクター。データ活用系のトレーニングを中心に、トレーニングの日本語化や開発・提供に従事。最近は生成AIの日本オリジナルのコンテンツの開発など、トレーニングという立場からAWSの生成AIの活用を推進。

監修者紹介

アマゾン ウェブサービス ジャパン合同会社
アマゾン ウェブ サービス（AWS）は、全世界で34の地域（リージョン）にある108のアベイラビリティゾーンから、コンピューティング、ストレージ、データベース、分析、IoT、機械学習など240以上のクラウドサービスを提供しています。
アマゾン ウェブ サービス ジャパン合同会社は、日本においてそれらのサービス（一部除く）を提供する日本法人です。

AWSの生成AI　公式テキスト

2024年11月27日　第1版第1刷発行

共著者　黒川 亮、呉 和仁、大渕麻莉、卜部達也、鮫島正樹、和田雄介、両角貴寿、大塚康徳
監　修　アマゾン ウェブサービスジャパン合同会社

発行人　新関卓哉
企画担当　蒲生達佳
編集担当　松本昭彦
発行所　株式会社リックテレコム
〒113-0034 東京都文京区湯島3-7-7
振替　00160-0-133646
電話　03(3834)8380(代表)
URL　https://www.ric.co.jp/

装　丁　長久雅行
DTP制作　QUARTER 浜田房二
印刷・製本　シナノ印刷株式会社

●訂正等

本書の記載内容には万全を期しておりますが、万一誤りや情報内容の変更が生じた場合には、当社ホームページの正誤表サイトに掲載しますので、下記よりご確認ください。

*正誤表サイトURL

https://www.ric.co.jp/book/errata-list/1

●本書の内容に関するお問い合わせ

FAXまたは下記のWebサイトにて受け付けます。回答に万全を期すため、電話でのご質問にはお答えできませんのでご了承ください。

- FAX:03-3834-8043
- 読者お問い合わせサイト：https://www.ric.co.jp/book/のページから「書籍内容についてのお問い合わせ」をクリックしてください。

ISBN978-4-86594-419-8　　Printed in Japan